普通高等教育机电类专业规划教材
河南省“十二五”普通高等教育规划教材
经河南省普通高等教育教材建设指导委员会审定

全国机械行业职业教育优质规划教材(高职高专)
经全国机械职业教育教学指导委员会审定

数控车削加工技术

第2版

主　编　赵军华　肖　龙
副主编　刘世平　董　延　谢　芳
参　编　李志敏　薛志恒　李智明
审　定　胡修池

机械工业出版社

本书是根据数控技术领域职业岗位群的需求，以“工学结合”为切入点，以工作过程为导向，打破传统的学科型课程架构，突破定界思维，以工学结合来确定课程内容的一体化任务式教材，是根据高职高专数控技术专业课程标准，并参照国家职业标准《数控车工》的理论知识要求和技能要求编写的。本书主要以华中系统和FANUC系统为主，介绍数控车床编程和加工的相关知识，内容包括：数控车削加工工艺的制订、典型零件的数学处理、简单零件的数控车削编程、复杂零件的数控车削编程等八个任务。本书特点是借鉴德国“双元制”先进职业教育理念，对传统学科型教材进行整合，淡化学科体系，着重动手能力的培养，达到“教-学-做”一体化。

本书可作为高职高专、成人高校及本科院校举办的二级职业技术学院数控技术、机电一体化技术等专业教材，也可作为工厂中主要从事数控车削加工的技术人员和操作人员的培训教材，还可供其他相关技术人员参考。

本书配有电子课件，凡使用本书作教材的教师可登录机械工业出版社教育服务网（http://www.cmpedu.com），注册后免费下载，或发送电子邮件至cmpgaozhi@sina.com索取。咨询电话：010-88379375。

图书在版编目（CIP）数据

数控车削加工技术/赵军华，肖龙主编．—2版．—北京：机械工业出版社，2016.10

普通高等教育机电类专业规划教材 河南省“十二五”普通高等教育规划教材

ISBN 978-7-111-55033-4

Ⅰ.①数… Ⅱ.①赵…②肖… Ⅲ.①数控机床-车床-车削-加工工艺-高等学校-教材 Ⅳ.①TG519.1

中国版本图书馆CIP数据核字（2016）第232029号

机械工业出版社（北京市百万庄大街22号 邮政编码100037）
策划编辑：王英杰 责任编辑：王英杰 武 晋
封面设计：鞠 杨 责任校对：任秀丽
责任印制：常天培
北京京丰印刷厂印刷
2016年11月第2版·第1次印刷
184mm×260mm·13印张·312千字
标准书号：ISBN 978-7-111-55033-4
定价：28.00元

凡购本书，如有缺页、倒页、脱页，由本社发行部调换

电话服务
服务咨询热线：010-88379833
读者购书热线：010-88379649

网络服务
机 工 官 网：www.cmpbook.com
机 工 官 博：weibo.com/cmp1952
教育服务网：www.cmpedu.com
金 书 网：www.golden-book.com

前言

本书是根据高职高专数控技术专业课程标准，并参照国家职业标准《数控车工》的理论知识要求和技能要求编写的。

本书是根据数控技术领域职业岗位群的需求，以“工学结合”为切入点，以工作过程为导向，打破传统的学科型课程架构，突破定界思维，采用任务驱动式进行编写的一体化工学结合教材。每个任务包括任务描述及目标、任务资讯、任务实施、任务评价与总结提高四个基本部分。

本书是借鉴德国“双元制”先进职业教育理念，对传统学科型教材进行整合，淡化学科体系，以工作过程为导向，达到“教-学-做”一体化。在任务选取上，通过资讯、决策、计划、实施、检查以及评估六步法，选择企业中普遍应用或较先进的课题，确定适合教学应用的任务内容。本教材以实用性、科学性、针对性和趣味性为特色，根据基于工作过程系统化的专业学习领域的要求编写。本书整合数控车床编程与操作实训、数控车削加工工艺等内容，结合企业一线，选取企业中真实的零件为实例，通过一体化教学，培养学生的专业能力、方法能力以及社会能力。

本书在内容上力求做到理论与实际相结合，按照循序渐进的要求，由简单到复杂，由易到难，内容丰富，实用性强。本书包括8个任务：任务1数控车削加工工艺的制订；任务2典型零件的数学处理；任务3简单零件的数控车削编程；任务4复杂零件的数控车削编程；任务5非圆曲线的变量编程；任务6简单零件的数控车削加工；任务7复杂零件的数控车削加工；任务8配合零件的数控车削加工。

本书可作为高职高专、成人高校及本科院校举办的二级职业技术学院数控技术、机电一体化技术等专业的教材，也可作为工厂中从事数控车削加工的技术人员和操作人员的培训教材，还可供其他相关技术人员参考。

本书由河南职业技术学院赵军华、肖龙任主编。任务1、3由河南职业技术学院赵军华编写；任务2由河南职业技术学院肖龙、郑州煤矿机械集团股份有限公司李智明编写；任务4由河南职业技术学院董延、谢芳编写；任务5由河南职业技术学院刘世平编写；任务6由河南职业技术学院谢芳编写；任务7由河南职业技术学院刘世平、薛志恒和李志敏编写；任务8由河南职业技术学院董延编写。全书由赵军华统稿。

本书由黄河水利职业技术学院胡修池审定，郑州日新精工有限公司郑兵也审阅了本书。在本书的编写过程中，得到了黄河水利职业技术学院、郑州煤矿机械集团股份有限公司、安阳鑫盛机床股份有限公司、郑州日新精工有限公司的大力支持，在此一并深表谢意。同时对有关参考资料、参考文献的作者表示衷心感谢。

由于编者水平有限，编写的时间仓促，书中难免有疏漏之处，恳请读者批评指正。

编　者

2015. 9

目录

CONTENTS

任务1 数控车削加工工艺的制订

1.1 任务描述及目标

数控车床是数控机床中应用最为广泛的一种机床。数控车床在结构及加工工艺上都与普通车床相似，但由于数控车床是由电子计算机数字信号控制的机床，其加工通过事先编制好的加工程序来控制，所以在工艺特点上又与普通车床有所不同。数控车削加工工艺是以普通车削加工工艺为基础，结合数控车床的特点，综合运用多方面的知识解决数控车削加工过程中面临的工艺问题。

通过本任务内容的学习，学生能够分析零件图样，确定工序和工件在数控车床上的装夹方式，确定各表面的加工顺序和刀具的进给路线，以及刀具、夹具和切削用量的选择等。

1.2 任务资讯

1.2.1 数控车削的概述

1. 数控车床的主要加工对象

数控车削是数控加工中用得最多的加工方法之一。由于数控车床具有加工精度高、有直线和圆弧插补功能以及在加工过程中能自动变速等特点，因此其加工范围比普通车床（这里普通车床指非数控车床，不是卧式车床的概念）宽得多。凡是能在数控车床上装夹的回转体零件都能在数控车床上加工。与普通车床相比，数控车床比较适合车削具有以下要求和特点的回转体零件：

（1）精度要求高的零件　零件的精度要求主要指尺寸、形状、位置和表面等精度要求，其中的表面精度主要指表面粗糙度。由于数控车床刚性好，制造和对刀精度高，并能方便、精确地进行人工补偿和自动补偿，所以能加工尺寸精度要求较高的零件，有些场合能达到以车代磨的效果。另外，由于数控车床的运动是通过高精度插补运算和伺服驱动来实现的，所以它能加工直线度、圆度、圆柱度等形状精度要求高的零件。由于数控车床一次装夹能完成加工的内容较多，所以它能有效提高零件的位置精度，并且加工质量稳定。数控车床具有恒线速度切削功能，所以它不仅能加工出表面粗糙度值小而均匀的零件，而且还适合车削各部位表面粗糙度要求不同的零件。一般数控车床的加工精度可达0.001mm，表面粗糙度值可达0.16μm（精密数控车床可达0.02μm）。

（2）表面粗糙度值小的零件　数控车床具有恒线速切削功能，能加工出表面粗糙度值小而均匀的零件。因为在材质、精车余量和刀具已定的情况下，表面粗糙度取决于进给量和切削速度。切削速度变化，致使车削后的表面粗糙度值大小不一致，使用数控车床的恒线切削功能，就可选用最佳线速度来切削锥面 、球面和端面等，使车削后的表面粗糙度值不但小，而且一致。

（3）表面轮廓形状复杂的零件　由于数控车床具有直线和圆弧插补功能（部分数控车床还有某些非圆弧曲线插补功能），所以它可以车削由任意直线和各类平面曲线组成的形状复杂的回转体零件，包括通过拟合计算处理后的、不能用方程式描述的列表曲线。如图 1-1 所示的壳体零件封闭内腔的成形面，在普通车床上是无法加工的，而在数控车床上则很容易加工出来。

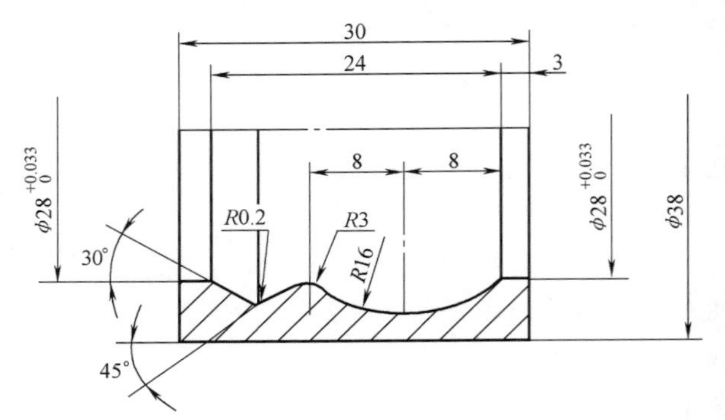

图 1-1　成形内腔零件示意图

（4）带特殊螺纹的零件　数控车床具有加工各类螺纹的功能，包括任何等导程的直、锥和端面螺纹，增导程、减导程以及要求等导程与变导程之间平滑过渡的螺纹。通常在主轴箱内安装有脉冲编码器，主轴的运动通过同步带按 1∶1 的比例传到脉冲编码器。采用伺服电动机驱动主轴旋转，当主轴旋转时，脉冲编码器便发出检测脉冲信号给数控系统，使主轴电动机的旋转与刀架的切削进给保持同步关系，即实现加工螺纹时主轴转一转，刀架 Z 向移动工件一个导程的运动关系。数控车削出来的螺纹精度高，表面粗糙度值小。

2. 数控车削加工的主要内容

根据数控车床的工艺特点，数控车削加工主要有以下内容：

（1）车削外圆　车削外圆是最常见、最基本的车削方法，工件外圆一般由圆柱面、圆锥面、圆弧面及回转槽等基本面组成。图 1-2 所示为使用各种不同的车刀车削中小型零件外圆（包括车外回转槽）的方法。其中左偏刀主要用于从左向右进给，车削右边有直角轴肩的外圆以及右偏刀无法车削的外圆，如图 1-2c 所示。

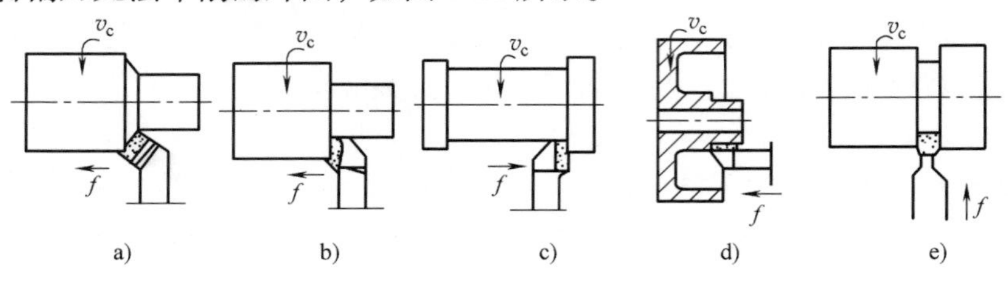

图 1-2　车削外圆示意图

a）45°车刀车削外圆　b）90°右偏刀车削外圆　c）左偏刀车削外圆
d）加工工件内部的外圆柱面　e）加工外沟槽

锥面车削，可以分别视为内圆、外圆切削的一种特殊形式。锥面可分为内锥面和外锥面，在普通车床上加工锥面的方法有小滑板转位法、尾座偏移法、靠模法和宽刀法等，而在数控车床上车削圆锥，则完全和车削其他外圆一样，不必像普通车床那么麻烦。车削圆弧面时，则更能显示数控车床的优越性。

(2) 车削内孔　车削内孔是指用车削方法扩大工件的孔或加工空心工件的内表面，是常用的车削加工方法之一。常见的车孔方法如图 1-3 所示。在车削不通孔和台阶孔时，车刀要先纵向进给，当车到孔的根部时再横向进给车端面或台阶端面，如图 1-3b、c 所示。

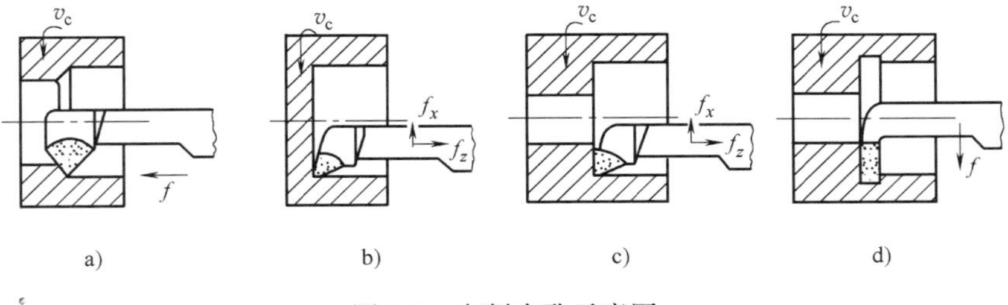

图 1-3　车削内孔示意图
a) 车削通孔　b) 车削不通孔　c) 车削台阶孔　d) 车削内沟槽

(3) 车削端面　车削端面也包括台阶端面的车削，常见的方法如图 1-4 所示：图 1-4a 所示是使用 45°车刀车削端面，可采用较大背吃刀量，切削顺利，表面光洁，而且大、小端面均可车削；图 1-4b 所示是使用 90°右偏刀从外向工件中心进给车削端面，适用于加工尺寸较小的端面或一般的台阶端面；图 1-4c 所示是使用 90°右偏刀从工件中心向外进给车削端面，适用于加工工件中心带孔的端面或一般的台阶端面；图 1-4d 所示是使用左偏刀车削端面，刀头强度较高，适宜车削较大端面，尤其是铸、锻件的大端面。

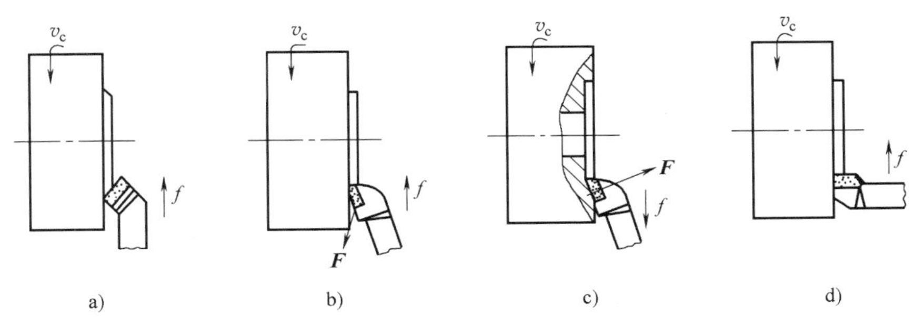

图 1-4　车削端面示意图
a) 45°车刀车削端面　b) 右偏刀车削端面（由外向中心进刀）
c) 右偏刀车削外圆（由中心向外进刀）　d) 左偏刀车削端面

(4) 车削螺纹　车削螺纹是数控车床的特点之一。在普通车床上一般只能加工少量的等螺距螺纹，而在数控车床上，只要通过调整螺纹加工程序，指出螺纹终点坐标值及螺纹导程，即可车削各种不同螺距的圆柱螺纹、锥螺纹或端面螺纹等。螺纹的车削可以通过单刀切削的方式进行，也可进行循环切削。

1.2.2　数控车削的工艺分析

工艺分析是数控车削加工前期的工艺准备工作。工艺制订得合理与否，对程序编制、机床的加工效率和零件的加工精度等都有重要影响。因此，编制加工程序前，应遵循一般的工艺原则并结合数控车床的特点，认真而详细地考虑零件图的工艺，确定工件在数控车床上的装夹，刀具、夹具和切削用量的选择等。制订车削加工工艺之前，必须先对零件图样进行分析，主要包括以下内容：

1. 结构工艺性分析

零件的结构工艺性是指零件对加工方法的适应性，即所设计的零件结构应便于加工成形。在数控车床上加工零件时，应根据数控车削的特点，认真审视零件结构的合理性。例如图1-5a所示的零件，需用三把不同宽度的切槽刀车槽，如无特殊需要，显然是不合理的，若改成图1-5b所示的结构，只需一把刀即可切出三个槽。这样既减少了刀具数量，少占刀架刀位，又节省了换刀时间。

在结构分析时若发现问题应向设计人员或有关部门提出修改意见。

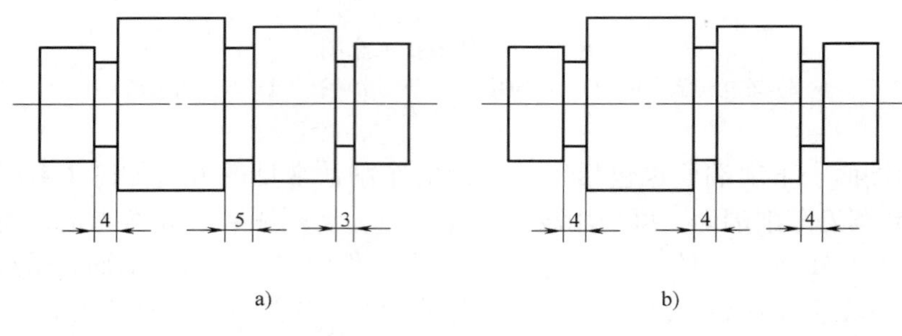

图1-5　结构工艺性示例

a）改进前　b）改进后

2. 构成零件轮廓的几何要素

由于设计等各种原因，在图样上可能出现加工轮廓的数据不充分、尺寸模糊不清及尺寸封闭等缺陷，从而增加编程的难度，有时甚至无法编写程序，如图1-6所示。

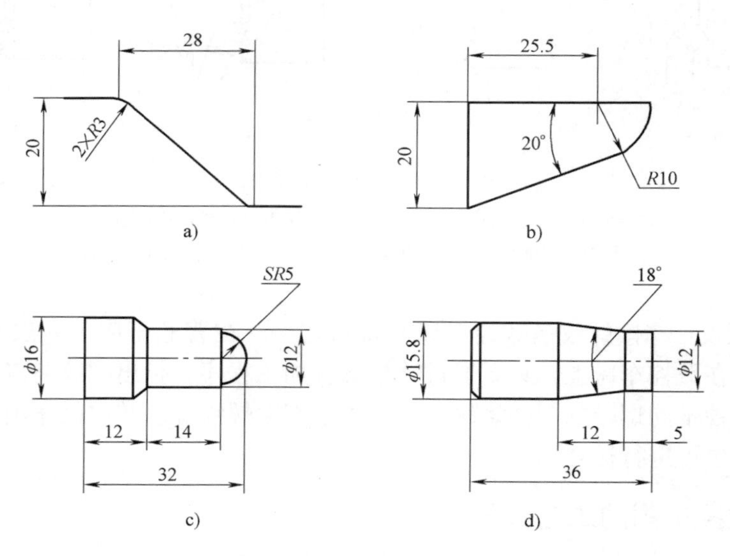

图1-6　几何要素缺陷示意图

在图1-6a中，两圆弧的圆心位置是不确定的，不同的理解将得到完全不同的结果。在图1-6b中，圆弧与斜线的关系要求为相切，但经计算后的结果却为相交关系，而非相切。

这些问题由于图样上的图线位置模糊或尺寸标注不清，使编程工作无从下手。在图1-6c中，标注的各段长度之和不等于其总长尺寸，而且漏掉了倒角尺寸。在图1-6d中，圆锥体的各尺寸已经构成封闭尺寸链。这些问题都给编程计算造成困难，甚至产生不必要的误差。

当发生以上缺陷时，应向图样的设计人员或技术管理人员及时反映，解决后方可进行程序的编制工作。

3. 尺寸公差要求

在确定控制零件尺寸精度的加工工艺时，必须分析零件图样上的公差要求，从而正确选择刀具及确定切削用量等。

在尺寸公差要求的分析过程中，还可以同时进行一些编程尺寸的简单换算，如中值尺寸及尺寸链的解算等。在数控编程时，常常对零件要求的尺寸取其上、下极限尺寸的平均值（即“中值”）作为编程的尺寸依据。

4. 几何公差要求

图样上给定的几何公差是保证零件精度的重要要求。在工艺准备过程中，除了按其要求确定零件的定位基准和检测基准，并满足其设计基准的规定外，还可以根据机床的特殊需要进行一些技术性处理，以便有效地控制其几何误差。

5. 表面粗糙度要求

表面粗糙度是保证零件表面微观精度的重要要求，也是合理选择机床、刀具及确定切削用量的重要依据。

6. 材料要求

图样上给出的零件毛坯材料及热处理要求，是选择刀具（材料、几何参数及使用寿命）、确定加工工序、切削用量及选择机床的重要依据。

7. 加工数量

零件的加工数量对工件的装夹与定位、刀具的选择、工序的安排及进给路线的确定等都是不可忽视的参数。

1.2.3　工艺装备及夹具的设计和选择

1. 车床夹具的定义和分类

在车床上用来装夹工件的装置称为车床夹具。

车床夹具可分为通用夹具和专用夹具两大类。通用夹具是指能够装夹两种或两种以上工件的同一夹具，例如车床上的自定心卡盘、单动卡盘、弹簧夹套和通用心轴等；专用夹具是专门为加工某一特定工件的某一工序而设计的夹具。

如按夹具元件组合特点划分，则有不能重新组合的夹具和能够重新组合的夹具，后者称为组合夹具。

数控车床通用夹具与普通车床及专用车床相同。夹具的作用是装夹工件以完成加工过程，同时要保证工件的定位精度，并使装卸尽可能方便快捷。

选择夹具时通常先考虑选用通用夹具，这样可避免制造专用夹具。专用夹具是针对通用夹具无法装夹的某一工件或工序而设计的。

2. 圆周定位夹具

在车床加工中大多数情况是使用工件或毛坯的外圆定位。

（1）自定心卡盘　自定心卡盘如图 1-7 所示，是最常用的车床通用夹具。自定心卡盘最大的优点是可以自动定心，夹持范围大，但定心精度存在误差，不适于同轴度要求高的工件的二次装夹。自定心卡盘常见的有机械式和液压式两种。液压卡盘装夹迅速、方便，但夹持范围变化小，尺寸变化大时需要重新调整卡爪位置。数控车床经常采用液压卡盘，液压卡盘特别适用于批量加工。

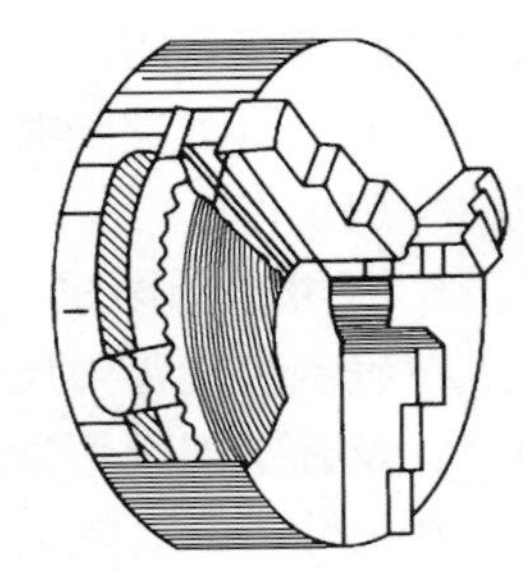

图 1-7　自定心卡盘

（2）软爪　由于自定心卡盘定心精度不高，当加工同轴度要求高的工件需二次装夹时，常常使用软爪。软爪是一种具有切削性能的夹爪。通常，为保证刚度和耐磨性，要对自定心卡盘进行热处理，导致其硬度较高，很难用常用刀具切削。软爪是在使用前配合工件特别制造的，加工软爪时要注意以下几方面的问题：

1）软爪要在与使用时相同的夹紧状态下加工，以免在加工过程中松动和由于反向间隙而引起定心误差。加工软爪内定位表面时，要在软爪尾部夹紧一个适合的棒料，以消除卡盘端面螺纹的间隙，如图 1-8 所示。

2）当工件以外圆定位时，软爪内圆直径应与工件外圆直径相同，略小更好，如图 1-9 所示，其目的是消除卡盘的定位间隙，增加软爪与工件的接触面积。软爪内径大于工件外径会导致软爪与工件形成三点接触，如图 1-10 所示，此种情况接触面积小，夹紧不可靠，应尽量避免。软爪内径过小，如图 1-11 所示，会形成六点接触，会在被加工表面留下压痕，同时也使软爪的接触面发生变形。

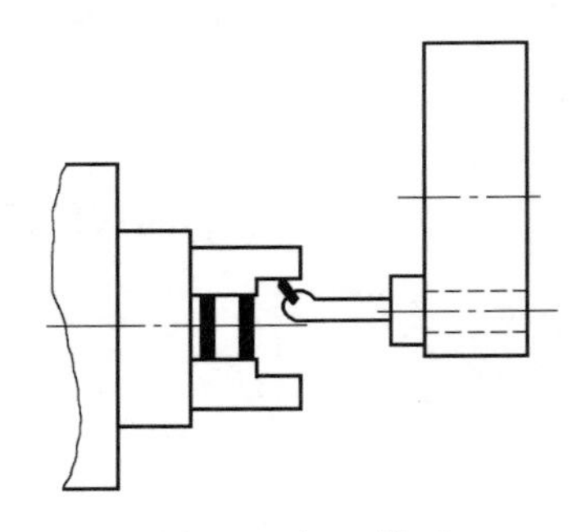

图 1-8　加工软爪

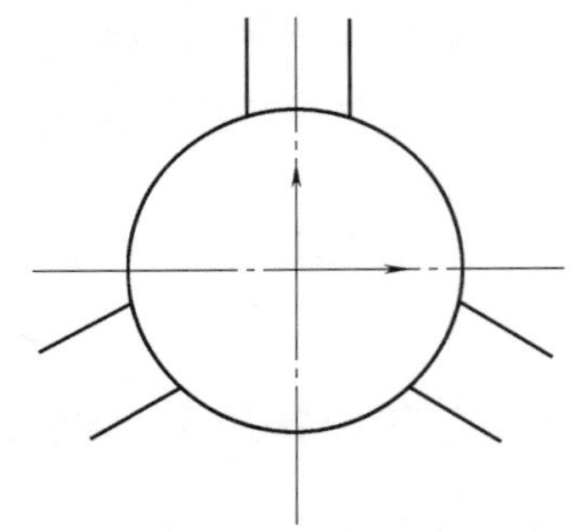

图 1-9　理想的软爪内径

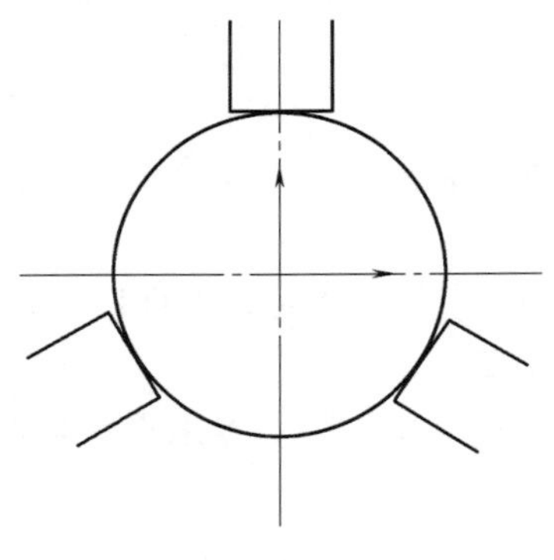

图 1-10　软爪内径过大

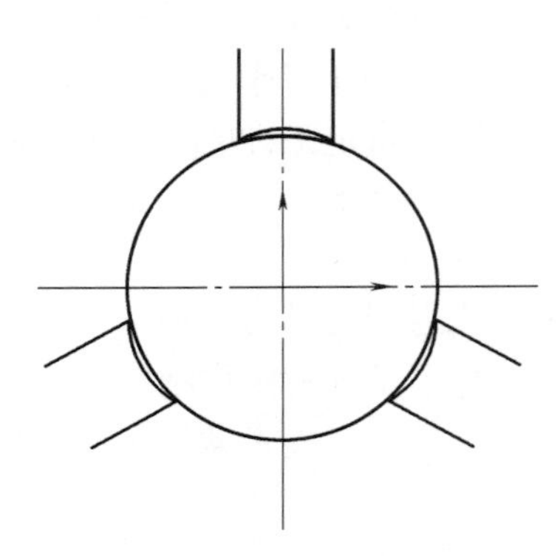

图 1-11　软爪内径过小

软爪也有机械式和液压式两种。软爪常用于同轴度要求较高的工件的二次装夹。

（3）弹簧夹套　弹簧夹套定心精度高，装夹工件快捷方便，常用于精加工工件的外圆表面定位。弹簧夹套特别适用于尺寸精度较高、表面质量较好的冷拔圆棒料，若配以自动送料器，可实现自动上料。弹簧夹套夹持工件的内孔是标准系列，并非任意直径。

（4）单动卡盘　加工精度要求不高、偏心距较小、零件长度较短的工件时，可采用单动卡盘，如图 1-12 所示。

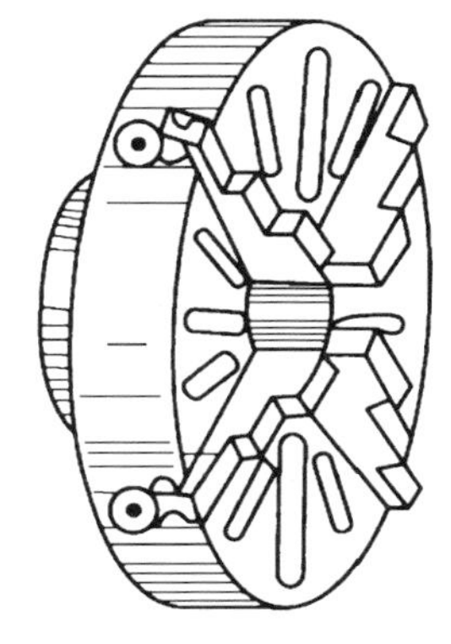

图 1-12　单动卡盘

3. 中心孔定位夹具

（1）两顶尖拨盘　两顶尖定位的优点是定心正确可靠，安装方便。顶尖的作用是定心，承受工件的重量和切削力。顶尖分前顶尖和后顶尖。

前顶尖有两种安装方法：一种是前顶尖插入主轴锥孔内，如图 1-13a 所示；另一种是前顶尖夹在卡盘上，如图 1-13b 所示。前顶尖与主轴一起旋转，与主轴中心孔不产生摩擦。

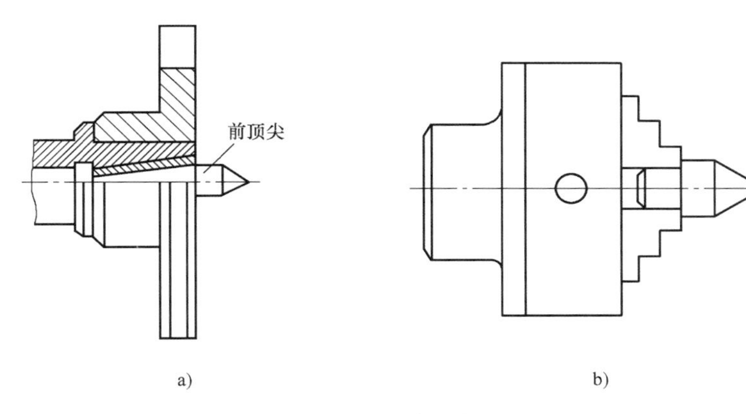

图 1-13　前顶尖

后顶尖插入尾座套筒，也有两种情况：一种是后顶尖是固定的，如图 1-14a 所示；另一种是回转的，如图 1-14b 所示。回转顶尖使用较为广泛。

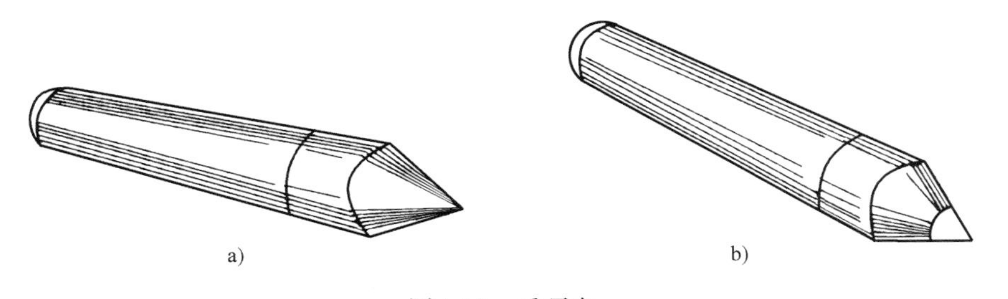

图 1-14　后顶尖

工件安装时用对分夹头或鸡心卡头夹紧工件一端，拨杆伸向端面。两顶尖只对工件有定心和支撑作用，必须通过对分卡头或鸡心卡头的拨杆带动工件旋转，如图 1-15 所示。

利用两顶尖定位还可以车偏心轴，如图 1-16 所示。

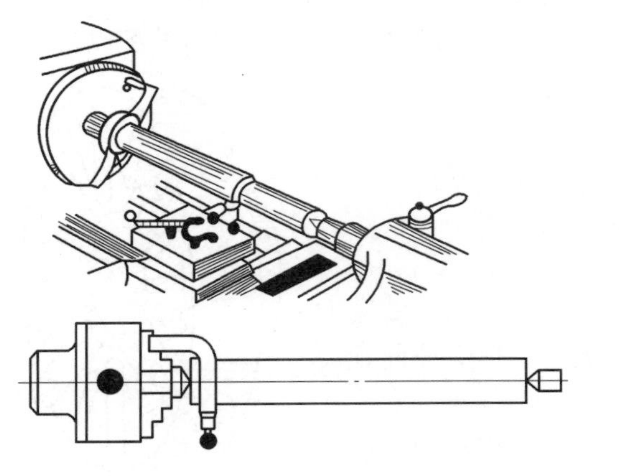

图 1-15　两顶尖装夹工件

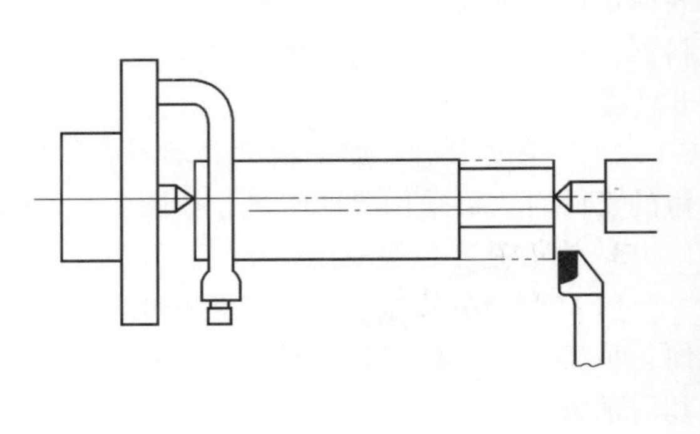

图 1-16　两顶尖定位车偏心轴

（2）拨动顶尖　常用的拨动顶尖有内、外拨动顶尖和端面拨动顶尖两种。

1）内、外拨动顶尖。内、外拨动顶尖如图 1-17 所示，这种顶尖的锥面带齿，能嵌入工件，拨动工件旋转。

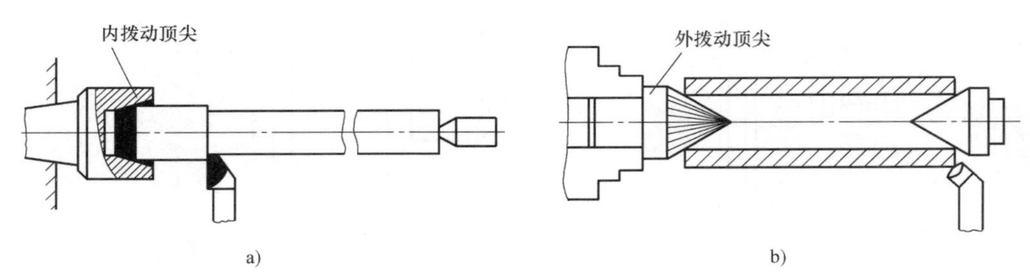

图 1-17　内、外拨动顶尖
a）内拨动顶尖　b）外拨动顶尖

2）端面拨动顶尖。端面拨动顶尖如图 1-18 所示。这种顶尖利用端面拨爪带动工件旋转，适合装夹工件的直径为 $\phi50 \sim \phi150$mm。

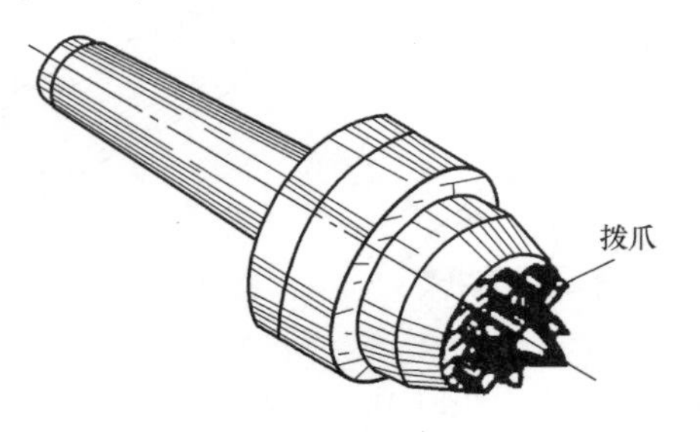

图 1-18　端面拨动顶尖

数控车床常用的装夹方法见表 1-1。

表 1-1　数控车床常用的装夹方法

序号	装夹方法	特　　点	适 用 范 围
1	自定心卡盘	夹紧力较小，夹持工件时一般不需要找正，装夹速度较快	适于装夹中小型圆柱形、正三边或正六边形工件
2	单动卡盘	夹紧力较大，装夹精度较高，不受卡爪磨损的影响，但夹持工件时需要找正	适于装夹形状不规则或大型的工件
3	两顶尖及鸡心卡头	用两端中心孔定位，容易保证定位精度，但由于顶尖细小，装夹不够牢靠，不宜用大的切削用量进行加工	适于装夹轴类零件
4	一夹一顶	定位精度较高，装夹牢靠	适于装夹轴类零件
5	中心架	配合自定心卡盘或单动卡盘装夹工件，可以防止弯曲变形	适于装夹细长的轴类零件
6	心轴与弹簧夹套	以孔为定位基准，用心轴装夹加工外表面，也可以外圆为定位基准，采用弹簧夹套装夹加工内表面，工件的位置精度较高	适于装夹内外表面位置精度要求较高的套类零件

1.2.4　切削用量的选择

1. 切削用量的基本概念

切削用量是表示主运动及进给运动大小的参数。它包括背吃刀量、进给量和切削速度三要素。

（1）背吃刀量 a_p　对于车削加工来讲，背吃刀量是指工件上已加工表面和待加工表面间的垂直距离，如图 1-19 所示。

车外圆时，背吃刀量计算公式为

$$a_p = \frac{d_w - d_m}{2}$$

式中　a_p——背吃刀量（mm）；

d_w——工件待加工表面直径（mm）；

d_m——工件已加工表面直径（mm）。

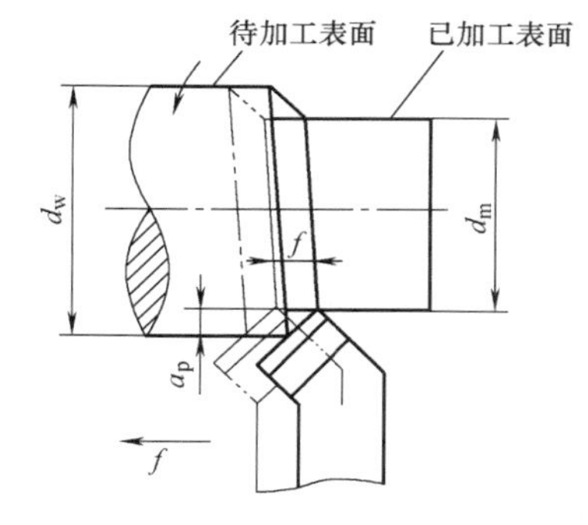

图 1-19　背吃刀量和进给量

（2）进给量 f　工件每转一周时，刀具在进给方向上相对工件的位移量，如图 1-19 所示，单位是 mm/r。

（3）切削速度 v_c　切削刃选定点相对于工件的主运动的瞬时速度。

1）光轴车削时主轴转速。光轴车削时主轴转速应根据零件上被加工部位的直径，并按零件和刀具的材料、加工性质等条件所允许的切削速度来确定。切削速度除了计算和查表选取外，还可根据实践经验确定。需要注意的是交流变频调速数控车床低速输出的力矩小，因而切削速度不能太低。切削速度确定之后，可用公式计算主轴转速，即

$$v_c = \frac{\pi d_w n}{1000}$$

式中　v_c——切削速度（m/min）；

d_w——工件待加工表面直径（mm）；

1 PROJECT

n——工件转速（r/min）。

表 1-2 所列为硬质合金外圆车刀切削速度的参考值，选用时可供参考。

表 1-2 硬质合金外圆车刀切削速度的参考数值

工件材料	热处理状态	$a_p=0.3\sim2.0$mm $f=0.08\sim0.30$mm/r	$a_p=2\sim6$mm $f=0.3\sim0.6$mm/r	$a_p=6\sim10$mm $f=0.6\sim1.0$mm/r
		v_c/(m/min)		
低碳钢、易切钢	热轧	140 ~ 180	100 ~ 120	70 ~ 90
中碳钢	热轧	130 ~ 160	90 ~ 110	60 ~ 80
	调质	100 ~ 130	70 ~ 90	50 ~ 70
合金结构钢	热轧	100 ~ 130	70 ~ 90	50 ~ 70
	调质	80 ~ 110	50 ~ 70	40 ~ 60
工具钢	退火	90 ~ 120	60 ~ 80	50 ~ 70
灰铸铁	<190HBW	90 ~ 120	60 ~ 80	50 ~ 70
	190 ~ 225HBW	80 ~ 110	50 ~ 70	40 ~ 60
高锰钢（$w_{Mn}=3\%$）			10 ~ 20	
铜、铜合金		200 ~ 250	120 ~ 180	90 ~ 120
铝、铝合金		300 ~ 600	200 ~ 400	150 ~ 200
铸铝合金		100 ~ 180	80 ~ 150	60 ~ 100

注：切削钢、灰铸铁时的刀具寿命约为 60min。

2）车螺纹时的主轴转速。切削螺纹时，数控车床的主轴转速将受到螺纹螺距（或导程）的大小、驱动电动机的升降频率特性、螺纹插补运算速度等多种因素的影响，故对于不同的数控系统，推荐不同的主轴转速选择范围。例如，大多数经济型数控车床的数控系统，推荐切削螺纹时的主轴转速为

$$n \leqslant \frac{1200}{P} - k$$

式中 P——工件螺纹的螺距或导程（mm）；

k——保险系数，一般取 80。

2. 选择切削用量的一般原则

（1）粗车时切削用量的合理选择

1）粗车时切削用量的选择原则。粗车时，毛坯的加工余量较大，工件的加工精度和表面粗糙度等技术要求较低，应以提高生产率为主，考虑经济性和加工成本。

2）粗车时切削用量的选择步骤。首先选择一个尽可能大的背吃刀量，然后选择一个较大的进给量，最后根据已选定的背吃刀量和进给量，在工艺系统刚性、刀具寿命和机床功率允许的范围内选择一个合理的切削速度。

选择背吃刀量时，尽量将粗加工余量一次切完。当余量过大或工艺系统刚性差时，可分两次粗加工切除余量，且第一次切除余量的 2/3 ~ 3/4。

选择进给量时，应不超过刀具的刀片和刀柄强度、不大于机床进给机构强度，并且在不产生振动的条件下，选取一个最大的进给量。用硬质合金车刀、高速钢车刀粗车外圆和端面时的进给量见表 1-3。

背吃刀量和进给量确定后，按刀具寿命确定切削速度，计算工件转速，选择相近的较低

档的车床转速。外圆车刀的切削速度见表 1-4。

粗车时，背吃刀量、进给量、切削速度确定后，还需校验车床功率。

表 1-3　硬质合金车刀、高速钢车刀粗车外圆和端面时的进给量

加工材料	车刀刀柄尺寸 $\frac{B}{mm}\times\frac{H}{mm}$	工件直径 /mm	背吃刀量 a_p/mm			
			<3	>3~5	>5~8	>8~12
			进给量 f/(mm/r)			
碳素结构钢和合金结构钢	16×25	20	0.3~0.4			
		40	0.4~0.5	0.3~0.4		
		60	0.5~0.7	0.4~0.6	0.3~0.5	
		100	0.6~0.9	0.5~0.7	0.5~0.6	0.4~0.5
		400	0.8~1.2	0.7~1.0	0.6~0.8	0.5~0.6
	20×30 25×25	20	0.3~0.4			
		40	0.4~0.5	0.3~0.4		
		60	0.6~0.7	0.5~0.7	0.4~0.6	
		100	0.8~1.0	0.7~0.9	0.5~0.7	0.4~0.7
		400	1.2~1.4	1.0~1.2	0.8~1.0	0.6~0.9
铸铁和铜合金	16×25	40	0.4~0.5			
		60	0.6~0.8	0.5~0.8	0.4~0.6	
		100	0.8~1.2	0.7~1.0	0.6~0.8	0.5~0.7
		400	1.0~1.4	1.0~1.2	0.8~1.0	0.6~0.8
	20×30 25×25	40	0.4~0.5			
		60	0.6~0.9	0.5~0.8	0.4~0.7	
		100	0.9~1.3	0.8~1.2	0.7~1.0	0.5~0.8
		400	1.2~1.8	1.2~1.6	1.0~1.3	0.9~1.1

注：1. 加工断续表面及加工中有冲击时，表中的进给量应乘系数 $k=0.75\sim0.85$。

2. 加工耐热钢及其合金时，不采用大于 1.0mm/r 的进给量。

3. 加工淬硬钢，当材料硬度为 44~56HRC 时，表中进给量应乘系数 $k=0.8$；当材料硬度为 57~62HRC 时，表内进给量应乘系数 $k=0.5$。

表 1-4　外圆车刀的切削速度

工件材料	刀具材料	背吃刀量 a_p/mm			
		0.13~0.38	0.38~2.4	2.4~4.7	4.7~9.5
		进给量 f/(mm/r)			
		0.05~0.13	0.13~0.38	0.38~0.76	0.76~1.3
		切削速度 v_c/(m/min)			
低碳钢	高速钢		70~90	40~60	20~40
	硬质合金	215~365	165~215	120~165	90~120
中碳钢	高速钢		45~60	30~40	15~20
	硬质合金	130~165	100~130	75~100	55~75

（续）

工件材料	刀具材料	背吃刀量 a_p/mm			
		0.13～0.38	0.38～2.4	2.4～4.7	4.7～9.5
		进给量 f/(mm/r)			
		0.05～0.13	0.13～0.38	0.38～0.76	0.76～1.3
		切削速度 v_c/(m/min)			
不锈钢	高速钢		30～45	25～30	15～20
	硬质合金	115～150	90～115	75～90	55～75
灰铸铁	高速钢		35～45	25～35	20～25
	硬质合金	135～185	105～135	75～105	60～75
黄铜及青铜	高速钢		85～105	70～85	45～70
	硬质合金	215～245	185～215	150～185	120～150
铝合金	高速钢	105～150	70～105	45～70	30～45
	硬质合金	215～300	135～215	90～135	60～90

（2）半精车、精车时切削用量的合理选择

1）半精车、精车时切削用量的选择原则。半精车、精车时，工件的加工余量不大，加工精度要求较高，表面粗糙度值要求较小，应以提高加工质量作为选择切削用量的主要依据，然后尽可能提高生产率。

2）半精车、精车时切削用量的选择步骤。

①背吃刀量。半精加工、精加工的背吃刀量较小，原则上一次进给切除全部余量。

②进给量。半精加工、精加工的进给量主要受表面粗糙度的限制，可在预定切削速度、刀尖圆弧半径的情况下，查有关表格，确定进给量。硬质合金外圆车刀半精车时的进给量见表1-5。

表1-5　硬质合金外圆车刀半精车时的进给量

工件材料	表面粗糙度值 Ra/μm	切削速度/(m/min)	刀尖圆弧半径 r_ε/mm		
			0.5	1.0	2.0
			进给量 f/(mm/r)		
铸铁、青铜、铝合金	3.2	不限	0.12～0.25	0.25～0.40	0.40～0.60
	1.6		0.10～0.15	0.15～0.20	0.20～0.35
碳钢、合金钢	3.2	<50	0.20～0.25	0.25～0.30	0.30～0.40
		>50	0.25～0.30	0.30～0.35	0.35～0.50
	1.6	<50	0.10	0.11～0.15	0.15～0.22
		50～100	0.11～0.16	0.16～0.25	0.25～0.35
		>100	0.16～0.20	0.20～0.25	0.25～0.35

1.2.5　数控车刀的选择

选择数控车削刀具通常要考虑数控车床的加工能力、工序内容及工件材料等因素。与普通车削相比，数控车削对刀具的要求更高，不仅要求精度高、刚度好、寿命长，而且要求尺寸稳定、安装调整方便。

1. 常用车刀类型

（1）焊接式车刀　焊接式车刀是将硬质合金刀片用焊接的方法固定在刀体上，形成一个整体。此类刀具结构简单，制造方便，刚性较好，但由于受焊接工艺的影响，刀具的使用性能受到影响，另外，刀杆不能重复使用，造成刀具材料的浪费。根据工件加工表面的形状以及用途不同，焊接式车刀可分为外圆车刀、内孔车刀、切断（切槽）车刀、螺纹车刀及成形车刀等，具体如图 1-20 所示。

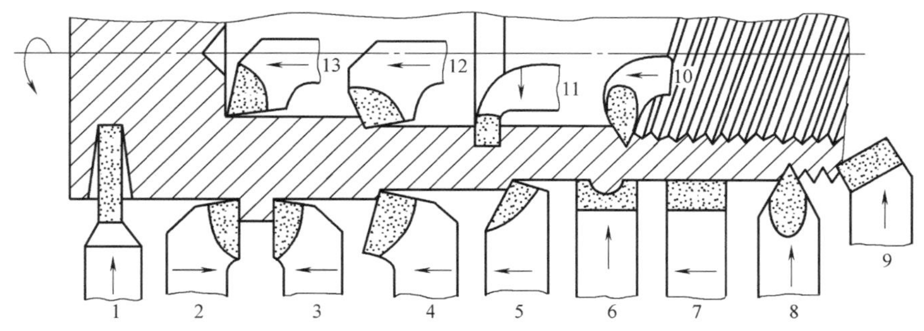

图 1-20　常用焊接式车刀的种类

1—切断车刀　2—90°左偏刀　3—90°右偏刀　4—弯头车刀　5—直头车刀
6—成形车刀　7—宽刃车刀　8—外螺纹车刀　9—端面车刀
10—内螺纹车刀　11—内沟槽刀　12—通孔车刀　13—不通孔车刀

（2）机械夹固式可转位车刀　机械夹固式可转位车刀（简称“机夹可转位车刀”）是已经实现机械加工的标准化、系列化的车刀。数控车床常用的机夹可转位车刀结构形式如图 1-21 所示，主要由刀柄 1、刀片 2、刀垫 3 及夹紧元件 4 组成。刀片每边都有切削刃，当某切削刃磨损钝化后，只需松开夹紧元件，将刀片转一个位置便可继续使用，减少了换刀时间和方便对刀，便于实现机械加工的标准化。数控车削加工时，应尽量采用机夹刀和机夹刀片。

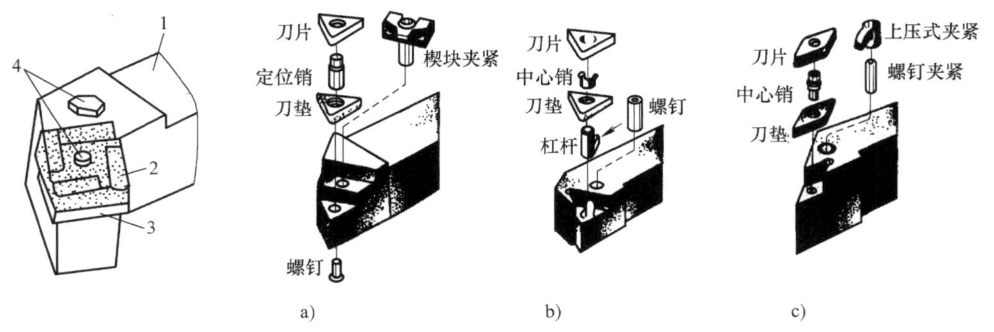

图 1-21　机夹可转位车刀

a）楔块—压式夹紧　b）杠杆—压式夹紧　c）螺钉—压式夹紧
1—刀柄　2—刀片　3—刀垫　4—夹紧元件

2. 车刀的类型及选择

数控车削常用的车刀一般分为三类，即尖形车刀、圆弧车刀和成形车刀。

（1）尖形车刀　尖形车刀的刀尖（也称为刀位点）由直线形的主、副切削刃构成，如 90°内、外圆车刀，端面车刀，切断（切槽）车刀等。

尖形车刀是数控车床加工中用的最为广泛的一类车刀。用这类车刀加工零件时，零件的轮廓形状主要由一个独立的刀尖或一条直线形主切削刃位移后得到。尖形车刀的选择方法与普通车削时基本相同，主要根据工件的表面形状、加工部位及刀具本身的强度等选择合适的刀具几何角度，并应适合数控加工的特点（如加工路线、加工干涉等）。

（2）圆弧车刀　圆弧车刀的切削刃是一圆度误差或轮廓误差很小的圆弧，该圆弧上每一点都是圆弧车刀的刀尖，其刀位点不在圆弧上，而在该圆弧的圆心上（见图1-22）。圆弧车刀是较为特殊的数控车刀，可用于车削工件内、外表面，特别适于车削各种光滑连接（凸凹形）成形面。

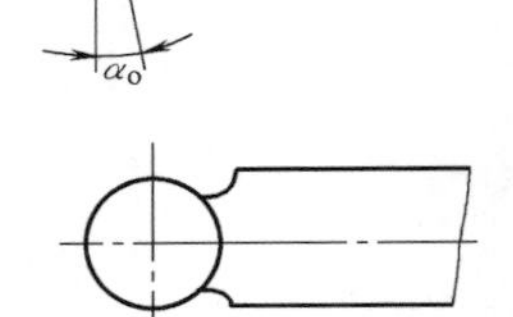

图1-22　圆弧车刀

当某些尖形车刀或成形车刀（如螺纹车刀）的刀尖具有一定的圆弧形状时，也可作为这类车刀使用。

圆弧车刀的选择，主要是选择车刀的圆弧半径，具体应考虑两点：一是车刀切削刃的圆弧半径应小于零件凹形轮廓上的最小曲率半径，以免发生加工干涉；二是该半径不宜太小，否则不但制造困难，还会削弱刀具强度，降低刀体散热性能。

（3）成形车刀　成形车刀俗称样板车刀，其加工零件的轮廓形状完全由车刀切削刃的形状和尺寸决定。数控车削加工中，常见的成形车刀有小半径圆弧车刀、非矩形切槽刀和螺纹车刀等。在数控加工中，应尽量少用或不用成形车刀，当确有必要选用时，应在工艺文件或加工程序单上进行详细说明。

3. 机夹可转位车刀的选用

（1）刀片材质的选择　常见刀片材料有高速钢、硬质合金、涂层硬质合金、陶瓷、立方氮化硼和金刚石等，其中应用最多的是硬质合金和涂层硬质合金刀片。选择刀片材质主要依据工件的材料、被加工表面的精度、表面质量要求、切削载荷的大小以及切削过程有无冲击和振动等。

（2）刀片形状的选择　刀片形状主要依据工件的表面形状、切削方法、刀具寿命和刀片的转位次数等因素选择。刀片是机夹可转位车刀的重要组成元件，大致可分为三大类17种，图1-23所示为常见的可转位车刀刀片。

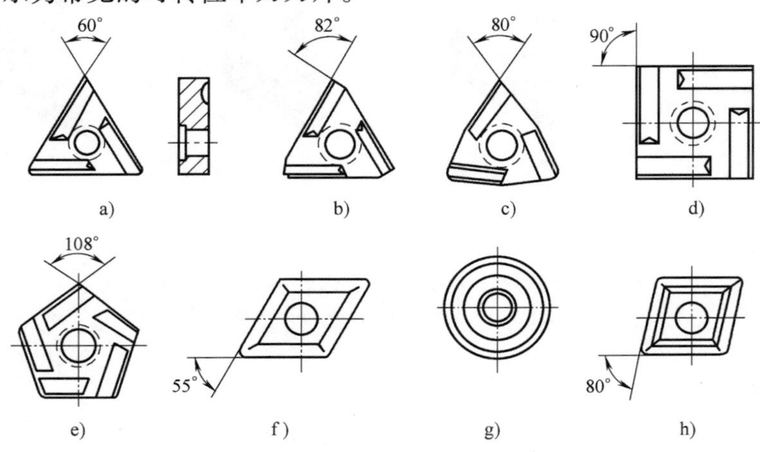

图1-23　常见可转位车刀刀片

a）T型　b）F型　c）W型　d）S型　e）P型　f）D型　g）R型　h）C型

表 1-6 所列为车削加工时被加工表面与适用的主偏角为 15°～95°的刀片形状。具体使用时可查阅有关刀具手册选取。

表 1-6　被加工表面与适用的刀片形状

车削外圆表面					
主偏角	45°	45°	60°	75°	95°
刀片形状及加工示意图	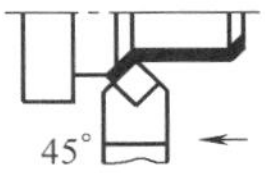	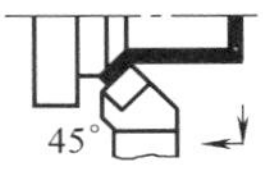	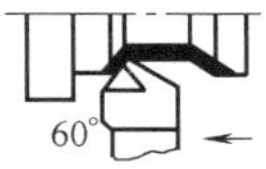	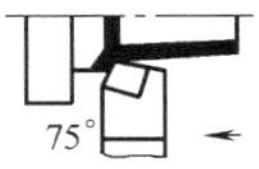	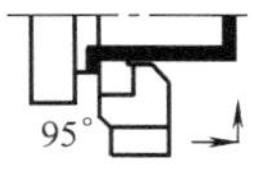
推荐选用刀片	SCMA SPMR SCMM SNMM-8 SPUN SNMM-9	SCMA SPMR SCMM SNMG SPUN SPGR	TCMA TNMM-8 TCMM TPUN	SCMM SPUM SCMA SPMR SNMA	CCMA CCMM CNMM-7

车削端面				
主偏角	75°	90°	90°	95°
刀片形状及加工示意图	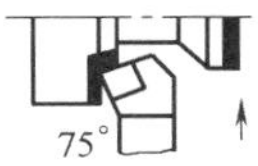	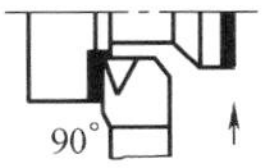	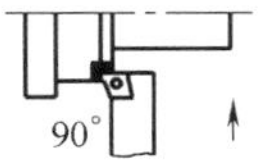	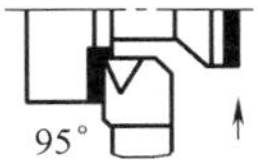
推荐选用刀片	SCMA SPMR SCMM SPUR SPUN CNMG	TNUN TNMA TCMA TPUM TCMM TPMR	CCMA	TPUN TPMR

车削成形面					
主偏角	15°	45°	60°	90°	93°
刀片形状及加工示意图	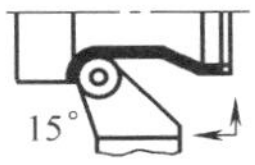	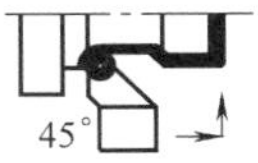	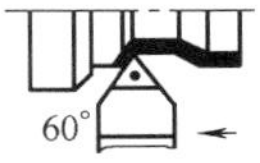	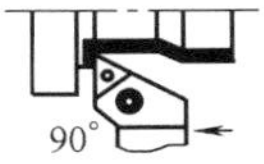	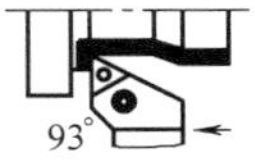
推荐选用刀片	RCMM	RNNG	TNMM-8	TNMG	TNMA

4. 车削工具系统

为了提高效率，减少换刀辅助时间，数控车削刀具已经向标准化、系列化、模块化方向发展。目前数控车床常用的刀具系统有两类：一类是刀块式车刀系统，其结构是用凸键定位、螺钉夹紧，如图 1-24a 所示。这种结构定位可靠，夹紧牢固，刚性好，但换装刀具费时，不能自动夹紧。另一类是圆柱齿条式车刀系统，其结构是在圆柱柄上铣有齿条，如图 1-24b 所示。这种结构可实现自动夹紧，换装比较快捷，刚性比刀块式差。

瑞典山特维克公司推出了一套模块化的车刀系统，刀柄是一样的，仅需更换刀头即可用于各种加工，如图 1-24c 所示。该结构刀头很小，更换快捷，定位精度高，也可自动更换。

1.2.6　车削加工顺序的确定

如图 1-25a 所示的手柄零件，批量生产，加工时用一台数控车床，该零件加工所用坯料为 ϕ32mm 棒料。加工顺序如下：

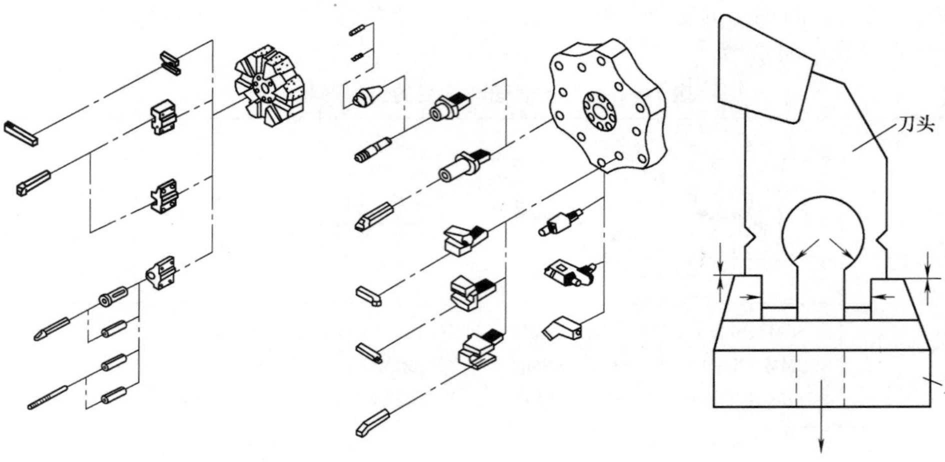

图 1-24　车削刀具系统

a）刀块式车刀系统　b）圆柱齿条式车刀系统　c）山特维克公司的模块化车刀系统

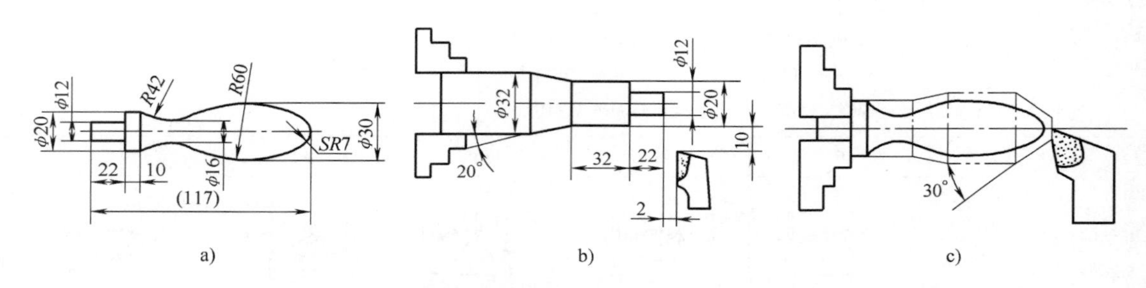

图 1-25　手柄的零件图及加工工序示意图

a）零件图　b）、c）加工工序示意图

第一道工序：如图 1-25b 所示，将一批工件全部车出，工序内容有：先车出 ϕ12mm 和 ϕ20mm 两圆柱面及 20°圆锥面（粗车掉 R42mm 圆弧的部分余量），换刀后按总长要求留下加工余量切断。

第二道工序（调头）：按图 1-25c 所示，用 ϕ12mm 外圆及 ϕ20mm 端面装夹工件，工序内容有：先车削包络 SR7mm 球面的 30°圆锥面，然后对全部圆弧表面进行半精车（留少量的精车余量），最后换精车刀，将全部圆弧表面一刀精车成形。

在分析零件图样和确定工序、装夹方式后，接下来即要确定零件的加工顺序。制订零件车削加工顺序一般遵循下列原则：

1. 先粗后精

按照粗车→半精车→精车的顺序，逐步提高加工精度。粗车将在较短的时间内将工件表面上的大部分加工余量（如图 1-26 中的细双点画线内所示部分）切掉，一方面提高金属切除率，另一方面满足精车的余量均匀性要求。若粗车后所留余量的均匀性满足不了精加工的要求，则要安排半精加工，为精车做准备。精车要保证加工精度，按图样尺寸一刀车出零件轮廓。

2. 先近后远

这里所说的远和近是按加工部位相对于对刀点的距离大小而言的。在一般情况下，离对刀点远的部位后加工，以便缩短刀具移动距离，减少空行程时间。而且对于车削而言，先近后远还有利于保持坯件或半成品的刚性，改善其切削条件。

例如，当加工图 1-27 所示零件时，如果按 ϕ38mm→ϕ36mm→ϕ34mm 的次序安排车削，不仅会增加刀具返回对刀点所需的空行程时间，而且一开始就削弱了工件的刚性，还可能使台阶的外直角处产生毛刺。对这类直径相差不大的台阶轴，当第一刀的背吃刀量（图中最大背吃刀量可为 3mm 左右）未超过限值时，宜按 ϕ34mm→ϕ36mm→ϕ38mm 的次序先近后远地安排车削。

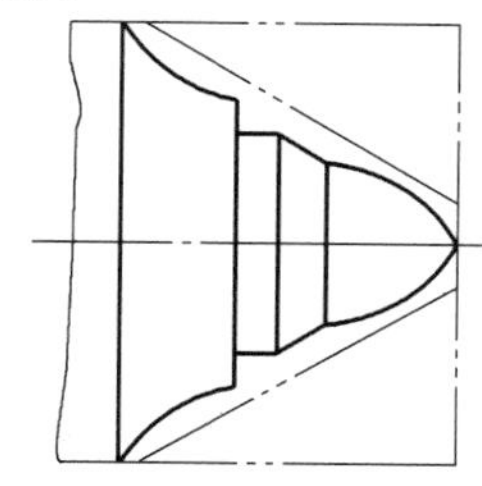

图 1-26　先粗后精示例

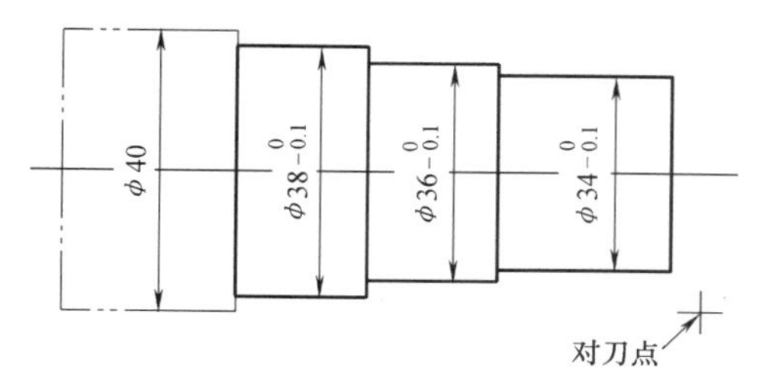

图 1-27　先近后远示例

3. 内外交叉

对既有内表面（内型腔），又有外表面需加工的零件，安排加工顺序时应先进行内外表面粗加工，后进行内外表面精加工。切不可将零件上一部分表面（外表面或内表面）加工完毕后，再加工其他表面（内表面或外表面）。

1.2.7　对刀点与换刀点的确定

对于数控机床来说，在加工开始时，确定刀具与工件的相对位置是很重要的，它是通过对刀点来实现的。“对刀点”是指通过对刀确定刀具与工件相对位置的基准点。在程序编制时，不管实际上是刀具相对工件移动，还是工件相对刀具移动，都把工件看作静止，而刀具在运动。对刀点往往也是零件的加工原点。

选择对刀点的原则是：

1）方便数学处理和简化程序编制。

2）在机床上容易找正，便于确定零件的加工原点的位置。

3）加工过程中便于检查。

4）引起的加工误差小。

对刀点可以设在零件上、夹具上或机床上，但必须与零件的定位基准有已知的准确关系。当对刀精度要求较高时，对刀点应尽量选在零件的设计基准或工艺基准上。对于以孔定位的零件，可以取孔的中心作为对刀点。

对刀时应使对刀点与刀位点重合。所谓刀位点，是指确定刀具位置的基准点，如 90°车刀的刀位点一般为刀尖，圆弧车刀的刀位点取为圆心，钻头的刀位点为钻尖。

“换刀点”应根据工序内容来安排，其位置应根据换刀时刀具不碰到工件、夹具和机床的原则而定。换刀点往往是固定的点，且设在距离工件较远的地方。

1.2.8　加工工序的划分

在数控机床上特别是在加工中心上加工零件，工序十分集中，许多零件只需在一次装夹中就能完成全部工序。但是零件的粗加工，特别是铸、锻毛坯零件的基准平面、定位面等的加工应在普通机床上完成之后，再装夹到数控机床上进行加工。这样可以发挥数控机床的特点，保持数控机床的精度，延长数控机床的使用寿命，降低数控机床的使用成本。在数控机床上加工零件时工序划分的方法有：

（1）刀具集中分序法　即按所用刀具划分工序，用同一把刀加工完零件上所有可以完成的部位，再用第二把刀、第三把刀完成它们可以完成的其他部位。这种分序法可以减少换刀次数，压缩空程时间，减少不必要的定位误差。

（2）粗、精加工分序法　这种分序法是根据零件的形状、尺寸精度等因素，按照粗、精加工分开的原则进行分序。对单个零件或一批零件先进行粗加工、半精加工，而后精加工。粗、精加工之间，最好隔一段时间，以使粗加工后零件的变形得到充分恢复，以提高零件的加工精度。

（3）按加工部位分序法　即先加工平面、定位面，再加工孔；先加工简单的几何形状，再加工复杂的几何形状；先加工精度比较低的部位，再加工精度要求较高的部位。

总之，在数控机床上加工零件，其加工工序的划分要视加工零件的具体情况来具体分析。许多工序的安排是综合了上述各分序方法的。

1.2.9　进给路线的确定

刀具刀位点相对于工件的运动轨迹和方向称为进给路线，即刀具从对刀点开始运动起直至加工结束所经过的路径，包括切削加工的路径及刀具切入、切出等切削空行程。在数控车削加工中，因精加工的进给路线基本上都是沿零件轮廓的顺序进行的，因此确定进给路线的工作重点主要在于确定粗加工及空行程的进给路线。加工路线的确定必须在保证零件的尺寸精度和表面质量的前提下，按最短进给路线的原则确定，以减少加工过程的执行时间，提高工作效率。在此基础上，还应考虑数值计算的简便，以方便程序的编制。

下面是数控车削零件时常用的加工路线。

1. 轮廓粗车进给路线

确定粗车进给路线应根据最短切削进给路线的原则，同时兼顾工件的刚性和加工工艺性等要求。

图1-28给出了三种不同的轮廓粗车进给路线。其中，图1-28a所示为利用数控系统的循环功能控制车刀沿着工件轮廓线进给的路线；图1-28b所示为三角形循环（车锥法）进给路线；图1-28c所示为矩形循环进给路线，其路线总长最短，因此在同等切削条件下的切削时

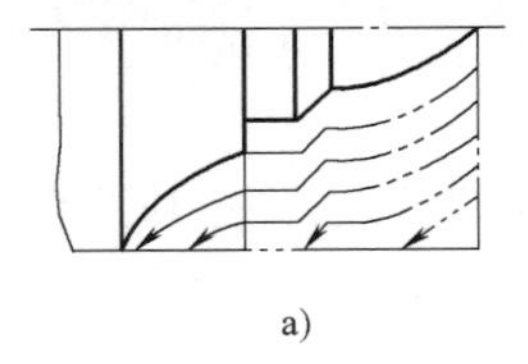

a)

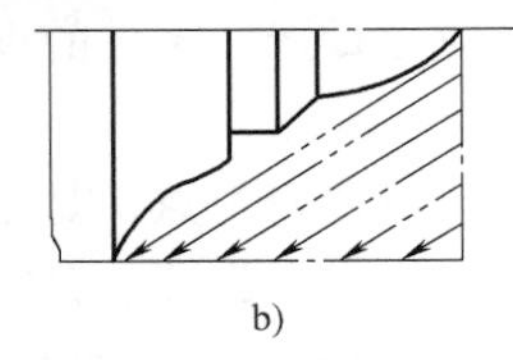

b)

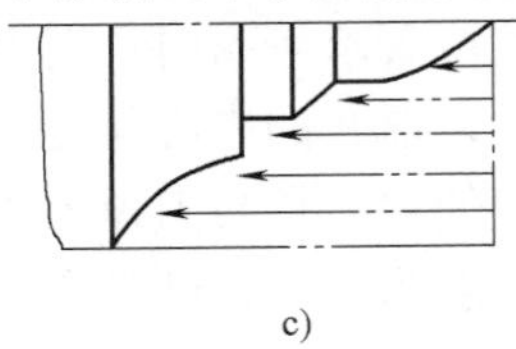

c)

图1-28　粗车进给路线示意图

间最短，刀具损耗最少。

2. 车削圆锥的加工路线

在数控车床上车削外圆锥可以分为车削正圆锥和车削倒圆锥两种情况，而每一种情况又有两种加工路线。图1-29所示为车削正圆锥的两种加工路线。按图1-29a所示的方法车削正圆锥时，需要计算终刀距s。设圆锥大径为D，小径为d，锥长为L，背吃刀量为a_p，则由相似三角形可知

$$\frac{D-d}{2L}=\frac{a_p}{s}$$

根据上面公式便可计算出终刀距s的大小。

当按图1-29b所示的进给路线车削正圆锥时，则不需要计算终刀距s，只要确定背吃刀量a_p，即可车出圆锥轮廓。

按第一种加工路线车削正圆锥，刀具切削运动的距离较短，每次背吃刀量相等，但需要通过计算。按第二种方法车削，每次切削背吃刀量是变化的，而且切削运动的路线较长。

图1-30a、b所示为车削倒圆锥的两种加工路线，分别与图1-29a、b相对应，其车锥原理与正圆锥的原理相同，有时在粗车圆弧时也经常使用。

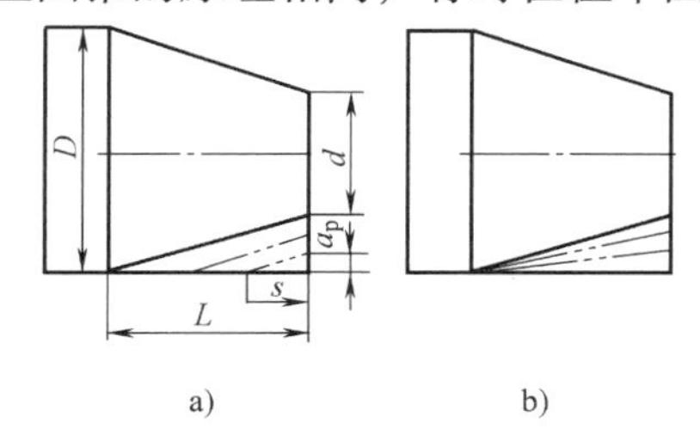

图1-29　粗车正圆锥进给路线示意图

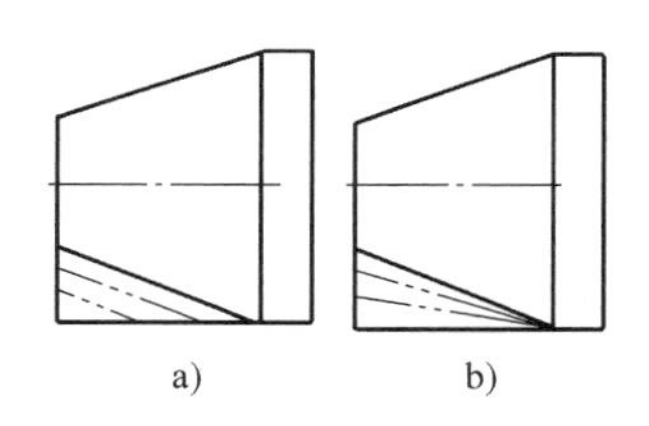

图1-30　粗车倒圆锥进给路线示意图

3. 车削圆弧的加工路线

在粗加工圆弧时，因其切削余量大，且不均匀，经常需要进行多刀切削。在切削过程中，可以采用多种不同的方法，现将常用方法介绍如下：

（1）车锥法粗车圆弧　图1-31所示为车锥法粗车圆弧的切削路线，即先车削一个圆锥，再车圆弧。在采用车锥法粗车圆弧时，要注意车锥时起点和终点的确定。若确定不好，则可能会损坏圆弧表面，也可能将余量留得过大。确定方法是连接OB交圆弧于点D，过D点作圆弧的切线AC。由几何关系得

$$BD=OB-OD=0.414R$$

此为车锥时的最大切削余量，即车锥时，加工路线不能超过AC线。由BD和$\triangle ABC$的关系即可算出BA、BC的长度，即圆锥的起点和终点。当R不太大时，可取$AB=BC=0.4R$，此方法数值计算较为烦琐，但其刀具切削路线较短。

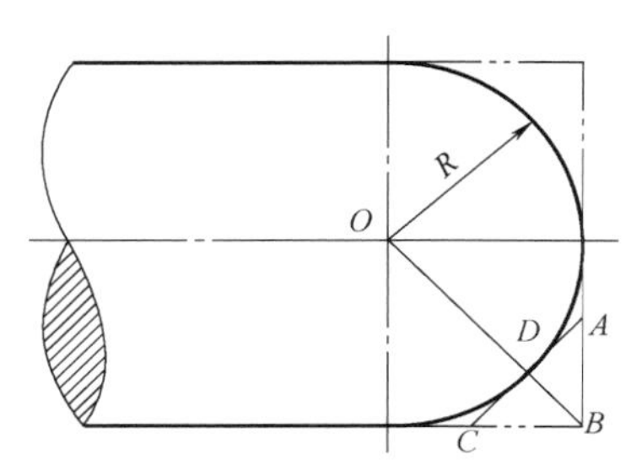

图1-31　车锥法粗车圆弧示意图

（2）车矩形法粗车圆弧　不超过1/4的圆弧，当圆弧半径较大时，其切削余量往往较大，此时可采用车矩形法粗车圆弧。在采用车矩形法粗车圆弧时，关键要注意每刀

切削所留的余量应尽可能保持一致，严格控制后面的切削长度不要超过前一刀的切削长度，以防崩刀。图1-32所示是车矩形法粗车圆弧的两种进给路线。其中，图1-32a所示是错误的进给路线；图1-32b所示为按从1到5的顺序车削，每次车削所留余量基本相等，是正确的进给路线。

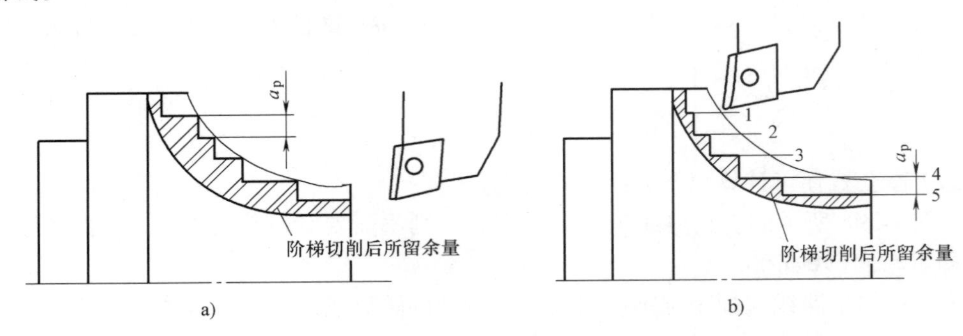

图1-32　车矩形法粗车圆弧示意图

（3）车圆法粗车圆弧　前面两种方法粗车圆弧，所留的加工余量都不能达到一致，用G02（或G03）指令粗车圆弧，若一刀就把圆弧加工出来，这样背吃刀量太大，容易打刀，所以，实际切削时，常常可以采用多刀粗车圆弧，即先将大部分余量切除，最后才车到所需圆弧，如图1-33所示。此方法的优点在于每次背吃刀量相等，数值计算简单，编程方便，所留的加工余量相等，有助于提高精加工质量。缺点是加工的空行程时间较长。加工较复杂的圆弧常常采用此类方法。

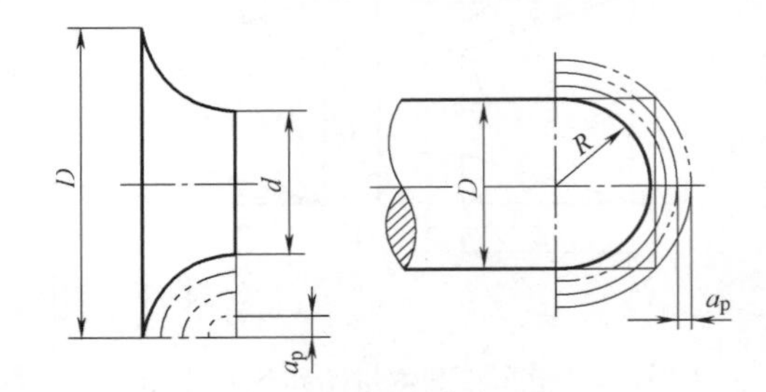

图1-33　车圆法粗车圆弧示意图

4. 车螺纹时的加工路线分析

在数控车床上车螺纹时，沿螺距方向的 Z 向进给应和车床主轴的转速保持严格的比例关系，因此应避免在进给机构加速或减速的过程中切削。为此要有升速进刀段和降速进刀段，如图1-34所示，δ_1 一般为2～5mm，δ_2 一般为1～2mm。这样在切削螺纹时，能保证在升速后使刀具接触工件，刀具离开工件后再降速。

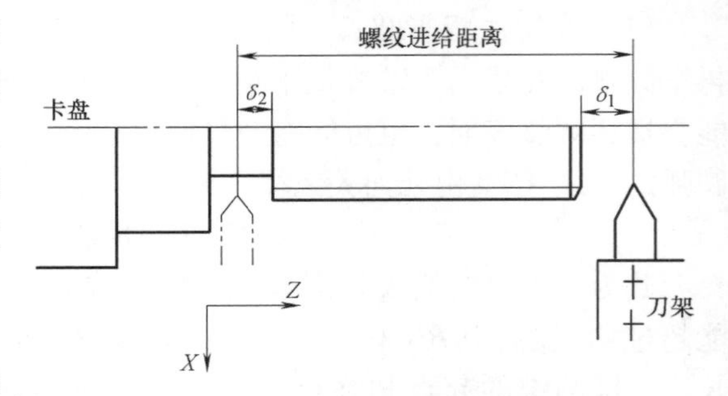

图1-34　车螺纹时的引入距离和超越距离

5. 车槽加工路线分析

（1）加工宽度、深度值相对不大，且精度要求不高的槽　加工这种槽可采用与槽等宽的刀具，直接切入一次成形的方法加工，如图1-35所示。刀具切入到槽底后可利用延时指令使刀具短暂停留，以修整槽底圆度，退出过程中可采用工进速度。

（2）加工宽度值不大，但深度较大的深槽　为了避免切槽过程中由于排屑不畅，使刀具前部压力过大出现扎刀和折断刀具的现象，应采用分次进刀的方式，刀具在切入工件一定深度后，停止进刀并退回一段距离，达到排屑和断屑的目的，如图 1-36 所示。

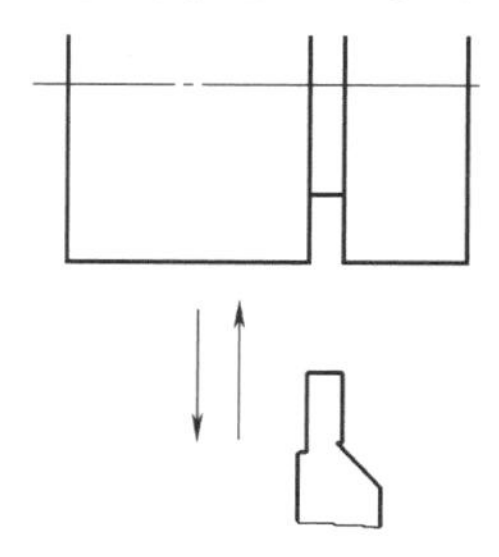

图 1-35　简单槽类零件的加工方式

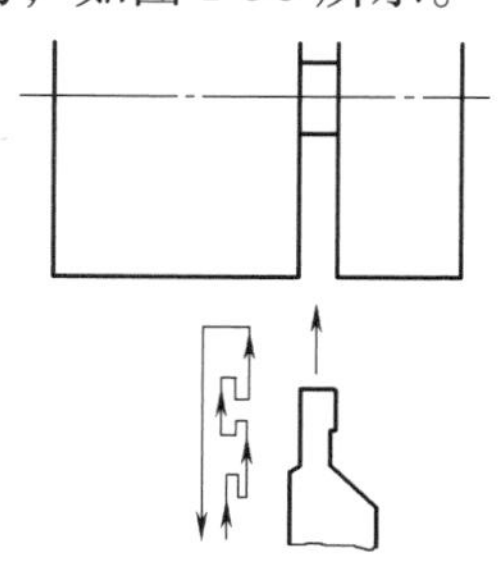

图 1-36　深槽零件的加工方式

（3）宽槽的切削　通常把大于一个切刀宽度的槽称为宽槽，宽槽的宽度和深度的精度及表面质量要求相对较高。在切削宽槽时常采用排刀的方式进行粗切，然后用精切槽刀沿槽的一侧切至槽底，精加工槽底至槽的另一侧，再沿侧面退出，切削方式如图 1-37 所示。

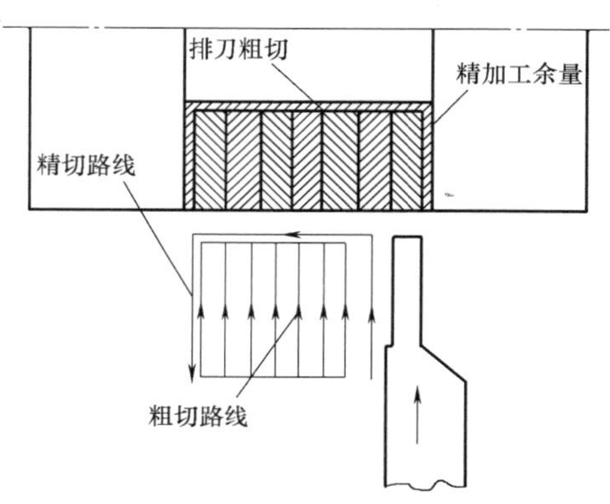

图 1-37　宽槽切削方法示意图

6. 空行程进给路线

（1）合理安排"回零"路线　合理安排退刀路线时，应使其前一刀终点与后一刀起点间的距离尽量减短，或者为零，以满足进给路线为最短的要求。另外，在选择返回参考点指令时，在不发生加工干涉现象的前提下，宜尽量采用 *X*、*Z* 坐标轴同时返回参考点指令，该指令的返回路线将是最短的。

（2）巧用起刀点和换刀点　图 1-38a 所示为采用矩形循环方式粗车的一般情况。考虑到精车等加工过程中换刀的方便，故将对刀点 *A* 设置在离坯件较远的位置处，同时将起刀点与对刀点重合在一起，按三刀粗车的进给路线安排如下：

第一刀为 *A*→*B*→*C*→*D*→*A*。

第二刀为 *A*→*E*→*F*→*G*→*A*。

第三刀为 *A*→*H*→*I*→*J*→*A*。

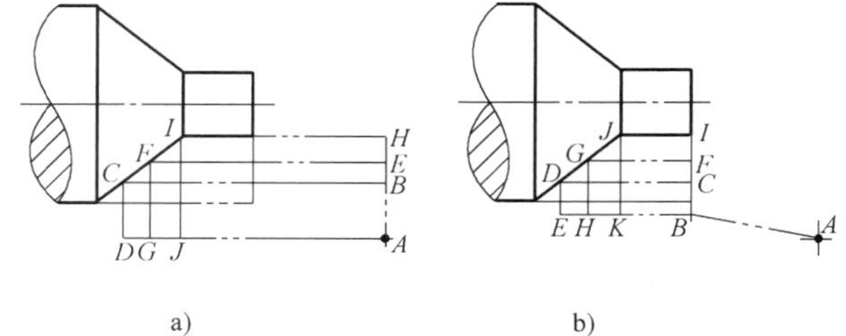

图 1-38　巧用起刀点

图 1-38b 所示则是将起刀点与对刀点分离，并设于 *B* 点位置，仍按相同的切削用量进行三刀粗车，其进给路线安排如下：

车刀先由对刀点 *A* 运行至起刀点 *B*。

第一刀为 *B*→*C*→*D*→*E*→*B*。

第二刀为 *B*→*F*→*G*→*H*→*B*。

第三刀为 *B*→*I*→*J*→*K*→*B*。

显然，图 1-38b 所示的进给路线短。该方法也可用在其他循环（如螺纹车削）的切削加工中。

考虑到换刀的方便和安全，有时将换刀点也设置在离工件较远的位置处（图 1-38 中的 *A* 点），那么，当换刀后，刀具的空行程路线也较长。如果将换刀点都设置在靠近工件处，则可缩短空行程距离。换刀点的设置，必须确保刀架在回转过程中所有的刀具不与工件发生碰撞。

7. 轮廓精车进给路线

在安排轮廓精车进给路线时，应妥善考虑刀具的进、退刀位置，避免在轮廓中安排切入和切出，避免换刀及停顿，以免因切削力突然发生变化而造成弹性变形，致使在光滑连续的轮廓上产生表面划伤、形状突变或滞留刀痕等缺陷。合理的轮廓精车进给路线应是一刀连续加工而成。

零件加工的进给路线，应综合考虑数控系统的功能、数控车床的加工特点及零件的特点等多方面的因素，灵活使用各种进给方法，从而提高生产率。

1.3　任务实施

1.3.1　轴类综合零件加工工艺的分析与制订

下面以图 1-39 所示的轴类综合零件为例，分析并制订其数控加工工艺。该零件材料为 2A12（旧牌号为 LY12）。

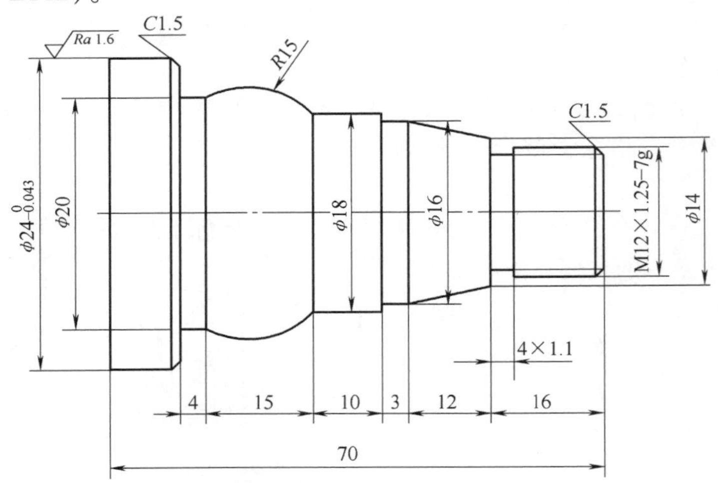

图 1-39　轴类零件综合车削加工

1. 工艺分析及处理

（1）零件图的分析　图 1-39 所示为一个由圆柱面、圆锥面、外圆弧面、外螺纹等构成的外形较复杂的轴类零件。ϕ24mm 圆柱面直径处加工精度较高，同时需加工 M12 × 1. 25 的螺纹，材料为 2A12（旧牌号为 LY12），选择毛坯尺寸为 ϕ30mm 的棒料。

（2）确定加工方案　以零件右端面中心作为工件坐标系原点，建立工件坐标系。根据零件尺寸精度、技术要求及数控加工的特点，将粗、精加工分开来考虑。

（3）零件的装夹及夹具的选择　采用该机床本身的标准自定心卡盘，零件伸出自定心卡盘外 60mm 左右，并找正夹紧。

（4）加工路线的确定　车削右端面→粗车外圆锥面→粗车外圆柱面→粗车外圆弧面，预留 0.5mm 余量→精车外圆柱面、外圆锥面、外圆弧面，保证 ϕ24mm 尺寸精度→切退刀槽→车削 M12 × 1.25 螺纹→切断，保证长度 70mm。

（5）刀具的选择　1 号刀具为 93°硬质合金涂层机夹外圆车刀，用于车削端面和外圆；2 号刀具为切断车刀，刀片宽度为 4mm，用于切槽和切断加工；3 号刀为高速钢螺纹车刀，用于螺纹的加工。（刀具卡片略）

（6）切削用量的选择　采用的切削用量主要依据刀具供应商提供的切削参数，考虑加工精度要求并兼顾提高刀具寿命、机床寿命等因素做合理的修正。确定 1 号刀具主轴转速 $n=500\text{r/min}$，进给速度粗车为 $f=0.1\text{mm/r}$，精车为 $f=0.05\text{mm/r}$；确定 2 号刀具主轴转速 $n=300\text{r/min}$，进给速度粗车为 $f=0.05\text{mm/r}$；确定 3 号刀具主轴转速 $n=300\text{r/min}$。

2. 尺寸计算

螺纹牙型深度（直径值）：$h=1.3P=1.3\times1.25\text{mm}=1.625\text{mm}$

$d_{大}=d-0.1P=12\text{mm}-0.1\times1.25\text{mm}=12\text{mm}-0.125\text{mm}=11.875\text{mm}$

$d_{小}=d-1.3P=12\text{mm}-1.3\times1.25\text{mm}=12\text{mm}-1.625\text{mm}=10.375\text{mm}$

3. 填写工艺文件

工艺文件主要包括数控加工工序卡片、数控加工刀具卡片等。工艺文件是编制零件数控加工程序的主要依据。数控加工工序卡片包括各工步的加工内容、所用刀具及切削用量等，可参照表 1-7 和表 1-8。

1.3.2　简单轴套类零件加工工艺的分析与制订

图 1-40 所示为套类零件，分析并制订其数控加工工艺。该零件材料为 45 钢。

1. 零件工艺分析

图 1-40 所示套类零件由外圆柱面、圆弧、内螺纹及内圆锥面等组成。该零件几何条件充分，尺寸标注正确完整。零件材料为 45 钢，切削加工性能较好，无热处理和硬度要求。

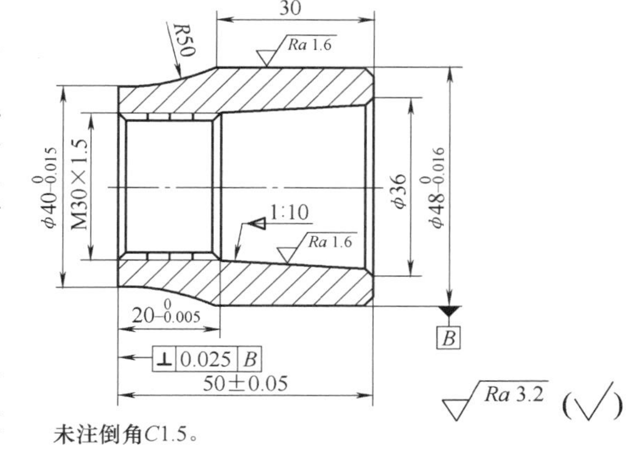

图 1-40　套类零件

2. 确定装夹方案

对于能一次加工完成内外圆、端面、倒角、切断的套类零件，可采用自定心卡盘装夹。对于精加工零件，一般可采用软爪装夹，也可以采用心轴装夹。

该套类零件加工时选用的自定心卡盘，用圆锥心轴进行装夹。

3. 刀具的选择

1 号刀具为 93°硬质合金涂层机夹外圆车刀，用于粗、精车端面和外圆；2 号刀具为 93°硬质合金涂层机夹粗车镗孔刀，用于粗切内轮廓；3 号刀具为 93°硬质合金涂层机夹精车镗孔刀，用于精切内轮廓；4 号刀具为中心钻，用于钻中心孔；5 号刀为 ϕ20mm 钻头，用于钻通孔。（刀具卡片略）

4. 确定加工工序及进给路线

加工工序按先粗后精、由内到外的原则确定，并在一次装夹中尽可能加工较多的工件表面。根据本工件的结构特征，工序和进给路线如下：

1）车削端面，钻中心孔。

2）钻 ϕ20mm 通孔。

3）调头，找正并加紧，车削端面，保证轴向尺寸 50mm。

4）粗、精镗内轮廓。

5）粗、精车 M30×1.5 普通螺纹。

6）用圆锥心轴装夹，粗、精车外轮廓。

5. 切削用量的选择

数控车床加工中的切削用量包括背吃刀量、切削速度（主轴转速）、进给速度或进给率。切削用量的大小对切削力、切削功率、刀具磨损、加工质量和加工成本均有显著影响，对不同的加工方法，需选择不同的切削用量。

加工外轮廓时主轴转速：粗车 $n=600\text{r/min}$，精车 $n=1000\text{r/min}$；进给速度：粗车 $f=0.2\text{mm/r}$，精车 $f=0.1\text{mm/r}$。加工内轮廓时主轴转速：粗车 $n=500\text{r/min}$，精车 $n=800\text{r/min}$；进给速度：粗车 $f=0.15\text{mm/r}$，精车 $f=0.06\text{mm/r}$。车削内螺纹时主轴转速 $n=500\text{r/min}$，背吃刀量分别为 0.4mm、0.3mm、0.2mm、0.08mm，$f=1.5\text{mm/r}$。

6. 尺寸计算

螺纹牙型深度（直径值）：$t=1.3P=1.3\times1.5\text{mm}=1.95\text{mm}$

$D_{小}=D-1.3P=30\text{mm}-1.3\times1.5\text{mm}=28.05\text{mm}$

7. 填写工艺文件

工艺文件主要包括数控加工工序卡片、数控加工刀具卡片等，可参照表 1-7 和表 1-8。

1.3.3　复杂轴套类零件加工工艺的分析与制订

下面以图 1-41a 所示轴套类零件为例，分析并制订其数控加工工艺。该零件材料为 45 钢，图 1-41b 所示为该零件前工序简图。本工序加工部位为图中端面 A 右侧的内外表面。

1. 零件工艺分析

该零件由内、外圆柱面，内、外圆锥面，平面及圆弧等组成，结构形状复杂，加工部位多，非常适合数控车削加工。但工件壁薄易变形，装夹时需采取特殊工艺措施。精度上，该零件的 $\phi24.4_{-0.03}^{\ 0}$mm 外圆和 $6.1_{-0.05}^{\ 0}$mm 端面两处尺寸精度要求较高。此外，工件圆锥面上有几处 $R2$mm 圆弧面，由于圆弧半径较小，可直接用成形刀车削而不用圆弧插补程序切削，这样既可减少编程工作量，又可提高切削效率。

2. 确定装夹方案

为了使工序基准与定位基准重合，并敞开所有的加工部位，选择 A 面和 B 面分别为轴向和径向定位基准，限定 5 个自由度。由于该工件属薄壁易变形件，为减少夹紧变形，选工件上刚度最好的部位 B 面为夹紧表面，采用图 1-42 所示的包容式软爪夹紧。该软爪以其底部的端齿在卡盘（通常是液压或气动卡盘）上定位，能保证较高的重复安装精度。为方便加工中的对刀和测量，可在软爪上设定一基准面，这个基准面是在数控车床上加工软爪的夹持表面和支靠表面时一同加工出来的，基准面至支承面的距离可以控制得很准确。

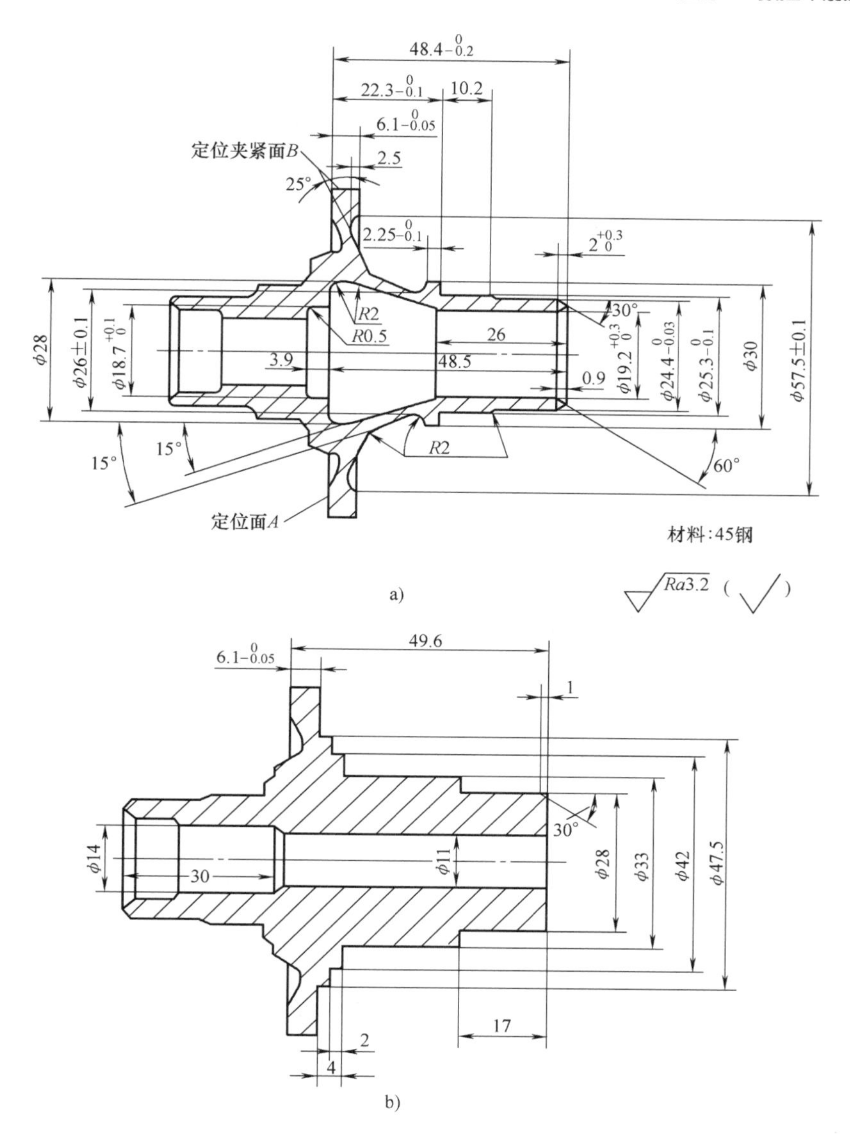

图1-41　轴套类零件及工序简图

3. 确定工步顺序、进给路线和所用刀具

由于采用软爪夹持工件，所有待加工表面都不受夹具紧固件的干涉，因而内外表面的交叉加工可以连续进行，以减少工件加工过程中的变形对最终精度的影响。所选用刀具中的机夹可转位刀片均选用涂层刀片，以减少刀片的更换次数。刀片的断屑槽全部采用封闭槽型，以便变动进给方向。根据工步顺序和切削加工进给路线的确定原则，本工序具体的工步顺序、进给路线及所用刀具确定如下：

（1）粗车外表面　选用80°菱形刀片

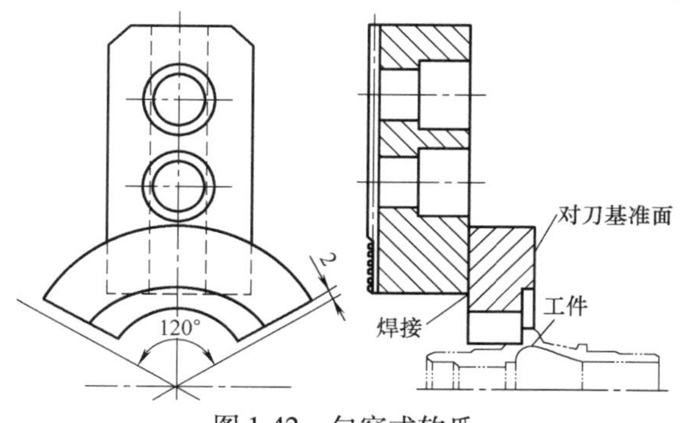

图1-42　包容式软爪

进行外表面粗车，进给路线及加工部位如图 1-43 所示，其中 ϕ24. 685mm 外圆与 ϕ25. 55mm 外圆间 R2mm 过渡圆弧用倒角代替。图中的虚线为对刀时的进给路线。对刀时要以一定宽度（如 10mm）的塞块靠在软爪对刀基准面上，然后将刀尖靠在塞块上，通过 CRT 上的读数检查停在对刀点的刀尖至基准面的距离。由于是粗车，可选用一把刀具将整个外表面车削成形。

（2）半精车 25°、15°两外圆锥面及三处 R2mm 的过渡圆弧　选用直径为 ϕ6mm 的圆形刀片进行外锥面的半精车，进给路线如图 1-44 所示。

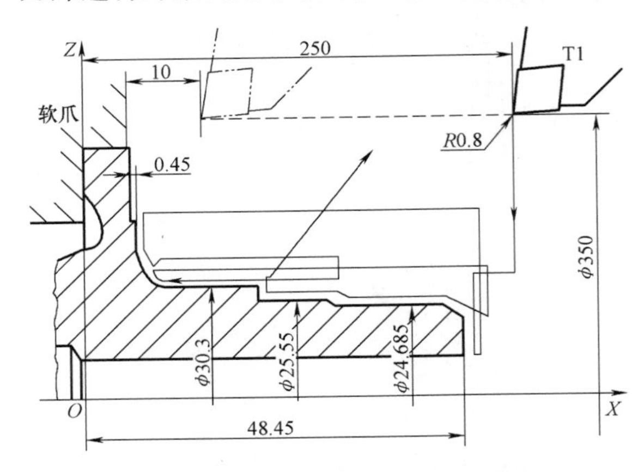

图 1-43　粗车外表面的进给路线

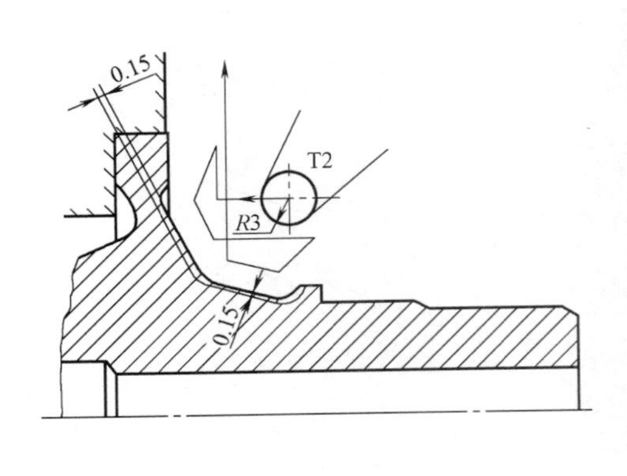

图 1-44　半精车外锥面及 R2mm 圆弧的进给路线

（3）粗车内孔端部　本工步的进给路线如图 1-45 所示，选用三角形刀片进行内孔端部的粗车。此加工共分 3 次进给，依次将距内孔端部 10mm 左右的一段车至 ϕ13. 3mm、ϕ15. 6mm 和 ϕ18mm。

（4）钻削内孔深部　进给路线如图 1-46 所示，选用 ϕ18mm 钻头，顶角为 118°，进行内孔深部的钻削。与内孔车刀比，钻头的切削效率较高，切屑的排出也比较容易，但孔口一段因远离工件的夹持部位，所以钻削不宜过大、过长，安排一个车削工步可减小切削变形。因为车削力比钻削力小，因此前面安排孔口端部车削工步。

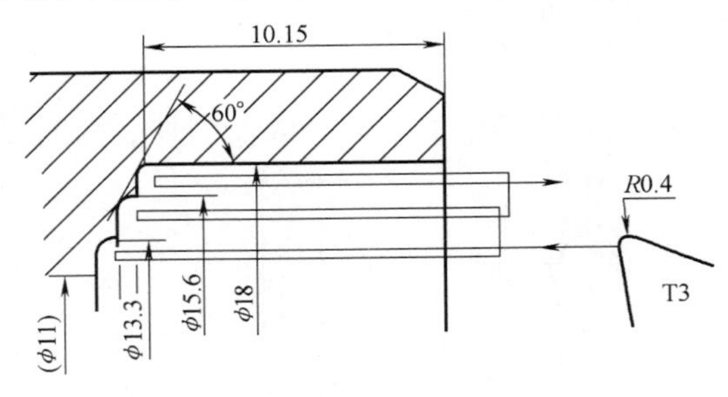

图 1-45　内孔端部粗车的进给路线

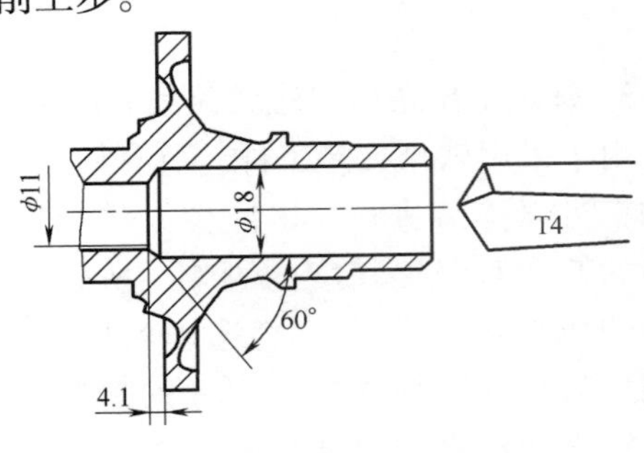

图 1-46　钻削内孔的进给路线

（5）粗车内锥面及半精车其余内表面　选用 55°菱形刀片，进行 ϕ19. 2mm 内孔的半精车及内锥面的粗车，以留有精加工余量 0. 15mm 的外端面为对刀基准。由于内锥面需切除余

量较多，故刀具共进给4次，进给路线及切削部位如图1-47所示。每两次进给之间都安排一次退刀停机，以便操作者及时清除孔内的切屑。主轴正转，具体加工内容为：半精车$\phi 19.2^{+0.3}_{0}$mm内孔（前工序尺寸为ϕ18mm）至ϕ19.05mm、粗车15°内圆锥面、半精车R2mm圆弧面及左侧内表面。

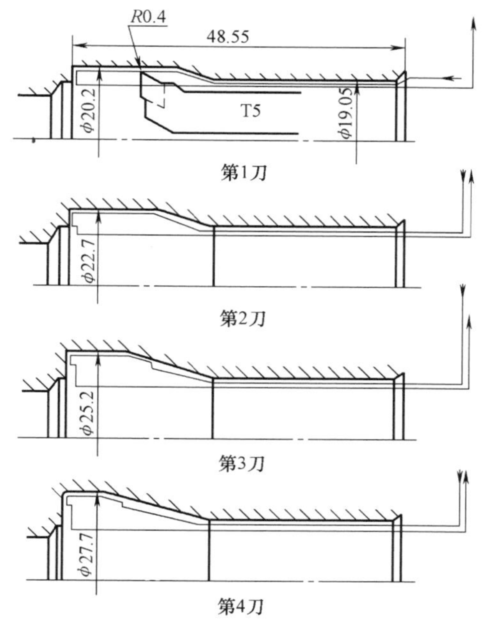

图1-47　内表面粗车、半精车的进给路线

（6）精车外圆柱面及端面　选用80°菱形刀片，精车图1-48中的右端面及ϕ24.38mm、ϕ25.25mm、ϕ30mm外圆及R2mm圆弧和台阶面。由于是精车，刀尖圆弧半径选取较小值R0.4mm。

（7）精车25°外圆锥面及R2mm圆弧面　用带R2mm的圆弧车刀，精车外圆锥面，其进给路线如图1-49所示。

（8）精车15°外圆锥面及R2mm圆弧面　用R2mm圆弧车刀精车15°外圆锥面，其进给路线如图1-50所示。程序中同样安排在软爪基准面进行选择性对刀。但应注意受刀具圆弧R2mm制造误差的影响，对刀后不一定能满足该零件尺寸2.25$^{0}_{-0.1}$mm的公差要求。该刀具的轴向刀补还应根据刀具圆弧半径的实际值进行处理，不能完全由对刀决定。

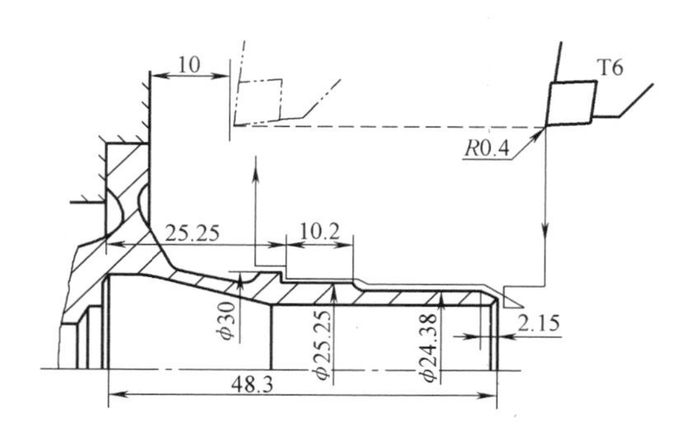

图1-48　精车外圆柱面及端面的进给路线

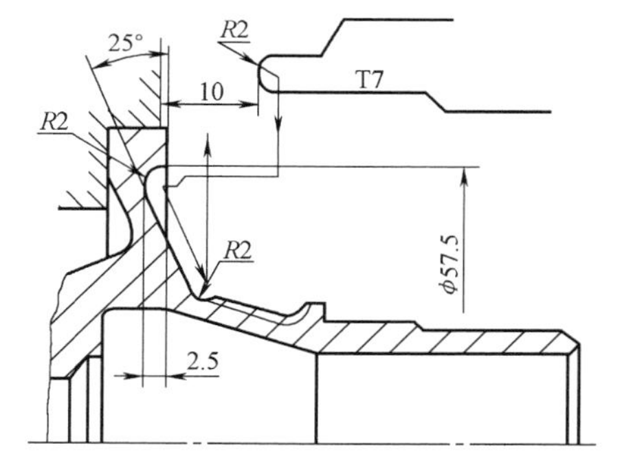

图1-49　精车25°外圆锥面及R2mm圆弧面的进给路线

（9）精车内表面　选用55°菱形刀片，精车$\phi 19.2^{+0.3}_{0}$mm内孔、15°内锥面、R2mm圆弧及锥孔端面，进给路线如图1-51所示。该刀具在工件外端面上进行轴向对刀，此时外端面上已无加工余量。

（10）加工最深处$\phi 18.7^{+0.1}_{0}$mm内孔及端面　选用80°菱形刀片加工，分2次进给，中间退刀一次，以便清除切屑。该刀具的进给路线如图1-52所示。对于这把刀具要特别注意妥善安排内孔根部端面车削时的进给方向。因刀具伸入较多，刚性欠佳，如采用与图1-52所示进给路线相反的方向车削该端面，切削时容易产生振动，加工表面质量很难保证。

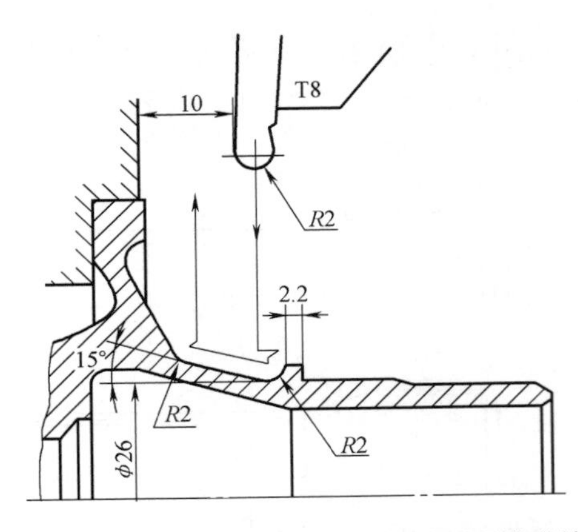

图 1-50　精车 15°外圆锥面及 R2mm 圆弧面的进给路线

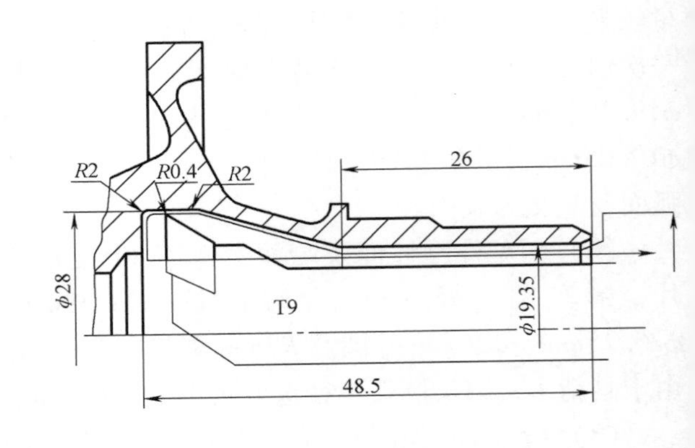

图 1-51　精车内表面的进给路线

在图 1-52 中可以看到两处 C0.1 的倒角加工，类似这样的小倒角或小圆弧的加工，正是数控车削加工特点的突出体现，这样可使加工表面之间圆滑转接过渡。只要图样上无“保持锐角边”的特殊要求，均可照此处理。

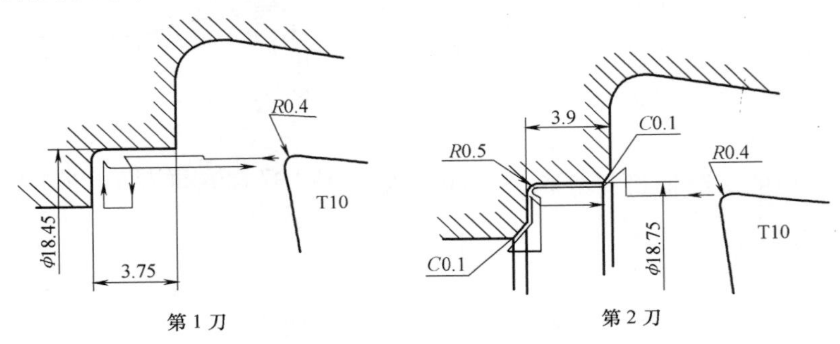

图 1-52　加工深处内孔及端面进给路线

4. 确定切削用量

根据加工要求经查表修整来确定切削用量，具体确定如下：

（1）粗车外表面　车削端面时主轴转速 $n=1400\text{r/min}$，车削其余部位时主轴转速 $n=1000\text{r/min}$，端部倒角进给量 $f=0.15\text{mm/r}$，其余部位 $f=0.2\sim0.25\text{mm/r}$。

（2）半精车 25°、15°两外圆锥面及三处 R2mm 过渡圆弧　主轴转速 $n=1000\text{r/min}$，切入时进给量 $f=0.1\text{mm/r}$，快进时 $f=0.2\text{mm/r}$。

（3）粗车内孔端部　主轴转速 $n=1000\text{r/min}$，切入时进给量 $f=0.1\text{mm/r}$，快进时 $f=0.2\text{mm/r}$。

（4）钻削内孔深部　主轴转速 $n=550\text{r/min}$，进给量 $f=0.15\text{mm/r}$。

（5）粗车内锥面及半精车其余内表面　主轴转速 $n=700\text{r/min}$，车削 φ19.05mm 内孔时进给量 $f=0.2\text{mm/r}$，车削其余部位时 $f=0.1\text{mm/r}$。

（6）精车外圆柱面及端面　主轴转速 $n=1400\text{r/min}$，进给量 $f=0.15\text{mm/r}$。

（7）精车 25°外圆锥面及 R2mm 圆弧面　主轴转速 $n=700\text{r/min}$，进给量 $f=0.1\text{mm/r}$。

（8）精车 15°外圆锥面及 R2mm 圆弧面　切削用量与工步（7）相同。

（9）精车内表面　主轴转速 $n=1000\text{r/min}$，进给量 $f=0.1\text{mm/r}$。

（10）加工最深处 $\phi18.7^{+0.1}_{0}$ mm 内孔及端面 主轴转速 n = 1000r/min，进给量 f = 0.1mm/r。

在确定进给路线、选择切削刀具之后，再看看所用刀具多少，若使用刀具较多，则可结合零件定位和编程加工的具体情况，绘制一份刀具调整图。图 1-53 所示为本例的刀具调整图。

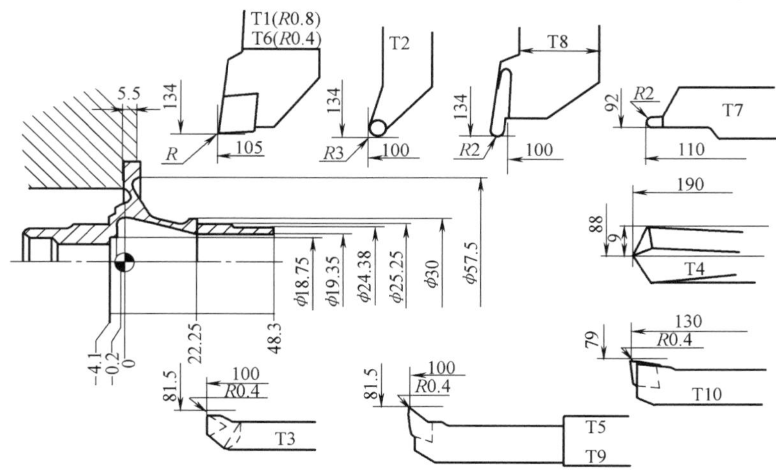

图 1-53 刀具调整图

5. 填写工艺文件

1）按加工顺序将各工步的加工内容、所用刀具及切削用量等填入表 1-7 中。

表 1-7 数控加工工序卡片

（工厂）	数控加工工序卡片		产品名称或代号		零件名称		材料	零件图号
							45 钢	
工序号	程序编号		夹具编号		使用设备		车间	
工步号	工 步 内 容	加工面	刀具号	刀具规格/mm	主轴转速/(r/min)	进给量/(mm/r)	背吃刀量/mm	备注
1	a. 粗车外表面分别至尺寸 ϕ24.685mm、ϕ25.55mm、ϕ30.3mm b. 粗车端面		T1		1 000 1 400	0.2 ~0.25 0.15		
2	半精车外锥面，留精车余量 0.15		T2		1 000	0.1，0.2		
3	粗车深度为 10.15mm 的 ϕ18mm 内孔		T3		1 000	0.1，0.2		
4	钻 ϕ18mm 内部深孔		T4		550	0.15		
5	粗车内锥面及半精车内表面分别至尺寸 ϕ27.7mm、ϕ19.05mm		T5		700	0.1 0.2		
6	精车外圆柱面及端面至尺寸		T6		1 400	0.15		
7	精车 25°外圆锥面及 R2mm 圆弧面至尺寸		T7		700	0.1		
8	精车 15°外圆锥面及 R2mm 圆弧面至尺寸		T8		700	0.1		
9	精车内表面至尺寸		T9		1 000	0.1		
10	加工深处 $\phi18.7^{+0.1}_{0}$mm 内孔及端面至尺寸		T10		1 000	0.1		
编制		审核		批准		共 1 页	第 1 页	

2）将选定的各工步所用刀具的刀具型号、刀片型号、刀片牌号及刀尖圆弧半径填入表1-8中。

表1-8 数控加工刀具卡片

产品名称或代号			零件名称		零件图号		程序编号	
工步号	刀具号	刀具名称	刀具型号	刀片		刀尖圆弧半径/mm	备注	
				型号	牌号			
1	T1	机夹可转位转刀	PCGCL2525-09Q	CCMT097308	GC435	0.8		
2	T2	机夹可转位车刀	PRJCL2525-06Q	RCMT060200	GC435	3		
3	T3	机夹可转位车刀	PTJCL1010-09Q	TCMT090204	GC435	0.4		
4	T4	ϕ18mm 钻头						
5	T5	机夹可转位车刀	PDJNL1515-11Q	DNMA110404	GC435	0.4		
6	T6	机夹可转位车刀	PCGCL2525-08Q	CCMW080304	GC435	0.4		
7	T7	成形车刀				2		
8	T8	成形车刀				2		
9	T9	机夹可转位车刀	PDJNL1515-11Q	DNMA110404	GC435	0.4		
10	T10	机夹可转位车刀	PCJCL1515-06Q	CCMW060204	GC435	0.4		
编制		审核		批准		共1页	第1页	

1.4 任务评价与总结提高

1.4.1 任务评价

本任务的考核标准见表1-9。本任务在该课程考核成绩中的比例为15%。

表1-9 考核标准

序号	工作过程	主要内容	建议考核方式	评分标准	配分
1	资讯（10分）	任务相关知识查找	教师评价50% 相互评价50%	通过资讯查找相关知识学习，按任务知识能力掌握情况进行评分	20
2	决策计划（10分）	确定方案、编写计划	教师评价80% 相互评价20%	根据整体设计方案以及采用方法的合理性评分	20
3	实施（10分）	方法正确、工艺制订合理	教师评价20% 自己评价30% 相互评价50%	根据加工工艺制订的合理性及生产效率来评价	30
4	任务总结报告（60分）	记录过程、实施步骤	教师评价100%	根据零件的任务分析、实施、总结过程记录情况，提出新工艺等情况评分	10

（续）

序号	工 作 过 程	主 要 内 容	建议考核方式	评 分 标 准	配分
5	职业素养、团队合作（10分）	工作积极主动性，组织协调与合作	教师评价30% 自己评价20% 相互评价50%	根据工作积极主动性及相互协作情况评分	20

1.4.2　任务总结

1）对刀点可以设在零件上、夹具上或机床上，但必须与零件的定位基准有已知的准确关系。当对刀精度要求较高时，对刀点应尽量选在零件的设计基准或工艺基准上。对于以孔定位的零件，可以取孔的中心作为对刀点。

2）换刀点应根据工序内容来做安排，其位置应根据换刀时刀具不碰到工件、夹具和机床的原则而定。换刀点往往是固定的点，且设在距离工件较远的地方。

3）数控车削加工有自己的特点和适用对象，若要充分发挥数控车床的优势和关键作用，就应当正确选择数控车床类型、数控加工对象与工序内容。

4）在制订工艺前，注意检查零件图的完整性和正确性，尤其是各图形几何要素间的相互关系是否明确，各几何要素的条件是否充分，有没有引起矛盾的多余尺寸或影响工序安排的封闭尺寸等。

5）制订工艺时，要注意进行零件结构工艺性的分析，如零件轮廓内圆弧尺寸是否统一、转接圆弧半径值大小是否合理、能否保证基准统一等，若不能达到要求就必须进行处理。

6）在数控机床上工序相对集中，尽量一次装夹中完成全部工序内容。

7）确定进给路线首先要保证零件的加工精度和表面粗糙度，其次要方便数值计算，减少编程工作量。

通过本任务学习，学生应该对数控车削加工中的确定进给路线和加工参数的方法有一定的认识，明白任何零件的加工都必须结合零件本身的结构、精度、用途以及各个企业设备、场地、材料等多方面的因素，才能制订较好的加工工艺。

1.4.3　练习与提高

一、简答题

1. 数控车削的主要加工对象有哪些？其特点是什么？
2. 如何确定对刀点？选择对刀点的原则是什么？换刀点一般设在什么地方？为什么？
3. 数控车削适合加工哪些特点的回转类零件？如何选择数控车削加工的内容？
4. 数控铣削加工工艺性分析包括哪些内容？
5. 制订工艺前为何要进行零件图形分析？零件图形分析包括哪些内容？
6. 在数控机床上加工零件的工序划分方法有几种？各有什么特点？
7. 确定走刀路线的一般原则是什么？

二、工艺分析与制订

1. 分析制订任务3中图3-68和图3-69所示零件的数控车削加工工艺。

2. 分析制订任务4中图4-6和图4-7所示零件的数控车削加工工艺。

3. 如图1-54所示的轴类零件，材料为45钢，毛坯尺寸为ϕ160mm×170mm，试分析制订该零件的数控车削工艺。

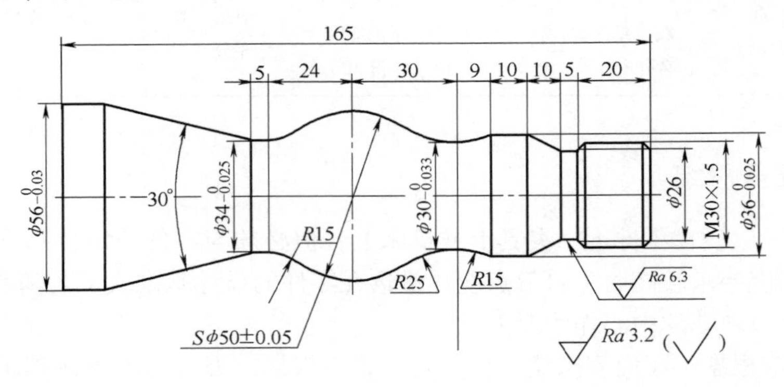

图1-54　典型轴类零件

任务2 典型零件的数学处理

2.1 任务描述及目标

数控机床编程需要计算相关点在工件坐标系中的坐标值，这些点包括零件轮廓的各相邻几何元素的交点、切点，孔的中心，刀具运动轨迹的起点、终点，用直线段或圆弧线段逼近非圆曲线各线段的交点等。本任务就是计算这些点在工件坐标系中的坐标值，即对零件图形进行数学处理。

通过本任务内容的学习，学生可了解数控编程前数学处理的主要内容和基本方法，掌握利用三角函数计算法和平面解析几何计算法计算基点坐标，为数控编程做准备。对于由直线和圆弧组成的零件轮廓，手工编程时，常采用三角函数计算法和平面解析几何计算法计算基点坐标值。

2.2 任务资讯

2.2.1 数值计算的内容

对零件图形进行数学处理是编程前的一个关键性的环节。数值计算主要包括以下内容：

1. 基点和节点的坐标计算

零件的轮廓是由许多不同的几何元素组成的，如直线、圆弧、二次曲线及列表曲线等。各几何元素间的连接点（切点或交点）称为基点，显然，相邻基点间只能是一个几何元素。

当零件的形状由直线段或圆弧之外的其他曲线构成，而数控装置又不具备该曲线的插补功能时，其数值计算就比较复杂。将组成零件轮廓的曲线按数控系统插补功能的要求，在满足允许的编程误差的条件下，用若干直线段或圆弧来逼近给定的曲线，称为拟合处理，逼近线段的交点或切点称为节点。编写程序时，应按节点划分程序段。逼近线段的近似区间越大，则节点数目越少，相应地程序段数目也会减少，但逼近线段的误差 Δ 应小于或等于编程允许误差 $\Delta_{编}$，即 $\Delta \leqslant \Delta_{编}$。考虑到工艺系统及计算误差的影响，$\Delta_{编}$ 一般取零件公差的 1/5 ~1/10。

2. 刀位点轨迹的计算

刀位点是标志刀具所处不同位置的坐标点，不同类型刀具的刀位点不同。对于具有刀具半径补偿功能的数控机床，在编写程序时，只要在程序的适当位置写入建立刀具补偿的有关指令，就可以保证在加工过程中使刀位点按一定的规则自动偏离编程轨迹，达到正确加工的目的。这时可直接按零件轮廓形状，计算各基点和节点坐标，并作为编程时的坐标数据。

当机床所采用的数控系统不具备刀具半径补偿功能时，编程时，需对刀具的刀位点轨迹进行数值计算，按零件轮廓的等距线编程。

3. 辅助计算

辅助程序段是指刀具从对刀点到切入点或从切出点返回到对刀点而特意安排的程序段。切入点位置的选择应依据零件加工余量而定，适当离开零件一段距离。切出点位置的选择，应避免刀具在快速返回时发生撞刀。使用刀具补偿功能时，建立刀补的程序段应在加工零件之前写入，加工完成后应取消刀具补偿。某些零件的加工，要求刀具“切向”切入和“切向”切出。以上程序段的安排，在绘制进给路线时即应明确地表达出来。数值计算时，按照进给路线的安排，计算出各相关点的坐标。

2.2.2　基点坐标的计算

零件轮廓或刀位点轨迹的基点坐标计算，一般采用代数计算法和平面解析几何计算法，但手工编程时采用代数计算法和平面解析几何计算法进行数值计算还是比较烦琐。根据图形间的几何关系可利用三角函数计算法求解基点坐标，这是手工编程中进行数学处理时应重点掌握的方法之一。应用平面解析几何计算法可省掉一些复杂的三角关系，而用简单的数学方程即可准确地描述零件轮廓的几何图形，因此分析和计算的过程都得到简化，减少了较多层次的中间运算，并且不易出错。因此，在数控机床加工的手工编程中，平面解析几何计算法是应用较为普遍的计算方法之一。

直线与圆、圆与圆的关系最常见的有四种类型，即直线与圆相切、直线与圆相交、两圆相交以及直线与两圆相切。

1. 应用构造基点三角形解直角三角形的方法求解基点的坐标

如图2-1所示，直线 CD 与圆 A 相切于点 C，则点 C 为基点，过点 A 作平行于 X 轴的直线 AE，过点 C 作 AE 的垂线 CB，垂足为点 B，则称 $\triangle ABC$ 为基点三角形。显然，基点三角形一定是直角三角形。圆心、基点和垂足是构成基点三角形的三个顶点，构造基点三角形的关键是作出垂足。一般方法是，过圆心作 X 轴的平行线，再过基点作这条平行线的垂线，便可以作出垂足。

图2-2所示为直角三角形的几何关系，三角函数计算公式列于表2-1。

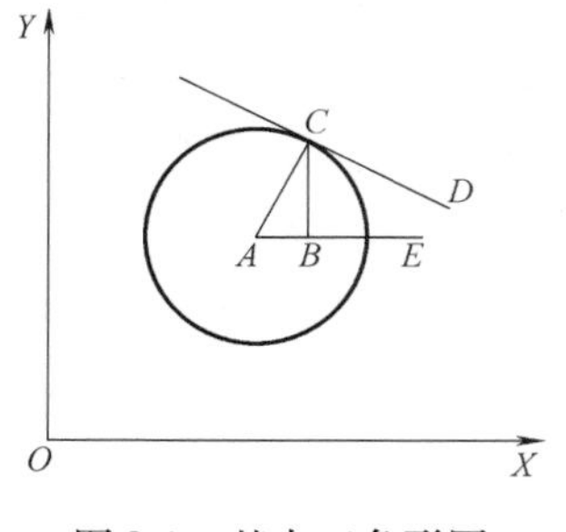

图2-1　基点三角形图

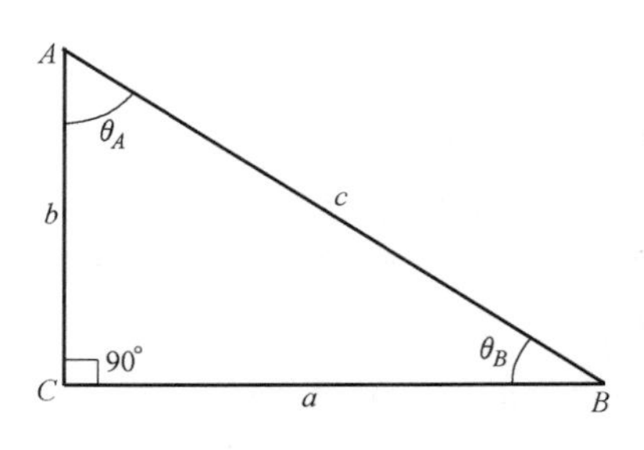

图2-2　直角三角形的几何关系

表 2-1　直角三角形中的三角函数计算公式

已　知　角	求相应的边	已　知　边	求相应的角
θ_A	$a/c=\sin\theta_A$	a,c	$\theta_A=\arcsin(a/c)$
θ_A	$b/c=\cos\theta_A$	b,c	$\theta_A=\arccos(b/c)$
θ_A	$a/b=\tan\theta_A$	a,b	$\theta_A=\arctan(a/b)$
θ_B	$b/c=\sin\theta_B$	b,c	$\theta_B=\arcsin(b/c)$
θ_B	$a/c=\cos\theta_B$	a,c	$\theta_B=\arccos(a/c)$
θ_B	$b/a=\tan\theta_B$	b,a	$\theta_B=\arctan(b/a)$
勾股定理	$c^2=a^2+b^2$	三角形内角和	$\theta_A+\theta_B+90°=180°$

如图 2-1 所示，设△ABC 为基点三角形，点 A 为圆心，坐标为 $A(x_A, y_A)$，圆 A 的半径为 R_A，点 $C(x_C, y_C)$ 为基点，点 B 为垂足，于是基点 C 的坐标可以表示为

$$\left.\begin{aligned}x_C&=x_A\pm R_A\cos\theta_A\\y_C&=y_A\pm R_A\sin\theta_A\end{aligned}\right\}$$

其中，“±”符号由基点与圆心的相对位置决定。如果把圆心 A 看成参照点的话，基点的位置就有 4 种情形：右上型、左上型、左下型、右下型，相对应的符号应该是（+，+）、（-，+）、（-，-）、（+，-），这和直角坐标系中处于 4 个象限的点的坐标符号相同。

由上面公式可知，当 $A(x_A, y_A)$ 和 R_A 已知时，求圆心角 θ_A 成为计算基点坐标的关键。在不同条件下，计算圆心角 θ_A 的方法是不同的，通常可以从以下两个方面考虑：①根据切线或者交线与 X 轴的夹角得出；②若两圆的圆心坐标已知，可以通过计算连心线与 X 轴的夹角而得出。

直线与圆弧的关系如图 2-3 所示。为叙述方便，表 2-2 中列举了最常见的四种类型。

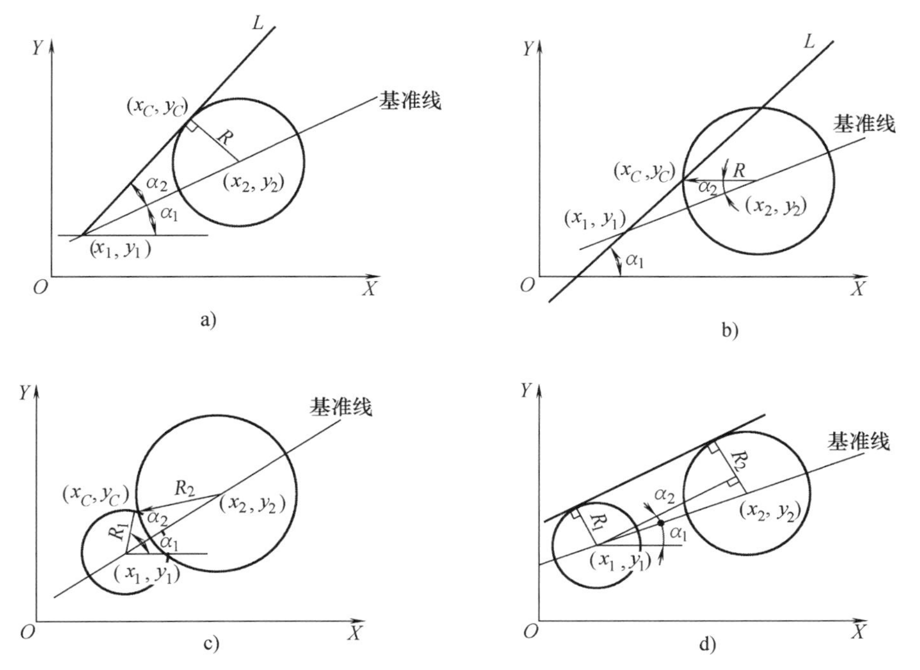

图 2-3　基点计算的四种类型

a）直线与圆弧相切　b）直线与圆弧相交　c）圆弧与圆弧相交　d）一直线与两圆弧相交

2 PROJECT

表 2-2　直线与圆的关系

类型	图	所求点	已知条件	公　式
直线与圆弧相切	图 2-3a	求切点坐标 (x_C, y_C)	通过圆外一点 (x_1, y_1) 的直线 L 与一已知圆相切，已知圆的圆心坐标为 (x_2, y_2)，半径为 R	$\Delta x = x_2 - x_1$ $\Delta y = y_2 - y_1$ $\alpha_1 = \arctan \dfrac{\Delta y}{\Delta x}$ $\alpha_2 = \arcsin \dfrac{R}{\sqrt{\Delta x^2 + \Delta y^2}}$ $\beta = \lvert\alpha_1 \pm \alpha_2\rvert$ $x_C = x_2 \pm R\lvert\sin\beta\rvert$ $y_C = y_2 \pm R\lvert\cos\beta\rvert$ 其“±”号的选取，则取决于 x_C、y_C 相对于 x_2、y_2 所处的象限位置，如果 x_C、y_C 在 x_2、y_2 右边时取“+”号，反之取“-”号。后面各类型计算中，正、负符号的判断与上述方法完全相同；α_1 计算方法相同
直线与圆弧相交	图 2-3b	求交点坐标 (x_C, y_C)	设过已知点 (x_1, y_1) 的直线 L 与 X 轴的夹角为 α_1，已知圆的圆心坐标为 (x_2, y_2)，半径为 R	$\Delta x = x_2 - x_1$ $\Delta y = y_2 - y_1$ $\alpha_2 = \arcsin \left\lvert \dfrac{\Delta x\sin\alpha_1 - \Delta y\cos\alpha_1}{R} \right\rvert$ $\beta = \lvert\alpha_1 \pm \alpha_2\rvert$ $x_C = x_2 \pm R\lvert\cos\beta\rvert$ $y_C = y_2 \pm R\lvert\sin\beta\rvert$ α_1 为有向角，取角度的绝对值不大于 90°范围内的那个角，已知直线相对于 X 轴逆时针方向旋转时取“+”，反之取“-”
两圆相交	图 2-3c	求交点坐标 (x_C, y_C)	两已知圆圆心坐标及半径分别为 (x_1, y_1)，R_1；(x_2, y_2)，R_2	$\Delta x = x_2 - x_1$ $\Delta y = y_2 - y_1$ $d = \sqrt{\Delta x^2 + \Delta y^2}$ $\alpha_2 = \arccos \left\lvert \dfrac{R_1^2 + d^2 - R_2^2}{2R_1 d} \right\rvert$ $\beta = \lvert\alpha_1 \pm \alpha_2\rvert$ $x_C = x_1 \pm R_1\cos\lvert\beta\rvert$ $y_C = y_1 \pm R_1\sin\beta$
直线与两圆相切	图 2-3d	求切点坐标 (x_C, y_C)	已知两圆的圆心坐标及半径分别为 (x_1, y_1)，R_1；(x_2, y_2)，R_2，一直线与两圆相切	$\Delta x = x_2 - x_1$ $\Delta y = y_2 - y_1$ $\alpha_2 = \arcsin \dfrac{R_{大} \pm R_{小}}{\sqrt{\Delta x^2 + \Delta y^2}}$ $\beta = \lvert\alpha_1 \pm \alpha_2\rvert$ $x_{C1} = x_1 \pm R_1\sin\beta$ $y_{C1} = y_1 \pm R_1\lvert\cos\beta\rvert$ 同理 $x_{C2} = x_2 \pm R_2\sin\beta$ $y_{C2} = y_2 \pm R_2\lvert\cos\beta\rvert$ 求内公切线切点坐标用“+”，求外公切线切点坐标用“-”。$R_{大}$ 表示较大圆的半径，$R_{小}$ 表示较小圆的半径

2. 应用平面解析几何计算法，联立方程方法求解基点坐标

图 2-4、2-5 所示分别为直线与圆弧相交、圆弧与圆弧相交的关系，常用平面解析几何法联立方程求解基点坐标，公式列于表 2-3 中。

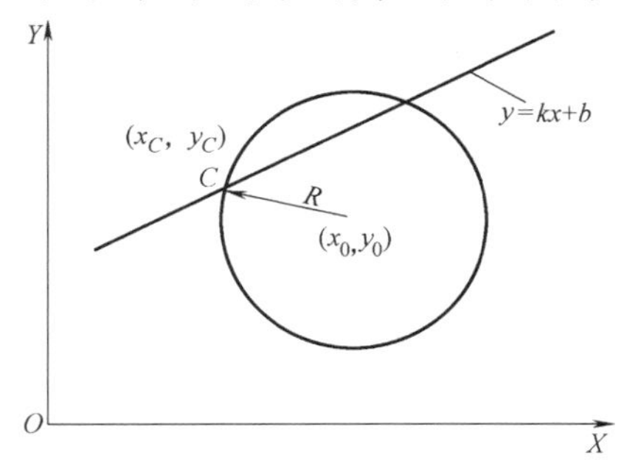

图 2-4　直线与圆弧相交

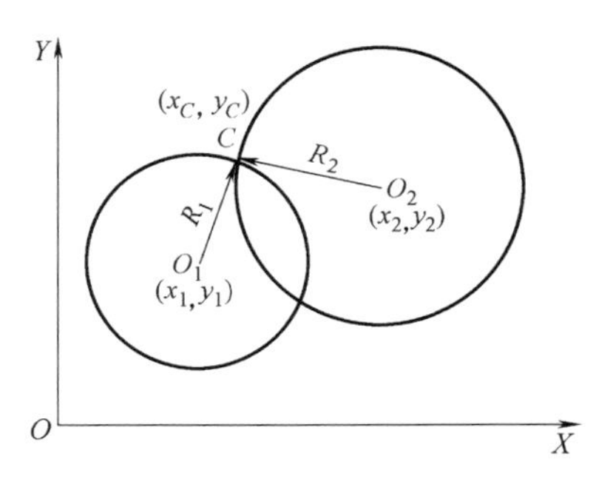

图 2-5　圆弧与圆弧相交

表 2-3　常用平面解析几何法计算公式

类型	已知条件	所求点	方程组	公式
直线与圆弧相交或相切	已知直线方程 $y=kx+b$	以点(x_0,y_0)为圆心，半径为 R 的圆与该直线的交点坐标(x_C,y_C)	$\begin{cases}(x-x_0)^2+(y-y_0)^2=R^2\\ y=kx+b\end{cases}$	$A=1+k^2$ $B=2[k(b-y_0)-x_0]$ $C=x_0^2+(b-y_0)^2-R^2$ $x_C=\dfrac{-B\pm\sqrt{B^2-4AC}}{2A}$ （求 x_C 较大值时取“+”） $y_C=kx_C+b$
圆弧与圆弧相交或相切	两相交圆弧的圆心及半径分别为：(x_1,y_1)，R_1；(x_2,y_2)，R_2	求交点坐标(x_C,y_C)	$\begin{cases}(x-x_1)^2+(y-y_1)^2=R_1^2\\ (x-x_2)^2+(y-y_2)^2=R_2^2\end{cases}$	$\Delta x=x_2-x_1$ $\Delta y=y_2-y_1$ $D=\dfrac{(x_2^2+y_2^2-R_2^2)-(x_1^2+y_1^2-R_1^2)}{2}$ $A=1+\left(\dfrac{\Delta x}{\Delta y}\right)^2$ $B=2\left[\left(y_1-\dfrac{D}{\Delta y}\right)\dfrac{\Delta x}{\Delta y}-x_1\right]$ $C=\left(y_1-\dfrac{D}{\Delta y}\right)^2+y_1^2-R_1^2$ $x_C=\dfrac{-B\pm\sqrt{B^2-4AC}}{2A}$ （求 x_C 较大值时取“+”） $y_C=\dfrac{D-\Delta x\,x_C}{\Delta y}$

注：当直线与圆相切时，取 $B^2-4AC=0$，此时 $x_C=-B/(2A)$，其余计算公式不变；当两圆相切时，$B^2-4AC=0$，其余计算公式不变。

2.2.3　非圆曲线节点坐标的计算

1. 非圆曲线节点坐标计算的主要步骤

数控加工中把除直线与圆弧之外可以用数学方程式表达的平面轮廓曲线，称为非圆曲线，其数学表达式可以直角坐标的形式给出，也可以以极坐标形式给出，还可以以参数方程的形式给出。通过坐标变换，后面两种形式的数学表达式可以转换为直角坐标表达式。非圆曲线类零件包括平面凸轮类、曲线样板、圆柱凸轮以及数控车床上加工的各种以非圆曲线为母线的回转体零件等，其数值计算过程一般可按以下步骤进行：

1）选择插补方式，即应首先决定是采用直线段逼近非圆曲线，还是采用圆弧段或抛物线等二次曲线逼近非圆曲线。

2）确定编程允许误差，即应使 $\Delta \leqslant \Delta_{编}$。

3）选择数学模型，确定计算方法。在决定采取什么算法时，主要应考虑的因素有两条：其一是尽可能按等误差的条件确定节点坐标位置，以便最大限度地减少程序段的数目；其二是尽可能寻找一种简便的算法，简化计算机编程，省时快捷。

4）根据算法，画出计算机处理流程图。

5）用高级语言编写程序，上机调试程序，并获得节点坐标数据。

2. 常用的算法

用直线段逼近非圆曲线，目前常用的节点计算方法有等间距法、等程序段法、等误差法和伸缩步长法；用圆弧段逼近非圆曲线，常用的节点计算方法有曲率圆法、三点圆法、相切圆法和双圆弧法。

（1）等间距直线段逼近法　等间距法就是将某一坐标轴划分成相等的间距，如图 2-6 所示。

（2）等程序段法直线逼近的节点计算　等程序段法就是使每个程序段的线段长度相等，如图 2-7 所示。

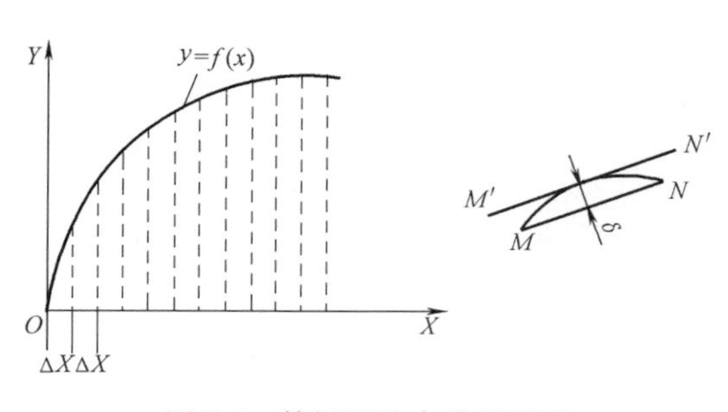

图 2-6　等间距法直线段逼近

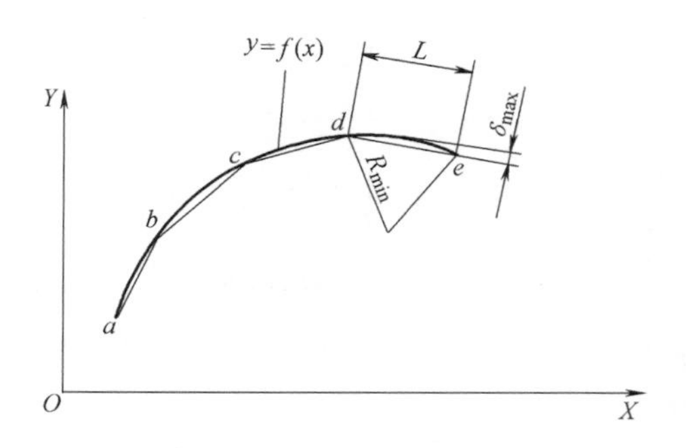

图 2-7　等程序段法直线段逼近

（3）等误差法直线段逼近的节点计算　任意相邻两节点间的逼近误差为等误差，各程序段误差 Δ 均相等，程序段数目最少。但计算过程比较复杂，必须由计算机辅助才能完成计算。在采用直线段逼近非圆曲线的拟合方法中，这是一种较好的拟合方法，如图 2-8 所示。

（4）曲率圆法圆弧段逼近的节点计算　曲率圆法是用彼此相交的圆弧逼近非圆曲线。

其基本原理是从曲线的起点开始，作与曲线内切的曲率圆，求出曲率圆的中心，如图2-9所示。

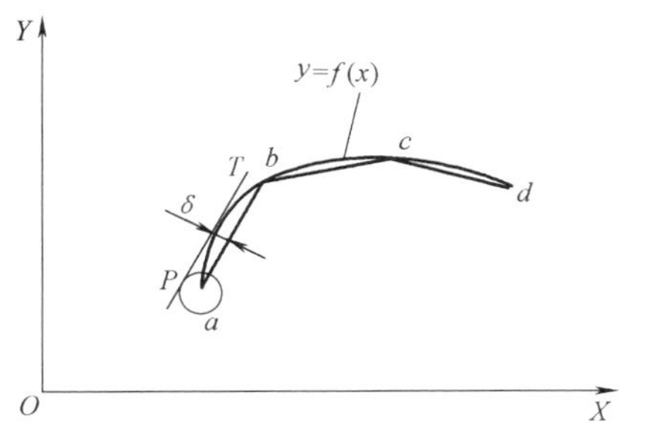

图2-8　等误差法直线段逼近

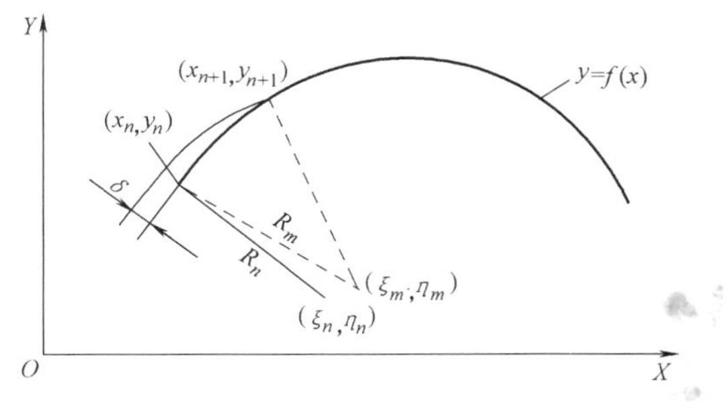

图2-9　曲率圆法圆弧段逼近

（5）三点圆法圆弧段逼近的节点计算　三点圆法是在等误差直线段逼近求出各节点的基础上，通过连续三点作圆弧，并求出圆心点的坐标或圆的半径，如图2-10所示。

（6）相切圆法圆弧段逼近的节点计算　如图2-11所示，采用相切圆法，每次可求得两个彼此相切的圆弧，由于在前一个圆弧的起点处与后一个终点处均可保证与轮廓曲线相切，因此，整个曲线是由一系列彼此相切的圆弧逼近实现的。这种逼近法可简化编程，但计算过程烦琐。

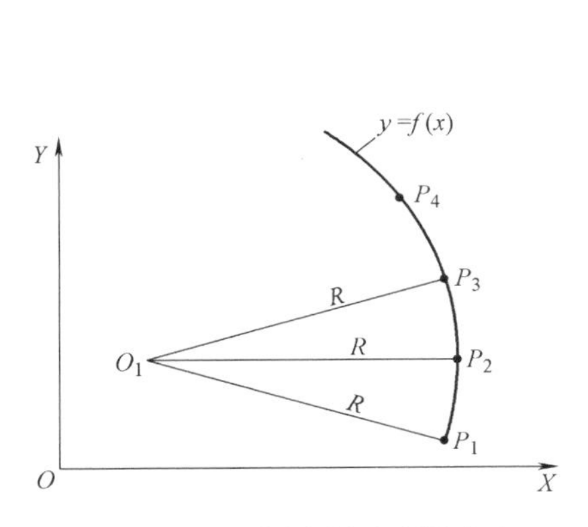

图2-10　三点圆法圆弧段逼近

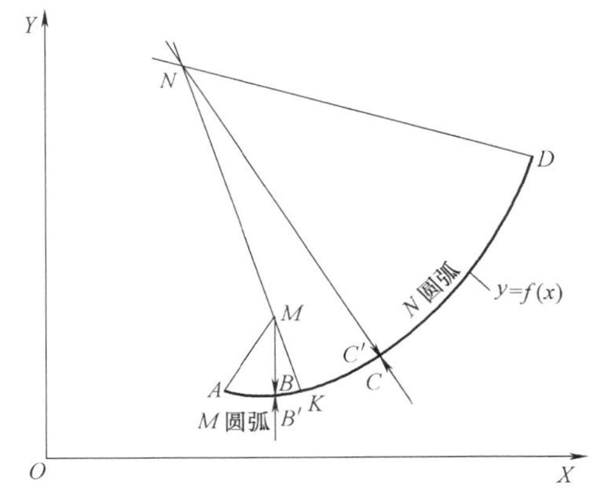

图2-11　相切圆法圆弧段逼近

2.2.4　列表曲线型值点坐标的计算

实际零件的轮廓形状，有些是由直线、圆弧或其他非圆曲线组成的，还有些零件的轮廓形状是通过试验或测量的方法得到的。零件的轮廓数据在图样上以坐标点的表格形式给出，这种由列表点（又称为型值点）给出的轮廓曲线称为列表曲线。

在列表曲线的数学处理方面，常用的方法有牛顿插值法、三次样条曲线拟合法、圆弧样条拟合法与双圆弧样条拟合法等。以上各种拟合方法在使用时，往往存在着某种局限性，目前处理列表曲线的方法通常采用二次拟合法。

为了在给定的列表点之间得到一条光滑的曲线，对列表曲线逼近一般有以下要求：

1）方程式表示的零件轮廓必须通过列表点。

2）方程式给出的零件轮廓与列表点表示的轮廓凹凸性应一致，即不应在列表点的凹凸性之外再增加新的拐点。

3）光滑性。为使数学描述不过于复杂，通常一个列表曲线要用许多参数不同的相同方程式来描述，希望在方程式的两两连接处有连续的一阶导数或二阶导数，若不能保证一阶导数连续，则希望连接处两边一阶导数的差值应尽量小。

2.2.5　数控车床使用假想刀尖点时偏置的计算

在数控车削加工中，为了对刀的方便，总是以“假想刀尖”点来对刀。所谓假想刀尖点是指图 2-12 中 *M* 点的位置。由于刀尖圆弧的影响，仅仅使用刀具长度补偿，而不对刀尖圆弧半径进行补偿，在车削锥面或圆弧面时，会产生欠切或过切的情况，如图 2-13 所示。

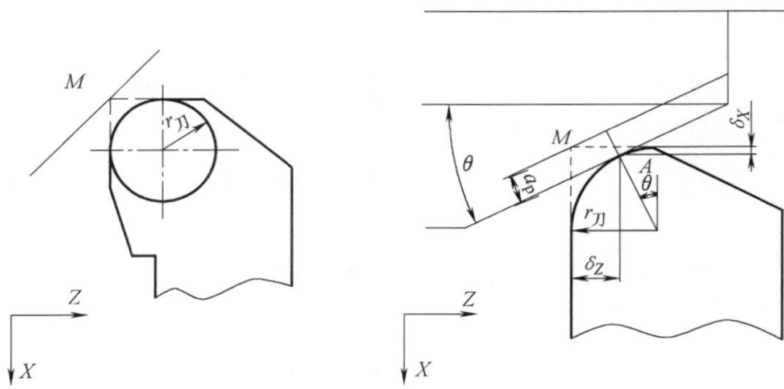

图 2-12　假想刀尖点编程时的补偿计算

2.2.6　简单立体型面零件的数值计算

用球头铣刀或圆弧盘形铣刀加工立体型面零件，刀痕在行间构成了被称为切残量的表面不平度 *h*，又称为残留高度。残留高度对零件的加工表面质量影响很大，要引起注意，如图 2-14 所示。

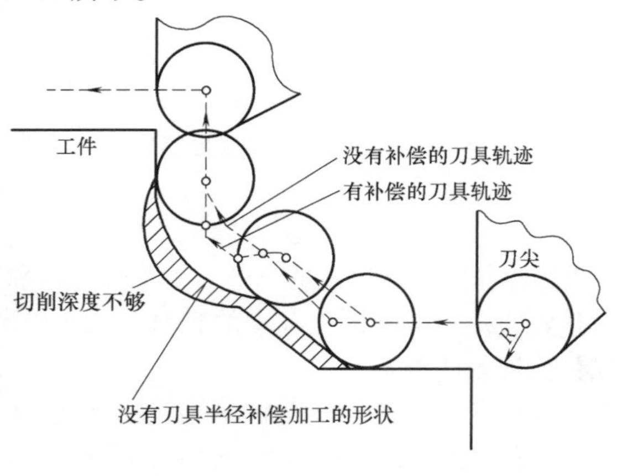

图 2-13　欠切与过切现象

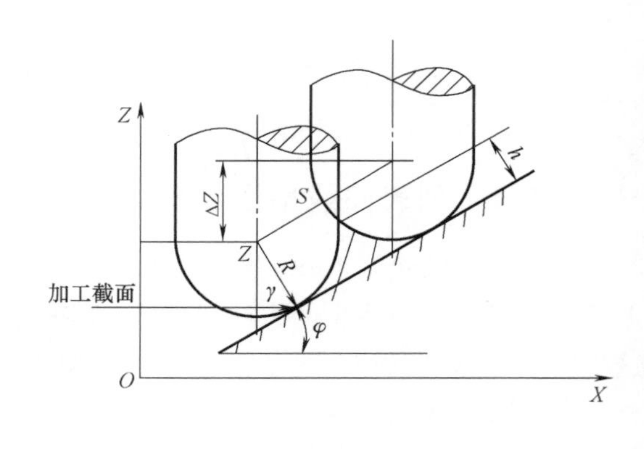

图 2-14　行距与切残量的关系

数控机床上加工简单立体型面零件时，数控系统要有三个坐标控制功能，但只要有两坐标连续控制（两坐标联动），就可以加工平面曲线。刀具沿 *Z* 方向运动时，不要求 *X*、*Y* 方向也同时运动。用行切法加工立体型面时，这种三坐标运动、两坐标联动的加工编程方法称为两轴半联动加工。

节点计算一般都比较复杂，有时靠手工处理已不大可能，必须借助计算机辅助处理，常采用计算机自动编程来编制加工程序。这里重点介绍手工编程中基点计算的常用方法。

2.3　任务实施

2.3.1　零件图上基点的计算

1. 用三角形计算法计算基点

准备：计算器、计算机、零件图样。

例1　如图2-15所示，圆 $O_1(0,40)$，$R=25\text{mm}$；圆 $O_2(50,100)$，$R=55\text{mm}$；圆 $O_3(60,20)$，$R=15\text{mm}$，F 点坐标为$(65,0)$，试求基点 A、B、C、D、E 在工件坐标系中的值。

求解过程如下：

（1）按直线与圆相交法求 A 点坐标

$$\Delta x=x_2-x_1=0$$

$$\Delta y=y_2-y_1=40$$

$$\alpha_2=\arcsin\left|\frac{\Delta x\sin\alpha_1-\Delta y\cos\alpha_1}{R}\right|=53.1301°$$

$$\beta=|\alpha_1+\alpha_2|=|-60°+53.1301°|=6.8699°$$

$$x_A=x_2-R|\cos\beta|=-24.8205$$

$$y_A=y_2+R\sin\beta=42.9904$$

求出 A 点坐标为（-24.821，42.99）。

（2）按两圆相交求 B 点坐标

$$\Delta x=50$$

$$\Delta y=60$$

$$d=\sqrt{\Delta x^2+\Delta y^2}=78.1025$$

$$\alpha_1=\arccos\frac{R_1^2+d^2-R_2^2}{2R_1d}=18.65299°$$

$$\beta=|\alpha_1+\alpha_2|=68.8474°$$

$$x_B=x_1+R_1\cos|\beta|=9.021$$

$$y_B=y_1+R_1\sin\beta=63.316$$

求出 B 点坐标为（9.021，63.316）。

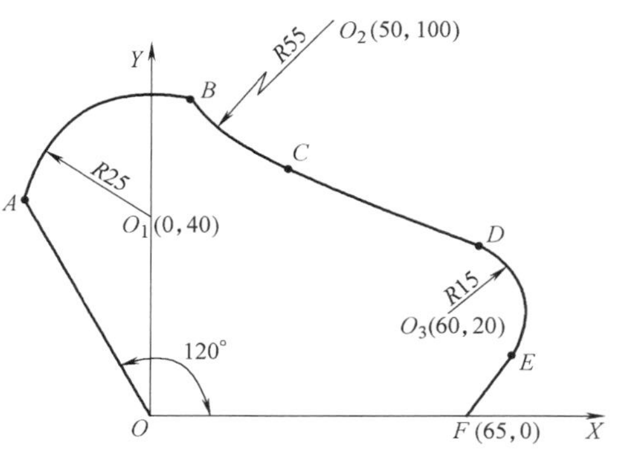

图2-15　零件轮廓

（3）按求两圆公切线切点的方法求 C、D 两点坐标

$$\Delta x=10$$

$$\Delta y=-80$$

$$\alpha_1 = \arctan\frac{\Delta y}{\Delta x} = -82.875°$$

$$\alpha_2 = \arcsin\frac{R_{大}+R_{小}}{\sqrt{\Delta x^2+\Delta y^2}} = 60.2551°$$

$$\beta = |\alpha_1+\alpha_2| = 22.6199°$$

$$x_C = x_1 - R_1\sin\beta = 28.846$$

$$y_C = y_1 - R_1|\cos\beta| = 49.231$$

$$x_D = x_2 + R_2\sin\beta = 65.769$$

$$y_D = y_2 + R_2|\cos\beta| = 33.846$$

求出 C 点坐标为（28.846，49.231）；D 点坐标为（65.769，33.846）。

（4）按直线与圆相切求切点 E 坐标

$$\Delta x = x_2 - x_1 = -5$$

$$\Delta y = y_2 - y_1 = -20$$

$$\alpha_1 = \arctan\frac{\Delta y}{\Delta x} = -75.96376°$$

$$\alpha_2 = \arcsin\frac{R}{\sqrt{\Delta x^2+\Delta y^2}} = 46.6861°$$

$$\beta = |\alpha_1-\alpha_2| = 122.6399°$$

$$x_E = x_2 + R|\sin\beta| = 72.630$$

$$y_E = y_2 - R|\cos\beta| = 11.907$$

求出 E 点坐标为（72.630，11.907）。

2. 用平面解析几何计算法计算基点

例2　计算用四心法加工 $a=150\text{mm}$，$b=100\text{mm}$ 时的近似椭圆所用数值。

（1）四心法作近似画椭圆　用四心法加工椭圆工件时，一般选椭圆的中心为工件零点（图2-16），数值计算的基础就是用四心法作近似椭圆的画法，如图2-17所示。

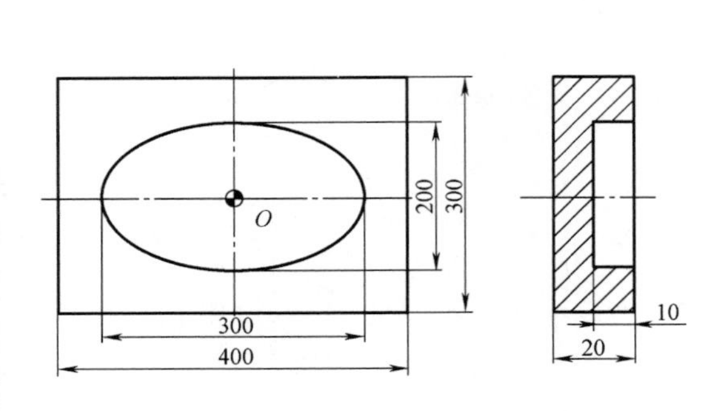

图2-16　典型零件

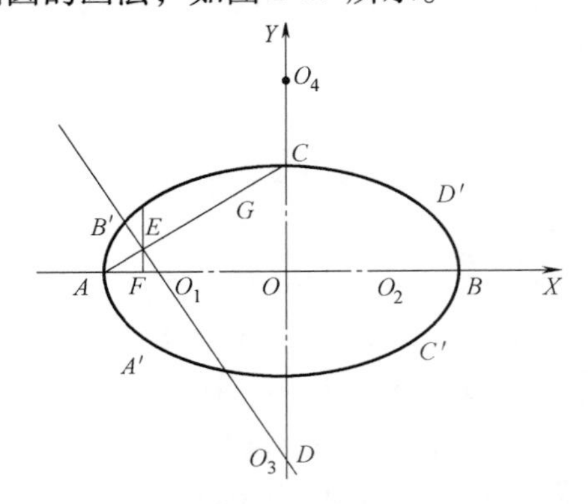

图2-17　椭圆的近似作法

1）作相互垂直平分的线段 AB 与 CD 交与 O，其中 $AB=2a=300\text{mm}$ 为长轴，$CD=2b=200\text{mm}$ 为短轴。

2）连接 AC，取 $CG=AO-OG=50\text{mm}$。

3）作 AG 的垂直平分线，分别交 AG、AO、OD 的延长线于 E、O_1、O_3。

4）作 O_1、O_3 的对称点 O_2、O_4。

5）分别以 O_1、O_2、O_3、O_4 为圆心，O_1A、O_2B、O_3C、O_4D 为半径作圆，分别相切于 B'、A'、D'、C'，即得一近似椭圆。

（2）数值计算　用四心法加工椭圆工件时，数值计算就是求 B'、A'、D'、C'，以及 O_1、O_2、O_3、O_4 的坐标，由四心法作椭圆的画法可知：

B'与 A'、D'、C'是对称的，O_1 与 O_2，O_3 与 O_4 也是对称的，因此只要求出 B'、O_1、O_3 点的坐标，其他点的坐标也就迎刃而解了。

$$AO=150\text{mm}\quad OC=100\text{mm}$$

$$AC=\sqrt{150^2+100^2}\text{mm}=180.2776\text{mm}$$

由用四心法作椭圆的画法可知：

$$GC=AO-OC=50\text{mm}$$

$$AG=AC-GC=130.2776\text{mm}$$

$$\triangle B'FO_1\cong\triangle AEO_1$$

$$B'F=AE=\frac{AG}{2}=65.1388\text{mm}$$

$$AO_1=B'O_1$$

又$\triangle B'FO_1\backsim\triangle AOC$

$$\frac{B'F}{AO}=\frac{B'O_1}{AC}=\frac{O_1F}{CO}$$

$$B'O_1=78.2871\text{mm}$$

$$O_1F=43.4258\text{mm}$$

$$R_1=AO_1=B'O_1=78.2871\text{mm}$$

$$OO_1=AO-O_1A=71.7129\text{mm}$$

$$OF=O_1F+O_1O=115.1387\text{mm}$$

O_1 点坐标为（-71.7129，0）。

B'点坐标为（-115.1387，65.1388）。

又$\triangle B'FO_1\backsim\triangle O_3OO_1$

$$\frac{B'F}{OO_3}=\frac{O_1F}{O_1O}=\frac{B'O_1}{O_1O_3}$$

$$O_1O_3=107.5695\text{mm}$$

$$R_3=O_3C=207.5695\text{mm}$$

O_3 点的坐标为（0，-107.5695）。当然，这些点的坐标亦可以用解析法求的，即由 $\lambda=\frac{AE}{EC}=\frac{AE}{EG+GC}=0.5657$ 与定比分点定理可得 E 点坐标为（-95.8012，36.1325）。

又直线 AC 的斜率为 $k_{AC}=100/150=0.667$

且 $B'O_3\perp AC$

直线 $B'O_3$ 的方程为 $y-36.1325=-1.5(x+95.8012)$

即 $$1.5x+y+107.5693=0$$

O_1、O_3 点的坐标为(−71.7129,0)、(0,−107.5693)。

圆 O_1、O_3 的方程为

$$(x+71.7129)^2+y^2=(78.2871)^2$$

$$x^2+(y+107.5693)^2=(207.5693)^2$$

由 O_1、O_3、B'点的坐标就可以很容易地求出 O_2、O_4、A'、C'、D'点的坐标了。

3. 圆弧手柄基点计算

例 3　计算图 2-18 所示圆弧手柄的基点坐标。

计算过程如下：

如图 2-17 所示，作 O_2 关于 Z 轴的对称点 O_2'，可判断圆 O_2'与圆 O_1 内切，切点为 A，与圆 O_3 外切，切点为 B；圆 O_3 与 ϕ24mm 外圆柱面交于点 C。因此，基点的计算主要就是点 A、B、C 的坐标计算。

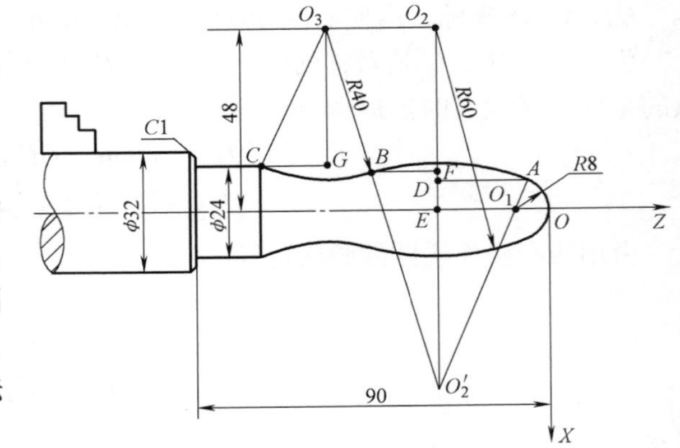

图 2-18　圆弧手柄的基点计算

(1) 计算基点 A　由于圆 O_2'与圆 O_1 内切，A 为切点，则可判断点 O_2'与 O_1 和 A 在一条直线上，连此三点成一条直线。

由点 A 作 $AD\perp O_2O_2'$于点 D，由点 O_1 作 $O_1E\perp O_2O_2'$于点 E。

其中 $O_2'A=60\text{mm}$，$O_1A=8\text{mm}$，则 $|O_2'O_1|=60\text{mm}-8\text{mm}=52\text{mm}$

又 $O_2'E=O_2E=48\text{mm}$

则在 Rt$\triangle O_2'O_1E$ 中

$$O_2'O_1^2=O_1E^2+O_2'E^2\Rightarrow O_1E=\sqrt{O_2'O_1^2-O_2'E^2}=\sqrt{52^2-48^2}\text{mm}=20\text{mm}$$

又 Rt$\triangle O_2'AD\cong$Rt$\triangle O_2'O_1E$

$$\frac{AD}{O_1E}=\frac{O_2'A}{O_2'O_1}\Rightarrow AD=\frac{O_2'A\cdot O_1E}{O_2'O_1}=\frac{60\times20}{52}\text{mm}=23.077\text{mm}$$

$$\frac{O_2'E}{ED}=\frac{O_2'O_1}{O_1A}\Rightarrow ED=\frac{O_2'E\cdot O_1A}{O_2'O_1}=\frac{48\times8}{52}\text{mm}=7.385\text{mm}$$

若采用直径编程原则，则 A 点的 X 坐标 $=2\times ED=2\times7.385\text{mm}=14.77\text{mm}$

A 点的 Z 坐标 $=-(8\text{mm}+O_1E-AD)=-(8+20-23.07)\text{mm}=-4.93\text{mm}$

(2) 计算基点 B　由于圆 O_2'与圆 O_3 外切，B 为切点，则可判断点 O_2'与点 B 和点 O_3 在一条直线上，连此三点成一条直线。

由点 B 作 $BF\perp O_2'O_2$ 于点 F，同时连接 O_3O_2。

其中 $O_2'B=60\text{mm}$，$BO_3=40\text{mm}$，则 $O_2'O_3=60\text{mm}+40\text{mm}=100\text{mm}$

又易见 $O_2'O_2=O_2'E+O_2E=48\text{mm}+48\text{mm}=96\text{mm}$

则在 Rt$\triangle O_2'O_3O_2$ 中

$$O_2'O_3^2=O_3O_2^2+O_2'O_2^2\Rightarrow O_3O_2=\sqrt{O_2'O_3^2-O_1'O_2^2}=\sqrt{100^2-96^2}\text{mm}=28\text{mm}$$

$$\frac{BF}{O_3O_2}=\frac{O_2'B}{O_2'O_3}\Rightarrow BF=\frac{O_2'B\cdot O_3O_2}{O_2'O_3}=\frac{60\times28}{100}\text{mm}=16.8\text{mm}$$

在 Rt△$O_2'BF$ 中

$$O_2'B^2=BF^2+O_2'F^2\Rightarrow O_2'F=\sqrt{O_2'B^2-BF^2}=\sqrt{60^2-(16.8)^2}\text{mm}=57.6\text{mm}$$

则 $EF=O_2'F-O_2'E=57.6\text{mm}-48\text{mm}=9.6\text{mm}$

若采用直径编程原则，则 B 点的 X 坐标 $=2\times EF=2\times9.6\text{mm}=19.2\text{mm}$

B 点的 Z 坐标 $=-(8\text{mm}+O_1E+BF)=-(8+20+16.8)\text{mm}=-44.8\text{mm}$

（3）计算基点 C　连 O_3C 并作 Rt△O_3CG，则 $O_3C=40\text{mm}$，得 $O_3G=48\text{mm}-12\text{mm}=36\text{mm}$，并可直接得到 C 点的 X 坐标。

若采用直径编程原则，则 C 点的 X 坐标 $=2\times12\text{mm}=24\text{mm}$

在 Rt△O_3CG 中

$$O_3C^2=CG^2+O_3G^2\Rightarrow CG=\sqrt{O_3C^2-O_3G^2}=\sqrt{40^2-36^2}\text{mm}=17.436\text{mm}$$

C 点的 Z 坐标 $=-(8\text{mm}+O_1E+O_3O_2+CG)=-(8+20+28+17.436)\text{mm}=-73.436\text{mm}$

因此，主要基点 A、B、C 直径编程下的坐标值分别为（14.77，－4.93）、（19.2，－44.8）、（24，－73.436）。

2.3.2　节点的计算

节点计算一般都比较复杂，有时靠手工处理已不大可能，必须借助计算机来辅助处理，不用手工计算。

2.4　任务评价与总结提高

2.4.1　任务评价

本任务的考核标准见表2-4。本任务在该课程考核成绩中的比例为5%。

表2-4　考核标准

序号	工作过程	主要内容	建议考核方式	评分标准	配分
1	资讯(10分)	任务相关知识查找	教师评价50% 相互评价50%	通过资讯查找相关知识学习，按任务知识能力掌握情况评分	15
2	决策计划(10分)	确定方案、编写计划	教师评价80% 相互评价20%	根据整体设计方案以及采用方法的合理性评分	20
3	实施(10分)	方法合理、计算快捷、准确率高	教师评价20% 自己评价30% 相互评价50%	根据计算的准确性，结合三方面评价评分	30
4	任务总结报告(60分)	记录实施过程、步骤	教师评价100%	根据基点和节点计算的任务分析、实施、总结过程记录情况，提出新建议等情况评分	15

（续）

序号	工作过程	主要内容	建议考核方式	评分标准	配分
5	职业素养、团队合作（10分）	工作积极主动性，组织协调与合作	教师评价30% 自己评价20% 相互评价50%	根据工作积极主动性、文明生产情况以及相互协作情况评分	20

2.4.2　任务总结

根据零件图样要求，按照已确定的加工路线和允许的编程误差，计算出机床数控系统所需输入的数据，称为数控编程的数值计算。数值计算的内容有基点坐标的计算、节点坐标的计算、刀具中心轨迹的计算、辅助计算。

直线和圆弧组成的零件轮廓的基点计算采用初等几何的方法，手工编程时，常采用三角函数计算法和平面解析几何计算法来求解基点的坐标。

非圆曲线的节点计算有直线逼近法、圆弧逼近法。用直线逼近非圆曲线的常用数学方法有三种：等间距法、等程序段法和等误差法。常用的用圆弧逼近非圆曲线的节点计算方法有两种：圆弧分割法和三点圆作图法。对列表曲线进行数学处理时，常用数学拟合的方法逼近零件轮廓，即根据已知列表点（也称型值点）来推导出用于拟合的数学模型。节点计算一般都比较复杂，有时靠手工处理已不大可能，必须借助计算机辅助处理，常采用计算机自动编程来编制加工程序。

2.4.3　练习与提高

一、填空题

1. 零件的轮廓是由许多不同的________组成的。各几何元素间的________称为基点。

2. 手工编程由直线和圆弧组成的零件轮廓时，常采用________和________计算基点坐标的数值。

3. 对零件图形进行数学处理是编程前很重要的环节。数值计算主要包括________、________、________和________四方面内容。

4. 用________或________去近似代替非圆曲线，称为拟合处理。拟合线段的________或________称为节点。

5. 用直线段逼近非圆曲线，目前常用的节点计算方法有________、________、等误差法和伸缩步长法。

6. 用圆弧段逼近非圆曲线，常用的节点计算方法有________、________、相切圆法和双圆弧法。

7. 构造基点三角形的关键是作出________。一般方法是，过圆心作 X 轴的平行线，再过基点作这条平行线的垂线，便可以作出________。

8. 直线与圆的关系最常见有四种类型，即________、________、两圆相交以及________。

9. 节点计算一般都比较复杂，靠手工处理很困难，一般借助________。

二、简答题

1. 什么叫数控编程的数值计算？其包含哪些内容？

2. 试说明基点和节点的区别。

三、分析计算题

1. 已知条件如图 2-19 所示，求基点 C 在工件坐标系中的坐标值。

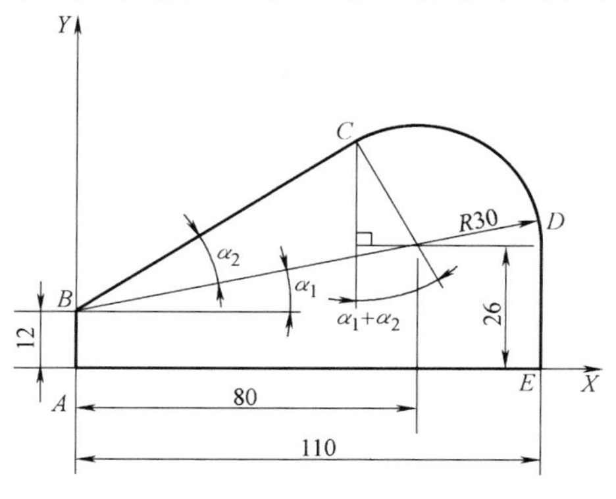

图 2-19　零件图

2. 如图 2-20 所示的零件，求出圆弧与圆弧相切、圆弧与直线相交的基点坐标。

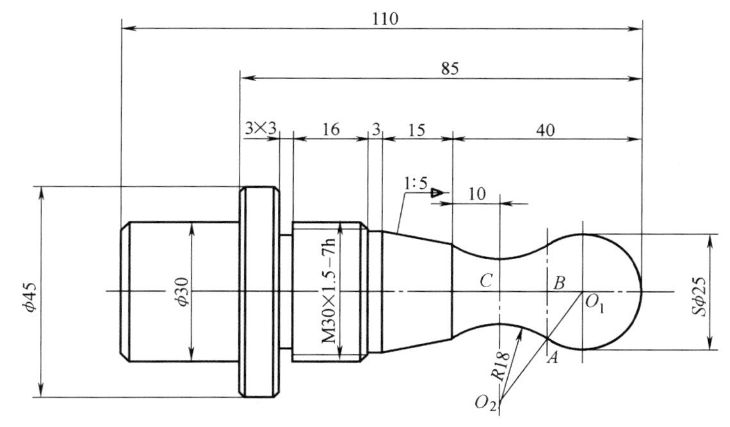

图 2-20　零件图

任务3 简单零件的数控车削编程

3.1 任务描述及目标

零件程序是由用数控装置专用编程语言书写的一系列指令组成的（应用最广泛的是 ISO 码：国际标准化组织规定的代码），数控装置将零件程序转化为对机床的控制动作。最常使用的程序存储介质是磁盘和网络。

学生通过本任务内容的学习，了解数控编程格式，掌握常用编程指令，并按规定的格式和常用 G、M 代码，F、S、T 代码等对简单零件进行编程。

3.2 任务资讯

3.2.1 机床坐标系

1. 机床坐标系建立原则

为简化编程和保证程序的通用性，对数控机床的坐标轴和方向命名制订了统一的标准，规定直线进给坐标轴用 X，Y，Z 表示，称为基本坐标轴。在机床上，我们始终认为工件静止，而刀具是运动的。这样编程人员在不考虑机床上工件与刀具具体运动的情况下，就可以依据零件图样，确定机床的加工过程。机床坐标系中 X，Y，Z 坐标轴的相互关系用右手直角坐标系确定，如图 3-1 所示，大拇指的指向为 X 轴的正方向，食指指向为 Y 轴的正方向，中指指向为 Z 轴的正方向。

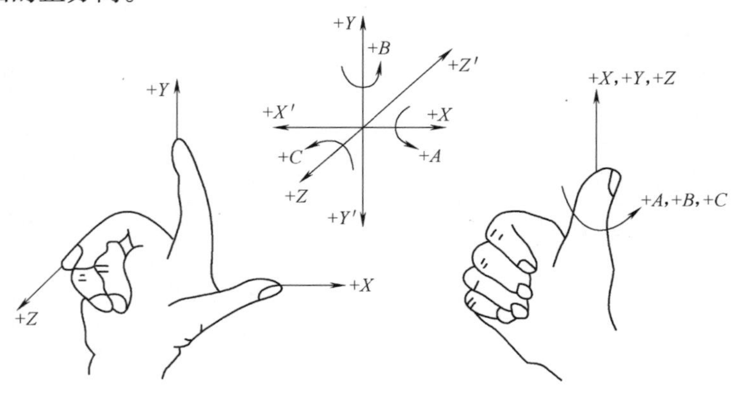

图 3-1 右手直角坐标系

围绕 X，Y，Z 轴旋转的圆周进给坐标轴分别用 A，B，C 表示，根据右手螺旋定则，如图 3-1 所示，以大拇指指向 $+X$，$+Y$，$+Z$ 方向，则食指、中指等的指向是圆周进给运动的 $+A$，$+B$，$+C$ 方向。

2. 坐标轴方向的确定

（1）Z 坐标　Z 坐标的运动方向是由传递切削动力的主轴所决定的，即平行于主轴轴线的坐标轴为 Z 坐标，Z 坐标的正向为刀具离开工件的方向。

如果机床上有几个主轴，则选一个垂直于工件装夹平面的主轴方向为 Z 坐标方向；如果主轴能够摆动或机床无主轴，则选垂直于工件装夹平面的方向为 Z 坐标方向。

（2）X 坐标　X 坐标平行于工件的装夹平面，一般在水平面内。确定 X 轴的方向时，要考虑两种情况：

1）如果工件做旋转运动，则刀具离开工件径向的方向为 X 坐标的正方向。

2）如果刀具做旋转运动，则分为两种情况：Z 坐标水平时，观察者沿刀具主轴向工件看时，$+X$ 运动方向指向右方；Z 坐标垂直时，观察者面对刀具主轴向立柱看时，$+X$ 运动方向指向右方。

（3）Y 坐标　在确定 X、Z 坐标的正方向后，可以根据 X 和 Z 坐标的方向，按照右手直角坐标系来确定 Y 坐标的方向。

数控机床的进给运动，有的由主轴带动刀具运动来实现，有的由工作台带着工件运动来实现。上述坐标轴正方向是假定工件不动，刀具相对于工件做进给运动的方向。如果是工件移动，则用加“′”的字母表示，按相对运动的关系，工件运动的正方向恰好与刀具运动的正方向相反，即有

$$+X=-X',\quad +Y=-Y',\quad +Z=-Z'$$
$$+A=-A',\quad +B=-B',\quad +C=-C'$$

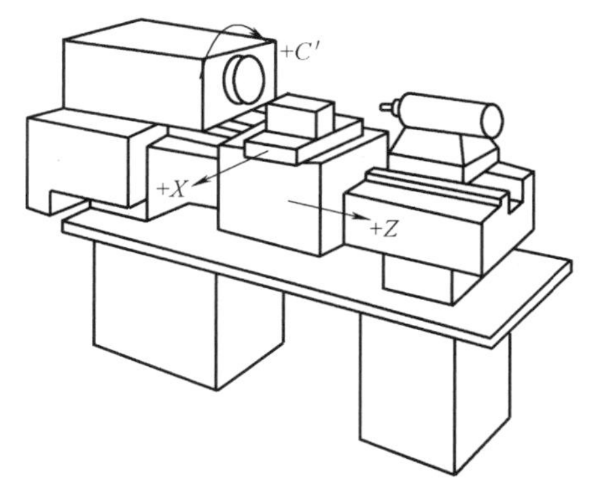

图 3-2　数控车床的坐标系

同样两者运动的负方向也彼此相反。机床坐标轴的方向取决于机床的类型和各组成部分的布局，数控车床的坐标系如图 3-2 所示。

3.2.2　机床坐标系原点、机床零点和机床参考点

机床坐标系是机床固有的坐标系，机床坐标系的原点称为机床原点（OM）或机床零点。在机床经过设计、制造和调整后，这个原点便被确定下来，它是固定的点。

数控装置上电时并不知道机床原点，为了正确地在机床工作时建立机床坐标系，通常在每个坐标轴的移动范围内设置一个机床参考点（Om，测量起点），机床起动时，通常要进行机动或手动回参考点，以建立机床坐标系。

机床参考点可以与机床原点重合，也可以不重合，通过参数指定机床参考点到机床原点的距离。

机床回到了参考点位置，也就知道了该坐标轴的原点位置，找到所有坐标轴的参考点，CNC 就建立起了机床坐标系。

机床坐标轴的机械行程是由最大和最小限位开关来限定的。机床坐标轴的有效行程范围

是由软件限位来界定的，其值由制造商定义。机床原点（OM）、机床参考点（Om）、机床坐标轴的机械行程及有效行程的关系如图 3-3 所示。

3.2.3　工件坐标系原点、程序原点和对刀点

工件坐标系是编程人员编程时使用的，编程人员选择工件上的某一已知点为原点（也称程序原点），建立一个新的坐标系，称为工件坐标系。工件坐标系一旦建立便一直有效，直到被新的工件坐标系所取代。

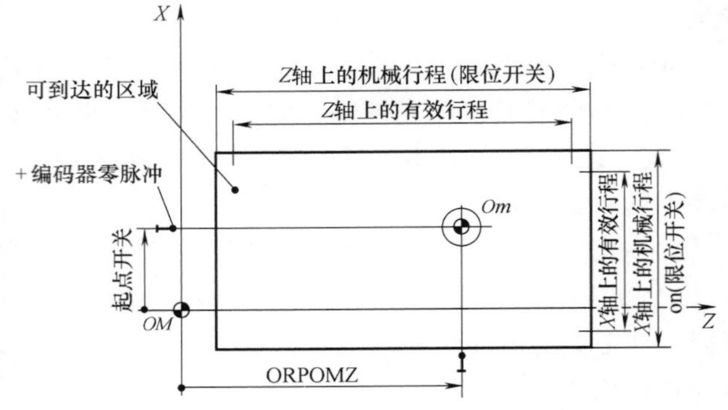

图 3-3　机床原点 *OM* 和机床参考点 *Om*

工件坐标系原点的选择要尽量满足编程简单，尺寸换算少，引起的加工误差小等条件。一般情况下，程序原点应选在尺寸标注的基准或定位基准上。对数控车床编程而言，工件坐标系原点一般选在工件轴线与工件的前端面、后端面或卡爪前端面的交点上。对刀点是零件程序加工的起始点，对刀的目的是确定程序原点在机床坐标系中的位置，对刀点可与程序原点重合，也可在任何便于对刀之处，但该点与程序原点之间必须有确定的坐标联系。可以通过 CNC 将相对于程序原点的任意点的坐标转换为相对于机床原点的坐标。

3.2.4　华中世纪星数控系统的编程

1. 准备功能（G 代码）

准备功能 G 指令由 G 及其后一或二位数值组成，它用来规定刀具和工件的相对运动轨迹、机床坐标系、坐标平面、刀具补偿、坐标偏置等多种加工操作。

G 功能根据功能的不同分成若干组，其中 00 组的 G 功能称为非模态 G 功能，其余组的称为模态 G 功能。

非模态 G 功能只在所规定的程序段中有效，程序段结束时被注销；模态 G 功能是一组可相互注销的 G 功能，这些功能一旦被执行，则一直有效，直到被同一组的 G 功能注销为止。模态 G 功能组中包含一个默认 G 功能，上电时将被初始化为该功能。

没有共同地址符的不同组 G 代码可以放在同一程序段中，而且与顺序无关。例如，G90、G17 可与 G01 放在同一程序段。华中世纪星 HNC-21T 数控系统 G 功能指令见表 3-1。

2. 常用 G 代码介绍

（1）单位设定 G 代码

1）尺寸单位选择 G20/G21

格式：G20

　　　G21

说明：①G20 为英制输入制式；G21 为米制输入制式。两种制式下线性轴、旋转轴的尺寸单位见表 3-2。

表 3-1 G 功能指令一览表

G 代码	组	功 能	格 式
G00	01	快速定位	G00 X(U)__ Z(W)__;
G01		直线插补 倒角加工	G01 X(U)__ Z(W)__ F__; G01 X(U)__ Z(W)__ C__; G01 X(U)__ Z(W)__ R__; X，Z：绝对编程时，未倒角前两相邻程序段轨迹的交点的坐标值 U，W：增量编程时，未倒角前两相邻程序段轨迹交点相对于起始直线轨迹的始点的移动距离 C：倒角终点相对于倒角起始点的距离 R：倒角圆弧的半径值
G02	01	顺时针圆弧插补	G02 X(U)__ Z(W)__ $\left\{\begin{matrix} I\_\_ & K\_\_ \\ R\_\_ & \end{matrix}\right\}$ F__;
G03	01	逆时针圆弧插补	G03 X(U)__ Z(W)__ $\left\{\begin{matrix} I\_\_ & K\_\_ \\ R\_\_ & \end{matrix}\right\}$ F__;
G02(G03)	01	倒角(倒圆)加工	G02(G03) X(U)__ Z(W)__ R__ RL=__; G02(G03) X(U)__ Z(W)__ R__ RC=__;
G04	00	暂停	G04 P__; P：暂停时间，单位为 s
G20 G21	08	英寸输入 毫米输入	
G28 G29	00	返回到参考点 由参考点返回	G28 X(U)__ Z(W)__; G29 X(U)__ Z(W)__;
G32	01	螺纹切削	G32 X(U)__ Z(W)__ R__ E__ P__ F__;
G36 G37	17	直径编程 半径编程	
G40 G41 G42	09	取消刀尖半圆弧径补偿 左刀补 右刀补	G40 G00(G01) X(U)__ Z(W)__ (F__); G41 G00(G01) X(U)__ Z(W)__ (F__); G42 G00(G01) X(U)__ Z(W)__ (F__);
G54、G55、 G56、G57、 G58、G59	11	坐标系选择	
G71	06	内(外)径粗车复合循环(无凹槽加工时) 内(外)径粗车复合循环(有凹槽加工时)	G71 U(Δd) R(r) P(ns) Q(nf) X(Δx) Z(Δz) F(f) S(s) T(t); G71 U(Δd) R(r) P(ns) Q(nf) E(e) F(f) S(s) T(t);
G72	06	端面粗车复合循环	G72 W(Δd) R(r) P(ns) Q(nf) X(Δx) Z(Δz) F(f) S(s) T(t);
G73	06	闭环车削复合循环	G73 U(Δi) W(Δk) R(r) P(ns) Q(nf) X(Δx) Z(Δz) F(f) S(s) T(t);

3 PROJECT

（续）

G代码	组	功　能	格　式
G76	06	螺纹切削复合循环	G76　C(c)　R(r)　E(e)　A(α)　X(x)　Z(z)　I(i)　K(k)　U(d)　V(Δdmin)　Q(Δd)　P(p)　F(L)；
G80	01	圆柱面内(外)径切削循环 圆锥面内(外)径切削循环	G80　X(U)__　Z(W)__　F__； G80　X__　Z__　I__　F__；
G81	01	端面切削固定循环	G81　X(U)__　Z(W)__　(K__)　F__；
G82	01	直螺纹切削循环 锥螺纹切削循环	G82　X__　Z__　R__　E__　C__　P__　F__； G82　X__　Z__　I__　R__　E__　C__　P__　F__；
G90 G91	13	绝对值编程 相对值编程	
G92	00	工件坐标系设定	G92　X__　Z__；
G94 G95	14	每分钟进给量设定 每转进给量设定	G94　[F__]； G95　[F__]；
G96 G97	16	G96 恒线速度切削 G97 取消恒线速度切削	G96　S__； G97　S__；

注意：00组中的G代码是非模态的，其他组的G代码是模态的。

表3-2　尺寸输入制式及其单位

单　位　制	线　性　轴	旋　转　轴
英制(G20)	in	(°)
米制(G21)	mm	(°)

②G20、G21为模态功能，可相互注销，G21为默认值。

2）进给速度单位的设定G94/G95

格式：G94　[F__]；

　　　G95　[F__]；

说明：①G94为每分钟进给，对于线性轴，F的单位依据G20/G21（英制/米制）而设定为in/min或mm/min；对于旋转轴，F的单位为（°）/min。G95为每转进给，即主轴转一周时刀具的进给量。F的单位依据G20/G21（英制/米制）而设定为in/r或mm/r。这个功能只在主轴装有编码器时才能使用。

②G94、G95为模态功能，可相互注销，G94为默认值。

（2）坐标系和坐标的G代码

1）绝对值编程G90与相对值编程G91

格式：G90

　　　G91

说明：①G90为绝对值编程，每个编程坐标轴上的编程值是相对于程序原点的。G91为相对值编程，每个编程坐标轴上的编程值是相对于前一位置而言的，该值等于沿轴移动的距离。

②绝对编程时，用 G90 指令后面的 X、Z 表示 X 轴、Z 轴的坐标值；增量编程时，用 U、W 或 G91 指令后面的 X、Z 表示 X 轴、Z 轴的增量值。其中表示增量的字符 U、W 不能用于循环指令 G80、G81、G82、G71、G72、G73、G76 程序段中，但可用于定义精加工轮廓的程序中。

③G90、G91 为模态功能，可相互注销，G90 为默认值。

使用 G90、G91 编程如图 3-4 所示，要求刀具由原点按顺序移动到 1、2、3 点，然后回到原点。

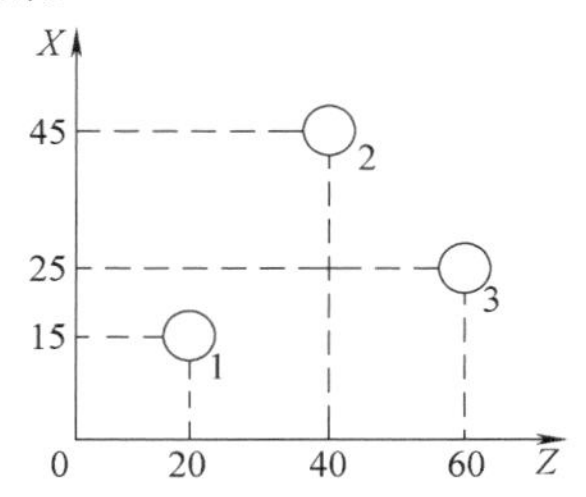

G90 编程	G91 编程	混合编程
%0001	%0001	%0001
N1　G92　X0　Z0	N1　G91	N1　G92　X0　Z0
N2　G01　X15　Z20	N2　G01　X15　Z20	N2　G01　X15　Z20
N3　X45　Z40	N2　X30　Z20	N3　U30　Z20
N4　X25　Z60	N3　X-20　Z20	N4　X25　W20
N5　X0　Z0	N4　X-25　Z-60	N5　X0　Z0
N6　M30	N5　M30	N6　M30

图 3-4　G90/G91 编程

选择合适的编程方式可使编程简化。当图样尺寸由一个固定基准给定时，采用绝对方式编程较为方便；而当图样尺寸是以轮廓顶点之间的间距给出时，采用相对方式编程较为方便。

G90、G91 可用于同一程序段中，但要注意其顺序所造成的差异。

2）工件坐标系设定 G92

格式：G92　X __　Z __；

说明：①X、Z 为对刀点到工件坐标系原点的有向距离。

②当执行“G92　X __　Z __”指令后，系统内部即对（X，Z）进行记忆，并建立一个使刀具当前点坐标值为（X，Z）的坐标系，系统控制刀具在此坐标系中按程序进行加工。

③执行该指令只建立一个坐标系，刀具并不产生运动。工件原点是随刀具当前位置（起始位置）的变化而变化的。G92 指令为非模态指令。

设定坐标系，如图 3-5 所示。

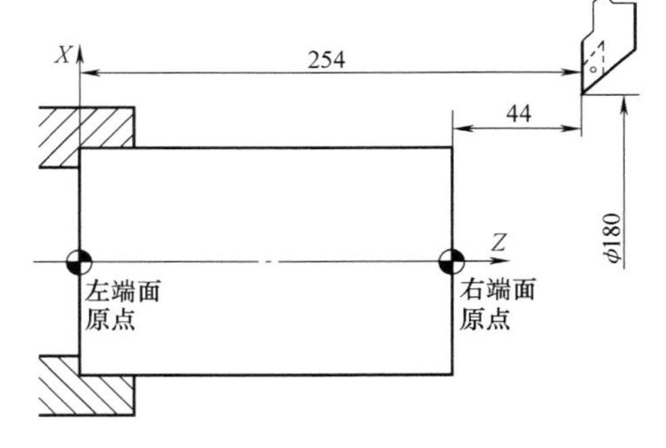

图 3-5　G92 设立坐标系

当以工件左端面为工件原点时，应按下列指令建立工件坐标系：

G92　X180　Z254；

当以工件右端面为工件原点时，应按下列指令建立工件坐标系：

G92　X180　Z44；

显然，当 X、Z 不同，或改变刀具位置时，即刀具当前点不在对刀点位置上，则加工原点与程序原点不一致。因此在执行程序段“G92　X __　Z __”前，必须先对刀。

X、Z 值的确定，即确定对刀点在工件坐标系下的坐标值时，一般原则为：

- 方便数学计算和简化编程。
- 容易找正对刀。
- 便于加工检查。
- 引起的加工误差小。
- 不要与机床、工件发生碰撞。
- 方便拆卸工件。
- 空行程不要太长。

3）坐标系选择 G54 ~ G59

格式：G54

G55

G56

G57

G58

G59

说明：①G54 ~ G59 是系统预定的 6 个坐标系，可根据需要任意选用。

②加工时其坐标系的原点，必须设为工件坐标系的原点在机床坐标系中的坐标值，否则加工出的产品就有误差或报废，甚至出现危险。

③这 6 个预定工件坐标系的原点在机床坐标系中的值（工件原点偏置值）可用 MDI 方式输入，系统自动记忆。

④工件坐标系一旦选定，后续程序段中绝对值编程时的指令值均为相对此工件坐标系原点的坐标值。

⑤G54 ~ G59 为模态功能，可相互注销，G54 为默认值。

在数控车床上，现在越来越多地用 T 指令建立工件坐标系，即把对刀过程记录的坐标值以 MDI 方式输入到某刀偏表地址码中（如 01 地址号），则在编程中直接用指令 TXX01 即可自动按机床坐标系的绝对偏置坐标关系建立起工件坐标系。

4）直径编程和半径编程

格式：G36

G37

说明：G36 为直径编程；G37 为半径编程。

数控车床加工工件的外形通常是旋转体，其 X 轴尺寸可以用两种方式加以指定：直径方式和半径方式。G36 为默认值，机床出厂一般设为直径编程。

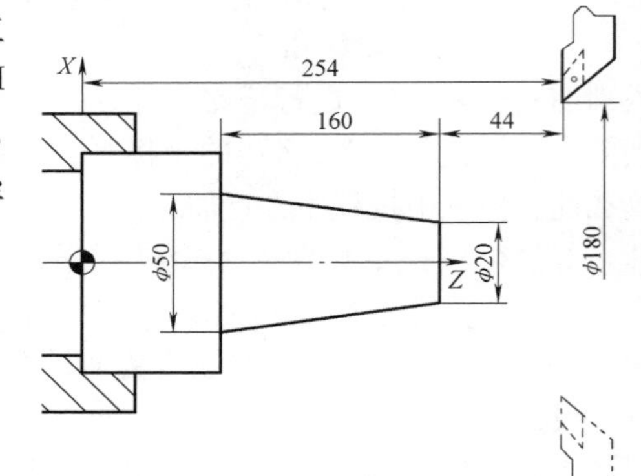

图 3-6　直径/半径编程

例 1　按同样的轨迹分别用直径、半径编程，加工图 3-6 所示的工件。

直径编程	半径编程
N10　G92　X180　Z254；	N10　G92　X90　Z254；
N20　G36　G01　X20　W－44；	N20　G37　G01　X10　W－44；
N30　U30　Z50；	N30　U15　Z50；

N40　G00　X180　Z254；	N40　G00　X90　Z254；
N50　M30；	N50　M30；

（3）坐标平面选择指令 G17、G18、G19

格式：G17

G18

G19

说明：①坐标平面选择指令是用来选择圆弧插补平面和刀具半径补偿平面的。

②G17 表示选择 *XY* 平面，G18 表示选择 *ZX* 平面，G19 表示选择 *YZ* 平面。

各坐标平面如图 3-7 所示。一般，数控车床默认在 *ZX* 平面内加工，数控铣床默认在 *XY* 平面内加工。

（4）进给控制 G 代码

1）快速定位 G00

格式：G00　X（U）__　Z（W）__；

说明：①X、Z 为绝对编程时终点在工件坐标系中的坐标；U、W 为增量编程时终点相对于起点的位移量。

②G00 一般用于加工前快速定位或加工后快速退刀，是模态指令，可由 G01、G02、G03 或 G32 功能注销。

③为避免干涉，通常不轻易三轴联动。一般先移动一个轴，再在其他两轴构成的面内联动。

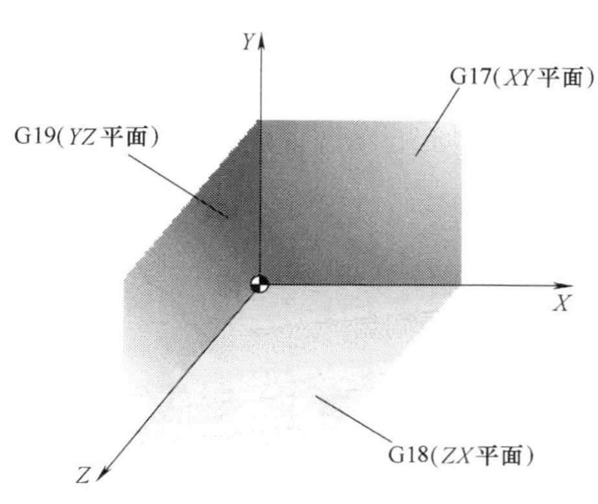

图 3-7　坐标平面

2）直线插补 G01

格式：G01　X（U）__　Z（W）__　F__；

说明：①X、Z 为绝对编程时终点在工件坐标系中的坐标；U、W 为增量编程时终点相对于起点的位移量；F 为合成进给速度。

②G01 指令刀具以联动的方式，按规定的合成进给速度，从当前位置按线性路线（联动直线轴的合成轨迹为直线）移动到程序段指令的终点。

③G01 是模态代码，可由 G00、G02、G03 或 G32 功能注销。

例 2　如图 3-8 所示，用直线插补指令编程。

%1234

N10　M03；	主轴正转
N20　G95　G97　S800；	转速为 800r/min
N30　T0101；	选择 1 号刀，调 1 号刀偏建立工件坐标系
N40　G00　X16　Z2；	移到倒角延长线，*Z* 向距离为 2mm 处
N50　G01　U10　W－5　F0.3；	车 *C*3 倒角
N60　Z－48；	加工 ϕ26mm 外圆
N70　X60　Z－58；	加工第一段锥体
N80　X80　Z－73；	加工第二段锥体
N90　X90；	退刀

N100　G00　X100　Z10；　　　　回对刀点
N110　M05；　　　　　　　　　　主轴停
N120　M30；　　　　　　　　　　主程序结束并复位

3）圆弧插补 G02/G03

格式：G02　G03　X（U）＿　Z（W）＿　I＿　K＿　（R＿）　F＿；

说明：①G02/G03 指令刀具按顺时针/逆时针进行圆弧加工。圆弧插补 G02/G03 方向的判断是，在加工平面内，沿着不在圆弧平面内的坐标轴，由正方向向负方向看，顺时针方向为 G02，逆时针方向为 G03，如图 3-9 所示。

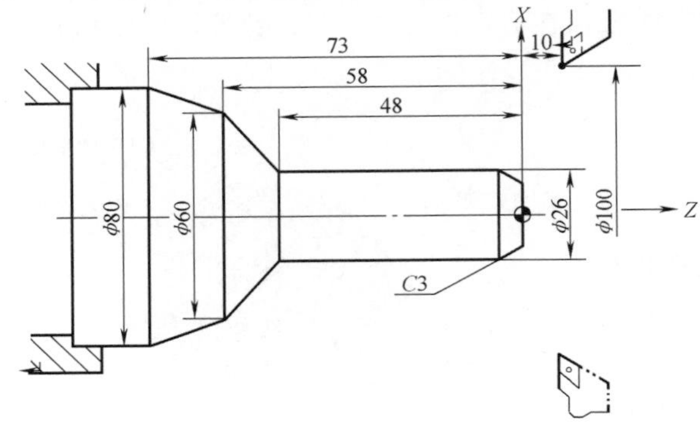

图 3-8　G01 直线插补编程

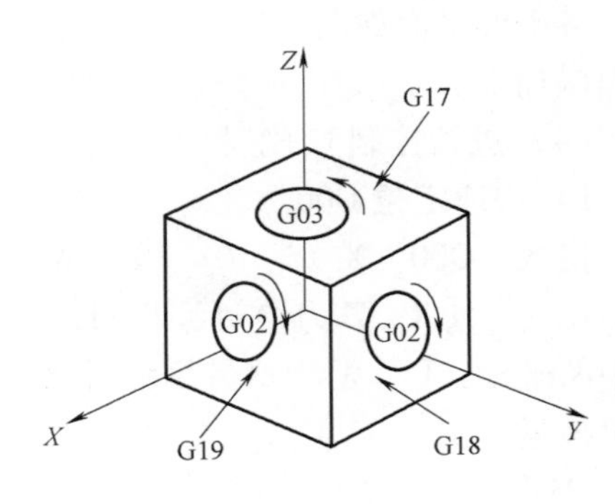

图 3-9　G02、G03 方向判定

②X、Z 为绝对编程时圆弧终点在工件坐标系中的坐标；U、W 为增量编程时圆弧终点相对于圆弧起点的位移量；I、K 为圆心相对于圆弧起点的增量（等于圆心的坐标减去圆弧起点的坐标，如图 3-10 所示），在绝对、增量编程时都是以增量方式指定的，在直径、半径编程时 I 都是半径值；R 为圆弧半径；F 为被编程的两个轴的合成进给速度。

注意：①在起点、终点、半径及插补方向（顺、逆时针）均相同的情况下可以作出两段圆弧，规定当圆弧的圆心角≤180°时，R 值为正；当圆弧的圆心角＞180°时，R 值为负，如图 3-11 所示。

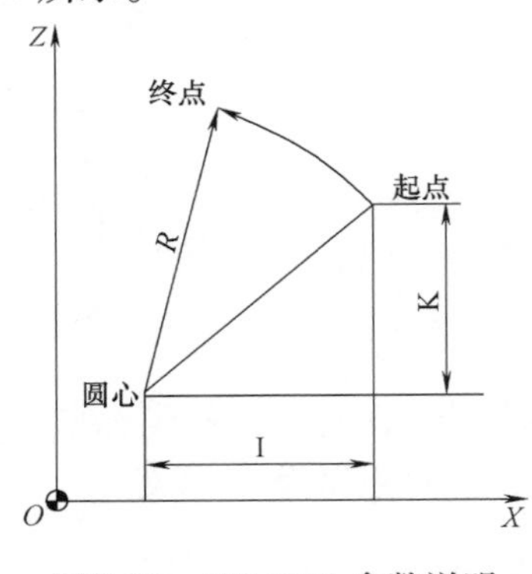

图 3-10　G02/G03 参数说明

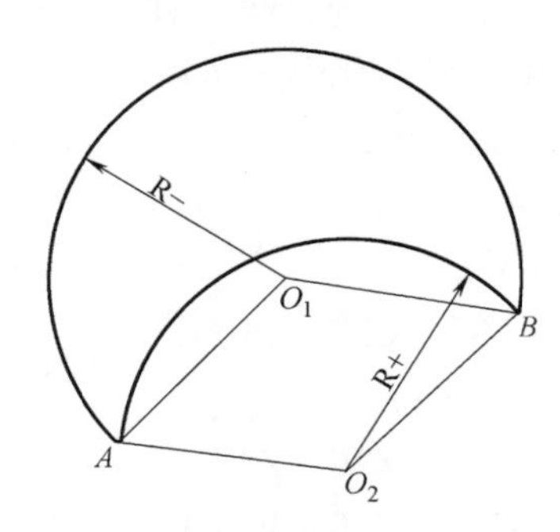

图 3-11　G02/G03 中 R 正、负判定

②同一程序段中 I、J、K、R 同时指令时，R 优先，I、J、K 无效。

③ 加工整圆时不能用 R 编程，原因是此时圆心角为 0°或 360°，不能确定，只能用 I、

J、K 编程。若用 I、J、K 指令圆心，相当于指令了 360°的弧；当用 R 编程时，则表示指令为 0°的弧。

例 3 如图 3-12 所示，用圆弧插补指令编程。

%1235	
N10 M03；	主轴正转
N20 G95 G97 S800；	转速为 800r/min
N30 T0101；	选择 1 号刀，调 1 号刀偏建立工件坐标系
N40 G00 X0 Z3；	到达工件中心
N50 G01 Z0 F0.2；	工进接触工件毛坯
N60 G03 U24 W－24 R15；	加工 $R15$mm 圆弧段
N70 G02 X26 Z－31 R5；	加工 $R5$mm 圆弧段
N80 G01 Z－40；	加工 $\phi26$mm 外圆
N90 X40 Z5；	回对刀点
N100 M05；	主轴停
N110 M30；	主程序结束并复位

4）螺纹切削 G32

格式：G32 X（U）__ Z（W）__ R__ E__ P__ F__；

说明：①X、Z 为绝对编程时，有效螺纹终点在工件坐标系中的坐标；U、W 为增量编程时，有效螺纹终点相对于螺纹切削起点的位移量；F 为螺纹导程，即主轴每转一圈，刀具相对于工件的进给值；R、E 为螺纹切削的退尾量，R 表示 Z 向退尾量；E 为 X 向退尾量，R、E 在绝对或增量编程时都是以增量方式指定，其为正表示沿 Z、X 正向回退，为负表示沿 Z、X 负向回退。使用 R、E 可免去退刀槽。R、E 可以省略，表示不用回退功能；根据螺纹标准 R 一般取 0.75～1.75 倍的螺距，E 取螺纹的牙型高；P 为主轴基准脉冲处距离螺纹切削起始点的主轴转角。

②使用 G32 指令能加工圆柱螺纹、锥螺纹和端面螺纹。图 3-13 所示为锥螺纹切削时各参数的意义。

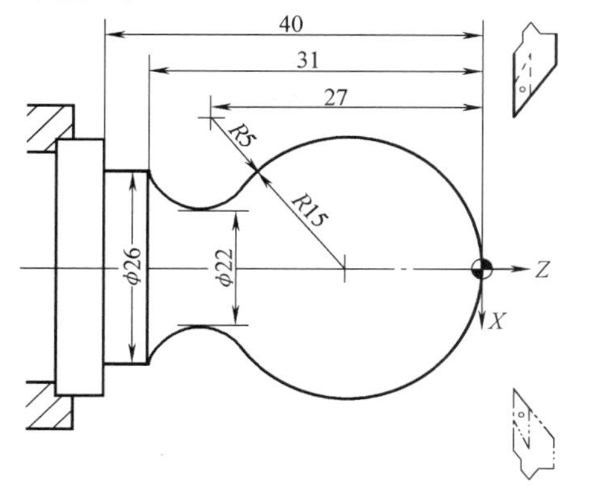

图 3-12 G02/G03 圆弧插补编程

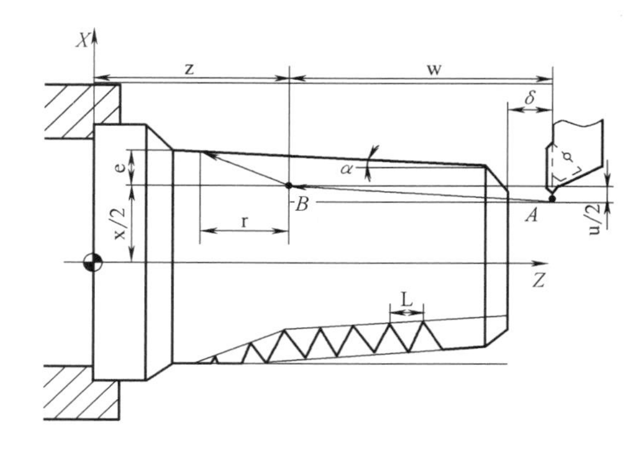

图 3-13 螺纹切削参数

螺纹车削加工为成形车削，且切削进给量较大，刀具强度较差，一般要求分数次进给加工。

米制螺纹切削次数与背吃刀量见表3-3，英制螺纹切削次数与背吃刀量见表3-4。

表3-3　常用米制螺纹切削的进给次数与背吃刀量　　（单位：mm）

螺　距		1.0	1.5	2.0	2.5	3.0	3.5	4.0
牙深		0.649	0.974	1.299	1.624	1.949	2.273	2.598
背吃刀量和切削次数	1次	0.7	0.8	0.9	1.0	1.2	1.5	1.5
	2次	0.4	0.6	0.6	0.7	0.7	0.7	0.8
	3次	0.2	0.4	0.6	0.6	0.6	0.6	0.6
	4次		0.16	0.4	0.4	0.4	0.6	0.6
	5次			0.1	0.4	0.4	0.4	0.4
	6次				0.15	0.4	0.4	0.4
	7次					0.2	0.2	0.4
	8次						0.15	0.3
	9次							0.2

表3-4　常用英制螺纹切削的进给次数与背吃刀量　　（单位：mm）

牙数/(牙/in)		24	18	16	14	12	10	8
牙深		0.678	0.904	1.016	1.162	1.355	1.626	2.033
背吃刀量和切削次数	1次	0.8	0.8	0.8	0.8	0.9	1.0	1.2
	2次	0.4	0.6	0.6	0.6	0.6	0.7	0.7
	3次	0.16	0.3	0.5	0.5	0.6	0.6	0.6
	4次		0.11	0.14	0.3	0.4	0.4	0.5
	5次				0.13	0.21	0.4	0.5
	6次						0.16	0.4
	7次							0.17

注意：①从螺纹粗加工到精加工，主轴的转速必须保持为一个常数。

②在没有停止主轴的情况下，停止螺纹的切削将非常危险；因此螺纹切削时进给保持功能无效，如果按下进给保持按键，刀具在加工完螺纹后停止运动。

③在螺纹加工中不使用恒定线速度控制功能。

④在螺纹加工轨迹中应设置足够的升速进刀段距离和降速退刀段距离，以消除伺服滞后造成的螺距误差。

例4　对图3-14所示的圆柱螺纹编程。螺纹导程为1.5mm，每次背吃刀量（直径值）分别为0.8mm、0.6mm、0.4mm、0.16mm。

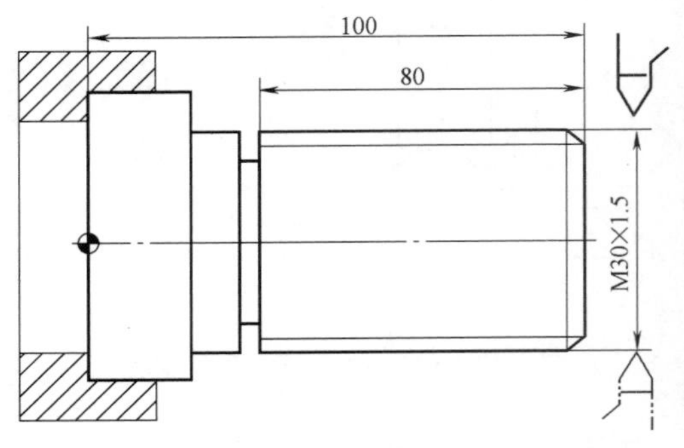

图3-14　螺纹编程实例

```
%1236
N10  M03;                        主轴正转
N20  G95  G97  S720;             转速为720r/min
N30  T0101;                      选择1号三角形螺纹车刀，调1号刀偏建立工件坐标系
N40  G00  X29.2  Z101.5;         到螺纹起点，升速段为1.5mm，背吃刀量为0.4mm
N50  G32  Z19  F1.5;             切削螺纹到螺纹切削终点，降速段为1mm
N60  G00  X40;                   X轴方向快退
N70  Z101.5;                     Z轴方向快退到螺纹起点处
N80  X28.6;                      X轴方向快进到螺纹起点处，背吃刀量为0.3mm
N90  G32  Z19  F1.5;             切削螺纹到螺纹切削终点
N100  G00  X40;                  X轴方向快退
N110  Z101.5;                    Z轴方向快退到螺纹起点处
N120  X28.2;                     X轴方向快进到螺纹起点处，背吃刀量为0.2mm
N130  G32  Z19  F1.5;            切削螺纹到螺纹切削终点
N140  G00  X40;                  X轴方向快退
N150  Z101.5;                    Z轴方向快退到螺纹起点处
N160  U-12.96;                   X轴方向快进到螺纹起点处，背吃刀量为0.08mm
N170  G32  W-82.5  F1.5;         切削螺纹到螺纹切削终点
N180  G00  X40;                  X轴方向快退
N190  X50  Z120;                 回对刀点
N200  M05;                       主轴停止
N210  M30;                       主程序结束并复位
```

（5）暂停指令G04

格式：G04　P__;

说明：①P为暂停时间，单位为s。

②G04在前一程序段的进给速度降到零之后才开始暂停动作。在执行含G04指令的程序段时，先执行暂停功能。

③G04为非模态指令，仅在其被规定的程序段中有效。

④G04可使刀具短暂停留，以获得圆整而光滑的表面。该指令除用于切槽、钻镗孔外，还可用于拐角轨迹控制。

（6）恒线速度指令G96/G97

格式：G96　S__;

　　　G97　S__;

说明：①G96为恒线速度有效；G97为取消恒线速度功能。

②G96后面的S值为切削的恒定线速度，单位为m/min；G97后面的S值为取消恒线速度后指定的主轴转速，单位为r/min。

注意：使用恒线速度功能，主轴必须能自动变速，并在系统参数中设定主轴最高限速。

（7）单一固定循环　有三类简单循环，分别是G80：内（外）径切削循环；G81：端面

切削循环；G82：螺纹切削循环。切削循环通常是用一个含G代码的程序段完成用多个程序段指令的加工操作，使程序得以简化。

在切削循环语句中，X，Z表示绝对坐标值；R表示快速移动；F表示以指定速度移动。

1）内（外）径切削循环G80

①圆柱面内（外）径切削循环

格式：G80 X__ Z__ F__；

说明：绝对值编程时，X、Z为切削终点C在工件坐标系下的坐标；增量值编程时，为切削终点C相对于循环起点A的有向距离，图3-15中用u、w表示，其符号由轨迹1和2的方向确定。

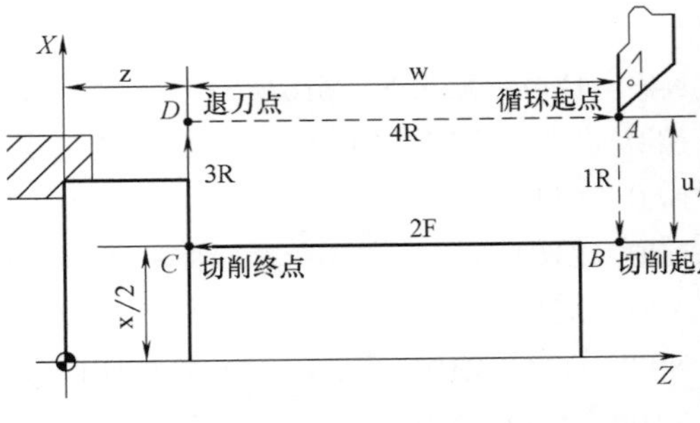

图3-15 圆柱面内（外）径切削循环

该指令执行图3-15所示$A \to B \to C \to D \to A$的轨迹动作。

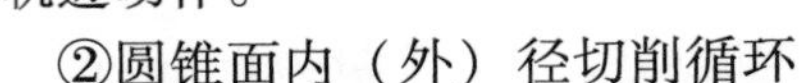
②圆锥面内（外）径切削循环

格式：G80 X__ Z__ I__ F__；

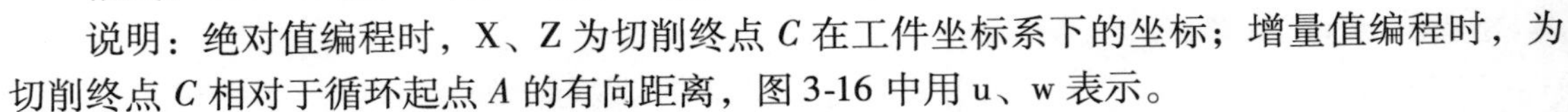
说明：绝对值编程时，X、Z为切削终点C在工件坐标系下的坐标；增量值编程时，为切削终点C相对于循环起点A的有向距离，图3-16中用u、w表示。

I为切削起点B与切削终点C的半径差，其符号为差的符号（无论是绝对值编程还是增量值编程）。

该指令执行图3-16所示$A \to B \to C \to D \to A$的轨迹动作。

例5 如图3-17所示，用G80指令编程，细双点画线代表毛坯（右端面中心为编程原点）。

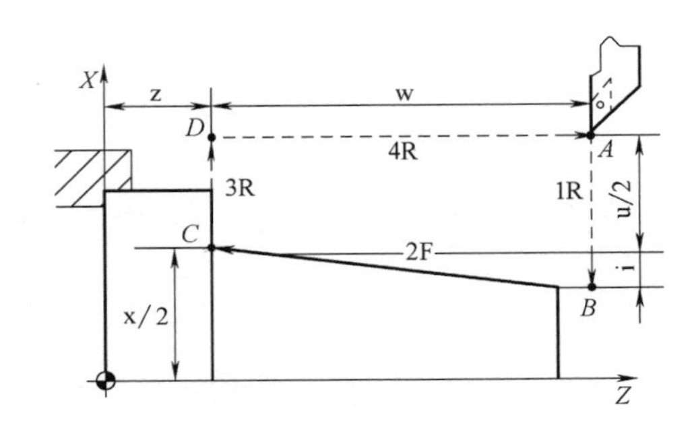

图3-16 圆锥面内（外）径切削循环

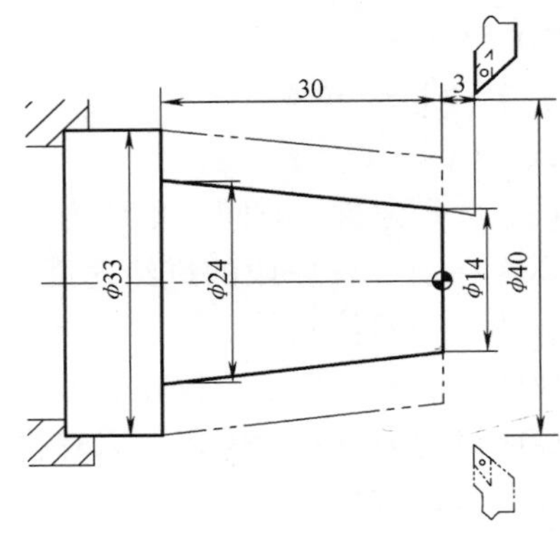

图3-17 G80切削循环编程实例

%1238	
N10 M03；	（主轴正转）
N20 G95 G97 S800；	（转速为800r/min）
N30 T0101；	（选择1号车刀，调1号刀偏建立工件坐标系）
N40 G00 X40 Z3；	（快速定位到循环起刀点）
N50 G80 X36 Z－30 I－5.5 F0.3；	（加工第一次循环，背吃刀量为3mm）

N60　X30　Z－30　I－5.5;　　（加工第二次循环，背吃刀量为3mm）
N70　X24　Z－30　I－5.5;　　（加工第三次循环，背吃刀量为3mm）
N80　G00　X100　Z100;　　（回换刀点）
N90　M05;　　（主轴停止）
N100　M30;　　（主程序结束并复位）

2）端面切削循环 G81

①平端面切削循环

格式：G81　X__　Z__　F__;

说明：绝对值编程时，X、Z为切削终点 C 在工件坐标系下的坐标；增量值编程时，为切削终点 C 相对于循环起点 A 的有向距离，图3-18中用u、w表示，其符号由轨迹1和2的方向确定。

该指令执行图3-18所示 $A \to B \to C \to D \to A$ 的轨迹动作。

②圆锥端面切削循环

格式：G81　X__　Z__　K__　F__;

说明：绝对值编程时，X、Z为切削终点 C 在工件坐标系下的坐标；增量值编程时，为切削终点 C 相对于循环起点 A 的有向距离，图3-19中用u、w表示。

K为切削起点 B 相对于切削终点 C 的 Z 向有向距离，在图3-19中用k表示。

该指令执行图3-19所示 $A \to B \to C \to D \to A$ 的轨迹动作。

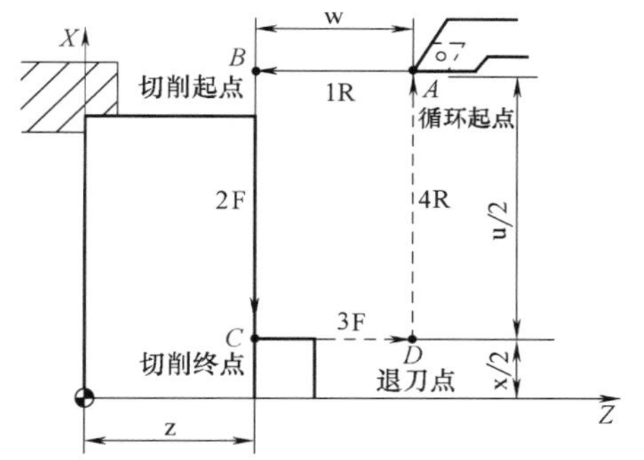

图3-18　端面切削循环

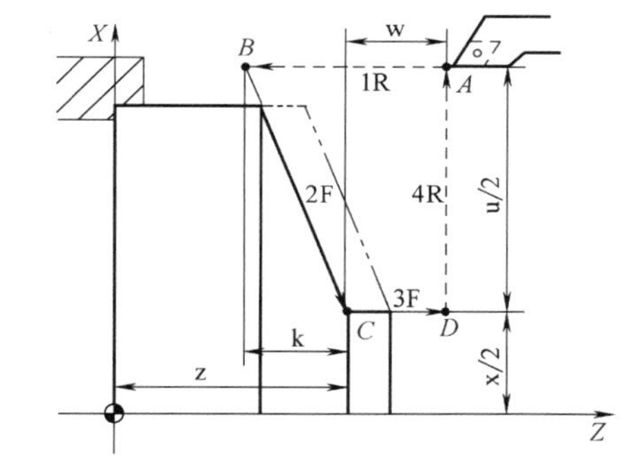

图3-19　圆锥端面切削循环

例6　如图3-20所示，用G81指令编程，细双点画线代表毛坯。

%1239
N10　M03;　　（主轴正转）
N20　G95　G97　S800;　　（转速为800r/min）
N30　T0101;　　（选择1号车刀，调1号刀偏建立工件坐标系）
N40　G00　X60　Z45;　　（快速定位到循环起点）
N50　G81　X25　Z31.5　K－3.5　F100;　　（加工第一次循环，背吃刀量为2mm）
N60　X25　Z29.5　K－3.5;　　（每次背吃刀量均为2mm）
N70　X25　Z27.5　K－3.5;　　（切削起点位，距工件外圆面5mm，K值为－3.5）

N80　X25　Z25.5　K－3.5；　　　　（加工第四次循环，背吃刀量为2mm）
N90　M05；　　　　（主轴停）
N100　M30；　　　　（主程序结束并复位）

3）螺纹切削循环G82

①直螺纹切削循环

格式：G82　X(U)__　Z(W)__　R__　E__　C__　P__　F__；

说明：绝对值编程时，X、Z为螺纹终点C在工件坐标系下的坐标；增量值编程时，为螺纹终点C相对于循环起点A的有向距离，图3-21中用u、w表示，其符号由轨迹1和2的方向确定。

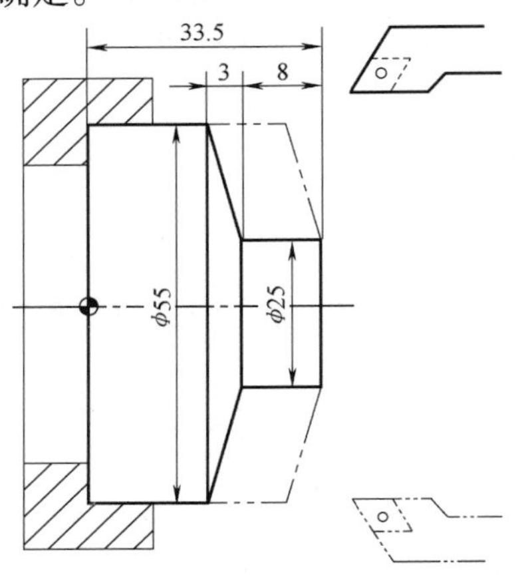

图3-20　G81切削循环编程实例

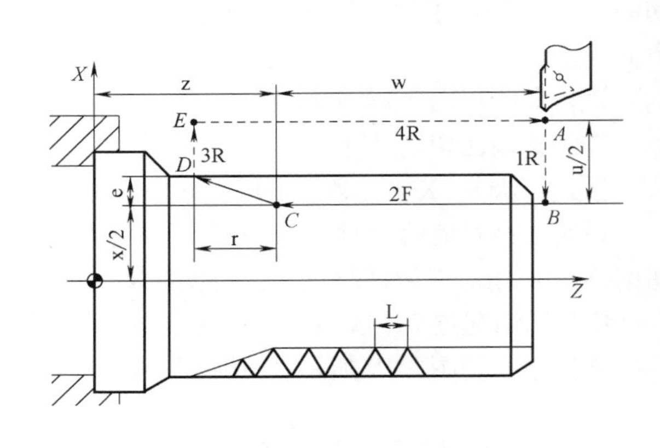

图3-21　直螺纹切削循环

R、E为螺纹切削的退尾量，R、E均为向量，R为Z向回退量，E为X向回退量，R、E可以省略，表示不用回退功能。

C为螺纹线数，为0或1时切削单线螺纹。

P为单线螺纹切削时主轴基准脉冲处距离切削起始点的主轴转角（默认值为0°）；切削多线螺纹时为相邻螺纹头的切削起始点之间对应的主轴转角。

F为螺纹导程。

该指令执行图3-21所示$A \rightarrow B \rightarrow C \rightarrow D \rightarrow E \rightarrow A$的轨迹动作。

注意：螺纹切削循环同G32螺纹切削一样，在进给保持状态下，该循环在完成全部动作之后才停止运动。

②锥螺纹切削循环

格式：G82　X__　Z__　I__　R__　E__　C__　P__　F__；

说明：绝对值编程时，X、Z为螺纹终点C在工件坐标系下的坐标；增量值编程时，为螺纹终点C相对于循环起点A的有向距离，图3-22中用u、w表示。

I为螺纹起点B与螺纹终点C的半径差，其符号为差的符号（无论是绝对值编程还是增量值编程）。

R、E为螺纹切削的退尾量，R、E均为向量，R为Z向回退量；E为X向回退量，R、E可以省略，表示不用回退功能。

C 为螺纹线数，为 0 或 1 时切削单线螺纹。

P 为单线螺纹切削时主轴基准脉冲处距离切削起始点的主轴转角（默认值为 0°）；切削多线螺纹时为相邻螺纹头的切削起始点之间对应的主轴转角。

F 为螺纹导程。

该指令执行图 3-22 所示 *A*→*B*→*C*→*D*→*E*→*A* 的轨迹动作。

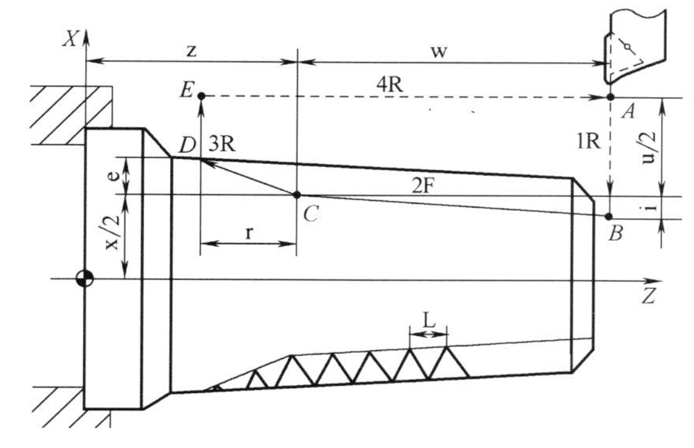

图 3-22　锥螺纹切削循环

（8）复合循环

有四类复合循环，分别是 G71：内（外）径粗车复合循环；G72：端面粗车复合循环；G73：封闭轮廓复合循环；G76：螺纹切削复合循环。运用这组复合循环指令，只需指定精加工路线和粗加工的背吃刀量，系统会自动计算粗加工路线和进给次数。

1）内（外）径粗车复合循环 G71

①无凹槽加工时

格式：G71　U(Δd)　R(r)　P(ns)　Q(nf)　X(Δx)　Z(Δz)　F(f)　S(s)　T(t)；

说明：该指令执行图 3-23 所示的粗加工和精加工，其中精加工路径为 *A*→*A′*→*B′*→*B* 的轨迹。

Δd 为背吃刀量（每次切削量），指定时不加符号，方向由矢量 *AA′*决定。

r 为每次退刀量。

ns 为精加工路径第一程序段（即图中的 *AA′*）的顺序号。

nf 为精加工路径最后程序段（即图中的 *B′B*）的顺序号。

Δx 为 *X* 方向精加工余量。

Δz 为 *Z* 方向精加工余量。

f、s、t 为粗加工时 G71 中编程的 F、S、T 有效，而精加工时处于 ns ~ nf 程序段之间的 F、S、T 有效。在 G71 切削循环下，切削进给方向平行于 *Z* 轴，X(U) 和 Z(W) 的符号如图 3-24 所示。其中（+）表示沿轴的正方向移动，（−）表示沿轴的负方向移动。

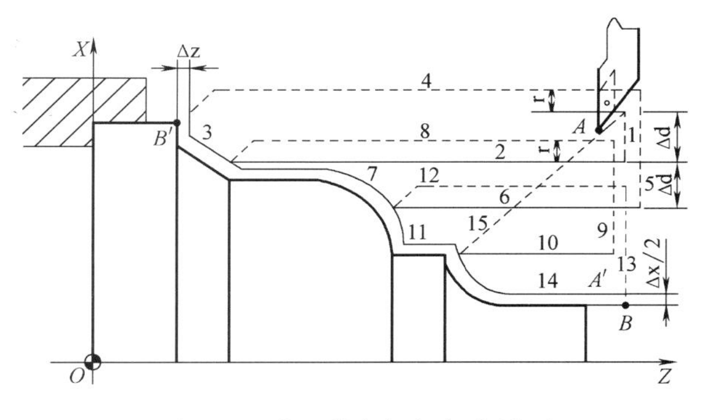

图 3-23　内、外径粗切复合循环

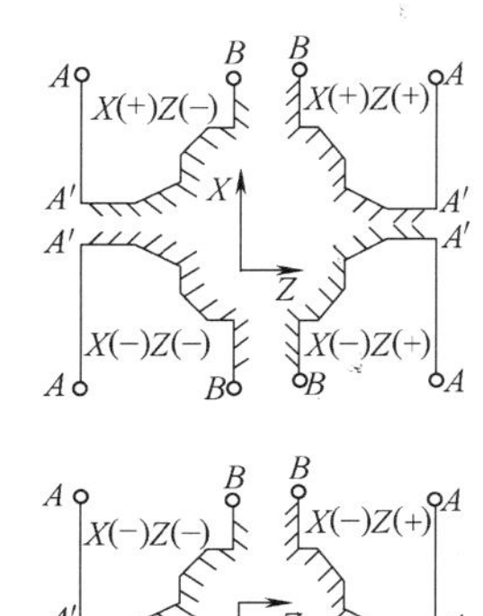

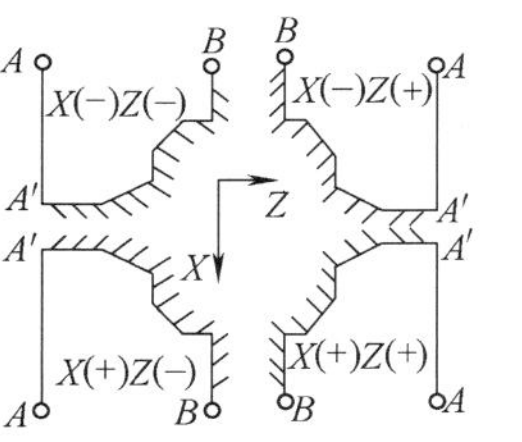

图 3-24　G71 复合循环下 X(U) 和 Z(W) 的符号

②有凹槽加工时

格式：G71 U(Δd) R(r) P(ns) Q(nf) E(e) F(f) S(s) T(t);

说明：该指令执行图3-25所示的粗加工和精加工，其中精加工路径为$A \to A' \to B' \to B$的轨迹。

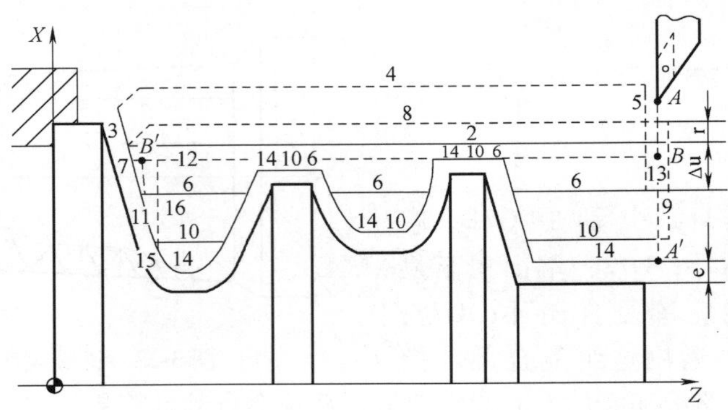

图3-25 内（外）径粗车复合循环G71

Δd为背吃刀量（每次切削量），指定时不加符号，方向由矢量AA'决定。

r为每次退刀量。

ns为精加工路径第一程序段（即图中的AA'）的顺序号。

nf为精加工路径最后程序段（即图中的$B'B$）的顺序号。

e为精加工余量，其为X方向的等高距离；外径切削时为正，内径切削时为负。

f、s、t为粗加工时G71中编程的F、S、T有效，而精加工时处于ns ~ nf程序段之间的F、S、T有效。

注意：a. G71指令必须带有P、Q地址ns、nf，且与精加工路径起、止顺序号对应，否则不能进行该循环加工。

b. ns的程序段必须为G00/G01指令，即从A到A'的动作必须是直线或点定位运动。

c. 在顺序号为ns到顺序号为nf的程序段中，不应包含子程序。

2）端面粗车复合循环G72

格式：G72 W(Δd) R(r) P(ns) Q(nf) X(Δx) Z(Δz) F(f) S(s) T(t);

说明：该循环与G71的区别仅在于切削方向平行于X轴。该指令执行图3-26所示的粗加工和精加工，其中精加工路径为$A \to A' \to B' \to B$的轨迹。

Δd为切削深度（每次切削量），指定时不加符号，方向由矢量AA'决定。

r为每次退刀量。

ns为精加工路径第一程序段（即图中的AA'）的顺序号。

nf为精加工路径最后程序段（即图中的$B'B$）的顺序号。

Δx为X方向精加工余量。

Δz为Z方向精加工余量。

f、s、t为粗加工时G72中编程的F、S、T有效，而精加工时处于ns ~ nf程序段之间的F、S、T有效。

G72切削循环下，切削进给方向平行于X轴，X(U)和Z(W)的符号如图3-27所示。其中（+）表示沿轴的正方向移动，（-）表示沿轴的负方向移动。

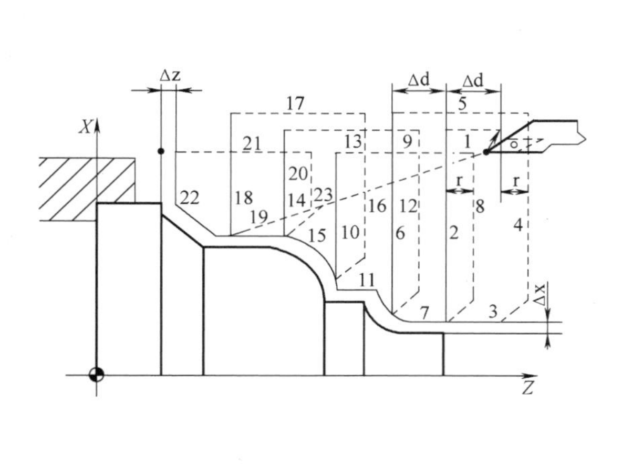

图 3-26　端面粗车复合循环 G72

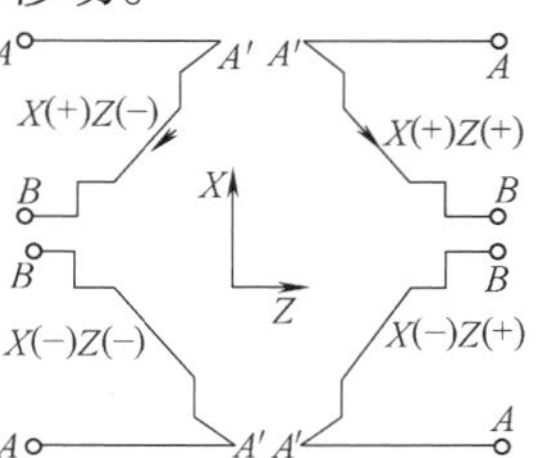

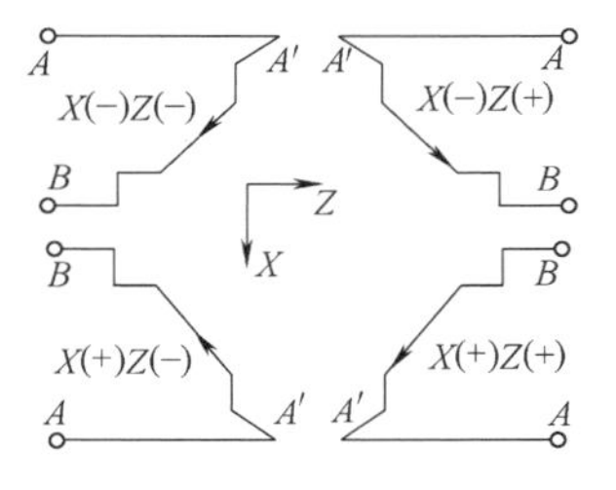

图 3-27　G72 复合循环下 X(U) 和 Z(W) 的符号

注意：a. G72 指令必须带有 P、Q 地址，否则不能进行该循环加工。

b. 在 ns 的程序段中应包含 G00/G01 指令，进行由 A 到 A' 的动作，且该程序段中不应编有 X 向移动指令。

c. 在顺序号为 ns 到顺序号为 nf 的程序段中，可以有 G02/G03 指令，但不应包含子程序。

3）闭环车削复合循环 G73

格式：G73　U(Δi)　W(Δk)　R(r)　P(ns)　Q(nf)　X(Δx)　Z(Δz)　F(f)　S(s)　T(t)；

说明：该功能在切削工件时刀具轨迹为图 3-28 所示的封闭回路，刀具逐渐进给，使封闭切削回路逐渐向零件最终形状靠近，最终切削成工件的形状，其精加工路径为 $A \to A' \to B' \to B$。使用该指令能对铸造、锻造等粗加工中已初步成形的工件进行高效率切削。

Δi 为 X 轴方向的粗加工总余量。

Δk 为 Z 轴方向的粗加工总余量。

r 为粗切削次数。

ns 为精加工路径第一程序段（即图中的 AA'）的顺序号。

nf 为精加工路径最后程序段（即图中的 $B'B$）的顺序号。

Δx 为 X 方向精加工余量。

Δz 为 Z 方向精加工余量。

f、s、t 为粗加工时 G71 中编程的 F、S、T 有效，而精加工时处于 ns ~ nf 程序段之间的 F、S、T 有效。

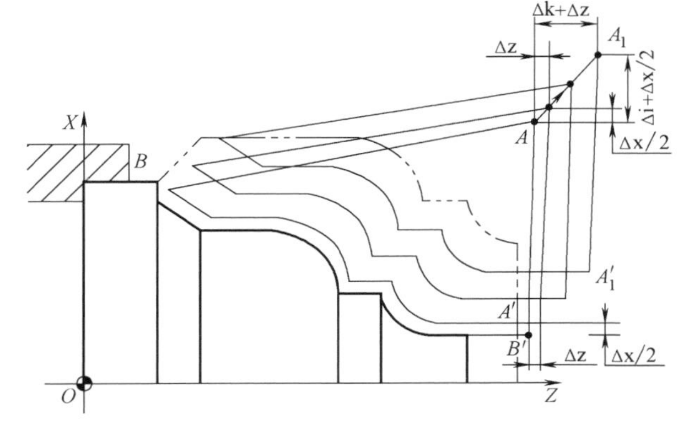

图 3-28　闭环车削复合循环 G73

注意：a. Δi 和 Δk 表示粗加工时总的切削量，粗加工次数为 r，则每次 X、Z 方向的切

削量为 Δi/r、Δk/r。

b. 按 G73 段中的 P 和 Q 指令值实现循环加工，要注意 Δx 和 Δz，Δi 和 Δk 的正负号。

4）螺纹切削复合循环 G76

格式：G76　C(c)　R(r)　E(e)　A(α)　X(x)　Z(z)　I(i)　K(k)　U(d)　V(Δdmin)　Q(Δd)　P(p)　F(L)；

说明：螺纹切削固定循环 G76 的加工轨迹如图 3-29 所示。其单边切削及参数如图 3-30 所示。

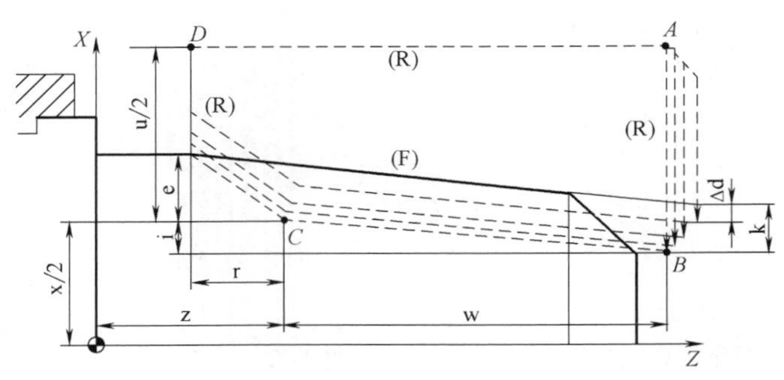

图 3-29　螺纹切削复合循环 G76

c 为精整次数（1 ~99），为模态值。

r 为螺纹 *Z* 向退尾长度（00 ~99），为模态值。

e 为螺纹 *X* 向退尾长度（00 ~99），为模态值。

α 为刀尖角度（二位数字），为模态值，在 80°、60°、55°、30°、29°和 0°六个角度中选一个。

x、z 为绝对值编程时，为有效螺纹终点 *C* 的坐标；增量值编程时，为有效螺纹终点 *C* 相对于循环起点 *A* 的有向距离（用 G91 指令定义为增量编程，使用后用 G90 定义为绝对编程）。

i 为螺纹两端的半径差，如 i =0，为直螺纹（圆柱螺纹）切削方式。

k 为螺纹高度；该值由 *X* 轴方向上的半径值指定。

Δdmin 为最小背吃刀量（半径值），当第 *n* 次背吃刀量（$\Delta d\sqrt{n}-\Delta d\sqrt{n-1}$）小于 Δdmin 时，则背吃刀量设定为 Δdmin。

d 为精加工余量（半径值）。

Δd 为第一次背吃刀量（半径值）。

p 为主轴基准脉冲处距离切削起始点的主轴转角。

L 为螺纹导程（同 G32）。

注意：按 G76 段中的 X(x) 和 Z(z) 指令实现循环加工，增量编程时，要注意 u 和 w（图 3-29）的正负号（由刀具轨迹 *AC* 和 *CD* 段的方向决定）。

G76 循环进行单边切削，减小了刀尖的受力。

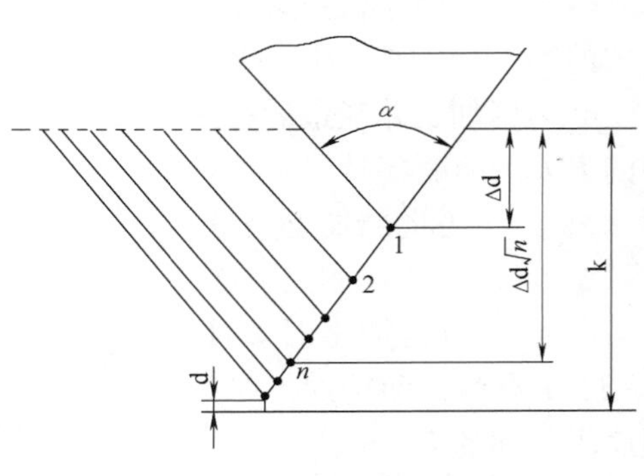

图 3-30　G76 循环单边切削及其参数

第一次切削时背吃刀量为 d，第 n 次的切削总深度为 $\Delta d\sqrt{n}$，每次循环的背吃刀量为 $\Delta d(\sqrt{n}-\sqrt{n-1})$

复合循环指令注意事项：G71、G72、G73 复合循环中地址 P 指定的程序段，应有准备机能 01 组的 G00 或 G01 指令，否则产生报警。在 MDI 方式下，不能运行 G71、G72、G73 指令，可运行 G76 指令。在复合循环 G71、G72、G73 中，由 P、Q 指定顺序号的程序段之间，不应包含 M98 子程序调用及 M99 子程序返回指令。

（9）刀具补偿功能指令　刀具的补偿包括刀具的偏置和磨损补偿，刀尖圆弧半径补偿。

1）刀具偏置补偿和刀具磨损补偿。编程时，设定刀架上各刀在工作位时，其刀尖位置是一致的。但由于刀具的几何形状及安装的不同，其刀尖位置是不一致的，相对于工件原点的距离也是不同的。因此需要将各刀具的位置值进行比较或设定，称为刀具偏置补偿。刀具偏置补偿可使加工程序不随刀尖位置的不同而改变。刀具偏置补偿有两种形式。

第一种是相对补偿形式，如图 3-31 所示，在对刀时，确定一把刀为标准刀具，并以其刀尖位置 A 为依据建立坐标系。这样，当其他各刀转到加工位置时，刀尖位置 B 相对标准刀具刀尖位置 A 就会出现偏置，原来建立的坐标系就不再适用，因此应对非标准刀具相对于标准刀具之间的偏置值 Δx、Δz 进行补偿，使刀尖位置 B 移至位置 A。

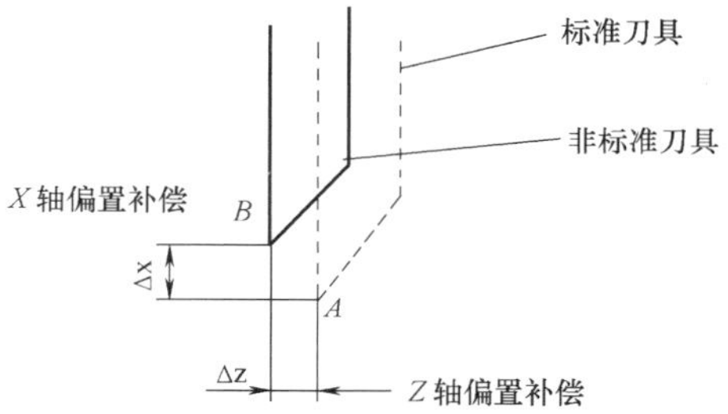

图 3-31　刀具偏置的相对补偿形式

标准刀偏值为机床回到机床原点时，工件坐标系原点相对于工作位上标准刀具刀尖位置的有向距离。

第二种是绝对补偿形式，即机床回到机床零点时，工件坐标系零点相对于刀架工作位上各刀刀尖位置的有向距离。当执行刀偏补偿时，各刀以此值设定各自的加工坐标系，如图 3-32 所示。

刀具使用一段时间后磨损，也会使产品尺寸产生误差，因此需要对其进行补偿，即磨损补偿。该补偿与刀具偏置补偿存放在同一个寄存器的地址号中。各刀的磨损补偿只对该刀有效（包括标准刀具）。

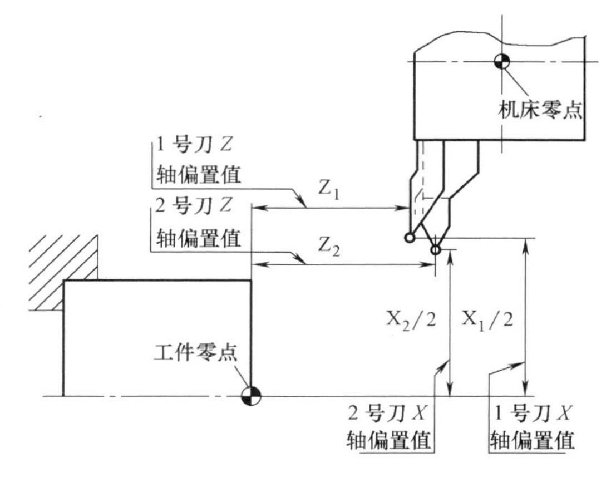

图 3-32　刀具偏置的绝对补偿形式

刀具的补偿功能由 T 代码指定，其后的 4 位数字分别表示选择的刀具号和刀具偏置补偿号。T 代码的说明如下：

TXX + XX　　刀具号 + 刀具补偿号

刀具补偿号是刀具偏置补偿寄存器的地址号，该寄存器存放刀具的 X 轴和 Z 轴偏置补偿值、刀具的 X 轴和 Z 轴磨损补偿值。

T 加补偿号表示开始补偿功能。补偿号为 00 表示补偿量为 0，即取消补偿功能。

系统对刀具的补偿或取消都是通过滑板的移动来实现的。补偿号可以和刀具号相同，也可以不同。

如图 3-33 所示，如果刀具轨迹相对编程轨迹具有 X、Z 方向上补偿值（由 X、Z 方向上的补偿分量构成的矢量称为补偿矢量），那么程序段中的终点位置加或减去由 T 代码指定的补偿量（补偿矢量）即为刀具轨迹段终点位置。

例 7　如图 3-34 所示，先建立刀具偏置磨损补偿，后取消刀具偏置磨损补偿。

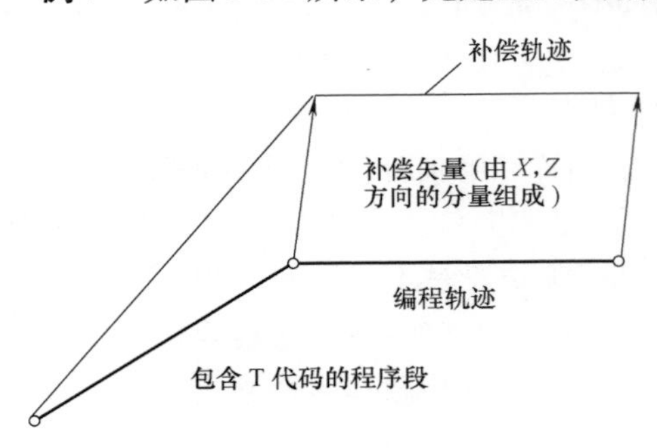

图 3-33　经偏置磨损补偿后的刀具轨迹

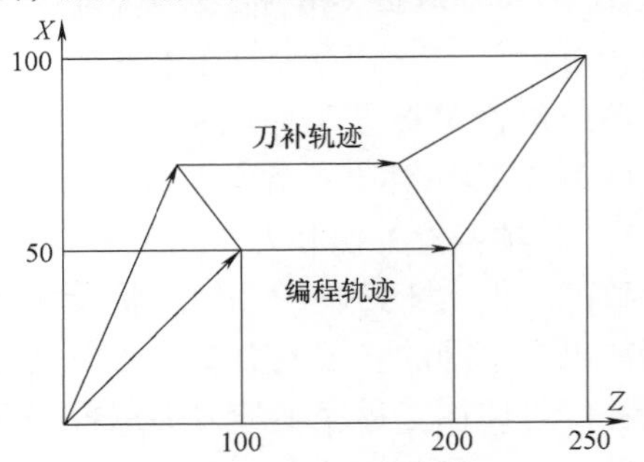

图 3-34　刀具偏置磨损补偿编程

```
N10  T0202;
N20  G01  X50  Z100  F0.3;
N30  Z200;
N40  X100  Z250  T0200;
N50  M30;
```

2）刀尖圆弧半径补偿 G40、G41、G42

格式：G41/G42　G00(G01)__　X__　Z__　(F__)；

说明：数控程序一般是针对刀具上的某一点即刀位点，按工件轮廓尺寸编制的。车刀的刀位点一般为理想状态下的假想刀尖 A 点或刀尖圆弧圆心 O 点。但实际加工中的车刀，由于工艺或其他要求，刀尖往往不是一理想点，而是一段圆弧。当切削加工时刀具切削点在刀尖圆弧上变动时，会造成实际切削点与刀位点之间的位置有偏差，故造成过切或少切。这种由于刀尖不是一个理想点而是一段圆弧所造成的加工误差，可用刀尖圆弧半径补偿功能来消除。刀尖圆弧半径补偿是通过 G41、G42、G40 代码及 T 代码指定的刀尖圆弧半径补偿号实现加入或取消的。

G40 为取消刀尖圆弧半径补偿；G41 为左刀补（在刀具前进方向左侧补偿），如图 3-35 所示；G42 为右刀补（在刀具前进方向右侧补偿），如图 3-35 所示。

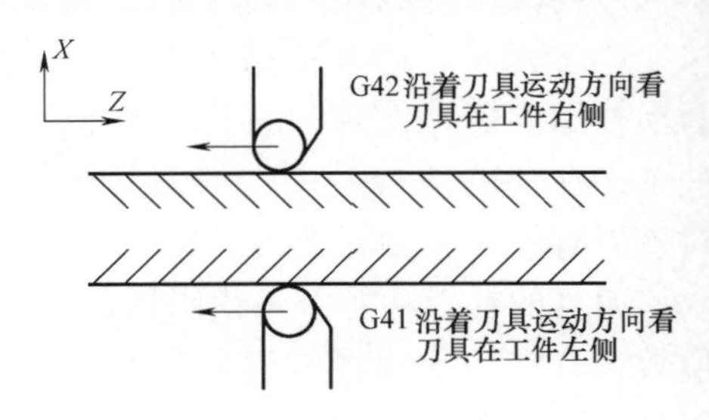

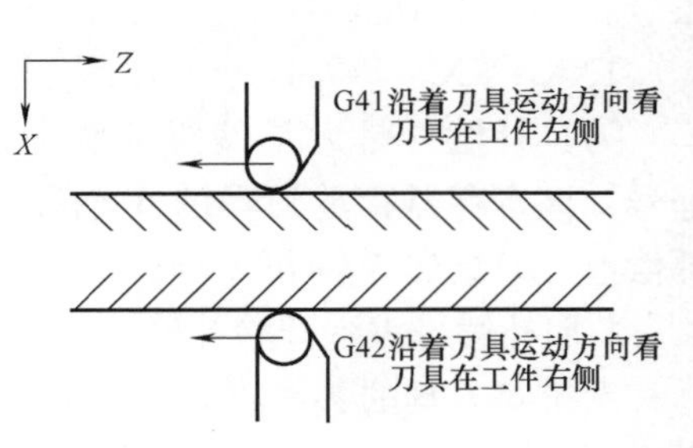

图 3-35　左刀补和右刀补

X、Z 为建立刀补或取消刀补的终点坐标。

注意：①G41/G42 不带参数，其补偿号（代表所用刀具对应的刀尖圆弧半径补偿值）由 T 代码指定。其刀尖圆弧补偿号与刀具偏置补偿号对应。

②刀尖圆弧半径补偿的建立与取消只能用 G00

或 G01 指令，不能使用 G02 或 G03 建立取消刀补。

刀尖圆弧半径补偿寄存器中，定义了车刀圆弧半径及刀尖的方向号。

车刀刀尖的方向号定义了刀具刀位点与刀尖圆弧中心的位置关系，其从 0 ~ 9 有十个方向，如图 3-36 所示。

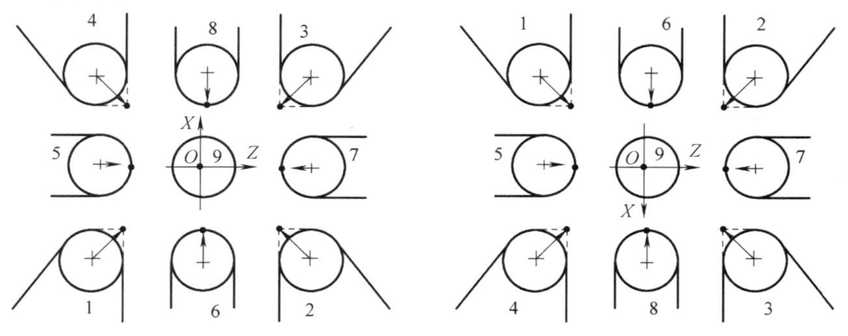

• 代表刀具刀位点 A，　+ 代表刀尖圆弧圆心 O　　• 代表刀具刀位点 A，　+ 代表刀尖圆弧圆心 O

图 3-36　车刀刀尖位置码定义

3. 常用辅助功能 M 代码

辅助功能由地址字 M 和其后的一或两位数字组成，主要用于控制零件程序的走向以及机床各种辅助功能的开关动作。

M 功能有非模态 M 功能和模态 M 功能两种形式。非模态 M 功能（当段有效代码）只在书写了该代码的程序段中有效；模态 M 功能（续效代码）是一组可相互注销的 M 功能，这些功能在被同一组的另一个功能注销前一直有效。模态 M 功能组中包含一个默认功能，系统上电时将被初始化为该功能。

另外，M 功能还可分为前作用 M 功能和后作用 M 功能两类。前作用 M 功能在程序段编制的轴运动之前执行；后作用 M 功能在程序段编制的轴运动之后执行。M 代码及其功能见表 3-5。

表 3-5　M 代码及其功能

代　码	模　态	功能说明	代　码	模　态	功能说明
M00	非模态	程序停止	M03	模态	主轴正转起动
M02	非模态	程序结束	M04	模态	主轴反转起动
M30	非模态	程序结束并返回程序起点	M05	模态	主轴停止转动
			M06	非模态	换刀
M98	非模态	调用子程序	M07	模态	切削液打开
M99	非模态	子程序结束	M09	模态	切削液停止

M00、M02、M30、M98、M99 用于控制零件程序的走向，是 CNC 内定的辅助功能，不由机床制造商设计决定，也就是说与 PLC 程序无关；其余 M 代码用于机床各种辅助功能的开关动作，其功能不由 CNC 内定，而是由 PLC 程序指定，所以有可能因机床制造厂不同而有差异（表内为标准 PLC 指定的功能），使用时请参考机床说明书。

（1）CNC 内定的辅助功能

1）程序暂停 M00。当 CNC 执行到 M00 指令时，将暂停执行当前程序，以方便操作者进行刀具和工件的尺寸测量、工件调头、手动变速等操作。暂停时，机床的进给停止，而全部现存的模态信息保持不变，欲继续执行后续程序，重按操作面板上的“循环启动”键。M00 为非模态后作用 M 功能。

2）程序结束 M02。M02 一般放在主程序的最后一个程序段中。当 CNC 执行到 M02 指令时，机床的主轴、进给、切削液全部停止，加工结束。使用 M02 的程序结束后，若要重新执行该程序，就得重新调用，然后再按操作面板上的“循环启动”键。M02 为非模态后作用 M 功能。

3）程序结束并返回到零件程序头 M30。M30 和 M02 功能基本相同，只是 M30 指令还兼有控制返回到零件程序开头（%）的作用。使用 M30 的程序结束后，若要重新执行该程序，只需再次按操作面板上的“循环启动”键。

4）子程序调用 M98、子程序结束并返回 M99。M98 用来调用子程序，M99 表示子程序结束，执行 M99 使控制返回到主程序。

①子程序的格式

%××××

……

M99；

在子程序开头，必须规定子程序号，以作为调用入口地址。在子程序的结尾用 M99，以控制执行完该子程序后返回主程序。

②调用子程序的格式

M98　P__　L__；

P：被调用的子程序号

L：重复调用次数

（2）PLC 设定的辅助功能

1）主轴控制指令 M03、M04、M05。

①M03 起动主轴以程序中编制的主轴转速顺时针方向（从 Z 轴正向朝 Z 轴负向看）旋转。

②M04 起动主轴以程序中编制的主轴转速逆时针方向旋转。

③M05 使主轴停止旋转。

M03、M04 为模态前作用 M 功能；M05 为模态后作用 M 功能，M05 为默认功能。M03、M04、M05 可相互注销。

2）切削液打开、停止指令 M07、M08、M09

①M07 指令将打开雾状切削液管道。

②M08 指令将打开液态切削液管道。

③M09 指令将关闭切削液管道。

M07、M08 为模态前作用 M 功能；M09 为模态后作用 M 功能，M09 为默认功能。

4. 主轴功能 S、进给功能 F 和刀具功能 T

（1）主轴功能 S　主轴功能 S 控制主轴转速，其后的数值表示主轴速度，单位为 r/min

（转/分）。恒线速度功能时，S 指定切削线速度，其后的数值单位为 m/min（米/分）（G96 表示恒线速度有效，G97 表示取消恒线速度）。

S 是模态指令，S 功能只有在主轴速度可调节时有效。S 所编程的主轴转速可以借助机床控制面板上的主轴倍率开关进行修调。

（2）进给功能 F　F 指令表示工件被加工时刀具相对于工件的合成进给速度，F 的单位取决于 G94（每分钟进给量，mm/min）或 G95（每转进给量，mm/r）。每转进给量 f 与每分钟进给量 v_f 可以进行转化，公式为

$$v_f = fn$$

式中　v_f——每分钟的进给量（mm/min）；

f——每转进给量（mm/r）；

n——主轴转速（r/min）。

当工作在 G01、G02 或 G03 方式下，编程的 F 一直有效，直到被新的 F 值所取代，而工作在 G00 方式下，快速定位的速度是各轴的最高速度，与所编程 F 值无关。

借助机床控制面板上的倍率按键，可对 F 值在一定范围内进行倍率修调。当执行攻螺纹循环 G76、G82 及螺纹切削 G32 时，倍率开关失效，进给倍率固定在 100%。

5. 刀具功能（T 机能）

T 代码用于选刀，其后的 4 位数字分别表示选择的刀具号和刀具补偿号。T 代码与刀具的关系是由机床制造厂规定的，请参考机床厂家的说明书。

执行 T 指令，转动转塔刀架，选用指定的刀具。当一个程序段同时包含 T 代码与刀具移动指令时，先执行 T 代码指令，而后执行刀具移动指令。

执行 T 指令的同时调入刀补寄存器中的补偿值。

3.2.5　FANUC 0i-TD 系统的编程

与华中数控系统相同的编程方式不作介绍。

1. 螺纹加工

在数控车床上加工螺纹，可以分为单行程螺纹切削、螺纹切削单次循环和螺纹切削多次循环。图 3-37 所示的普通螺纹、锥螺纹、端面螺纹和变导程螺纹均可在数控车床上加工。

（1）单行程螺纹切削

1）整数导程螺纹切削 G32

格式：G32　X(U)__　Z(W)__　F__；

说明：螺纹导程用 F 指令。对于锥螺纹，其斜角 α 在 45°以下时，螺纹导程以 Z 轴方向的值指定；45°～90°时，以 X 轴方向的值指定。

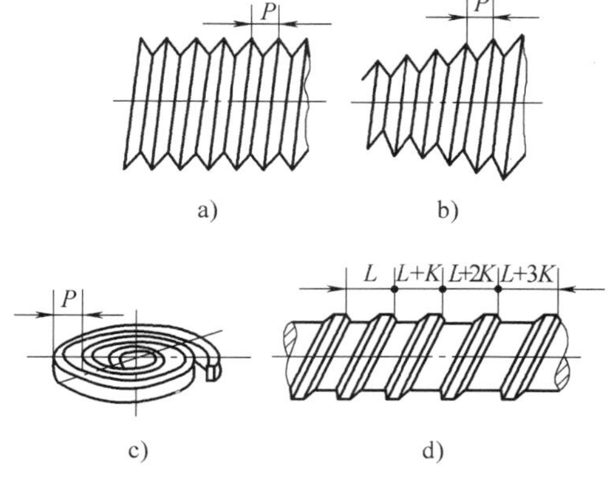

图 3-37　常见的几种螺纹

a）普通螺纹　b）锥螺纹

c）端面螺纹　d）变导程螺纹

2）可变导程螺纹切削 G34

变导程螺纹如图 3-38 所示。

格式：G34　X(U)__　Z(W)__　F__　K__；

说明：X、Z、F 的含义与 G32 指令相同。K 为螺纹每导程的增（或减）量。K 值范围：米

制，±0.0001～100.00mm/r。

(2) 螺纹切削循环

1) 螺纹切削单次循环 G92

格式:G92　X(U)__　Z(W)__　I__　F__;

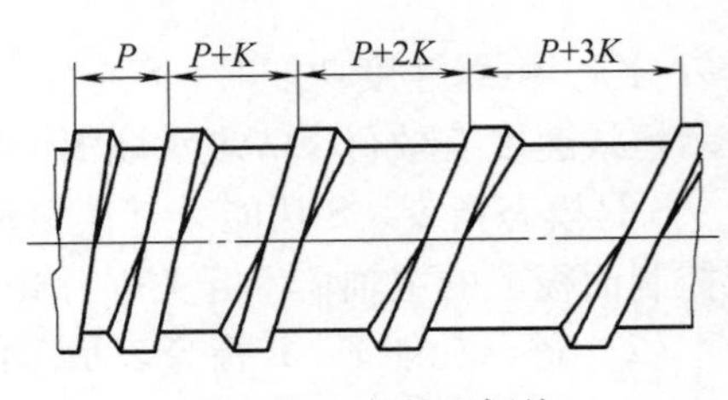

图 3-38　变导程螺纹

说明：该指令可切削锥螺纹和圆柱螺纹（图 3-39）。刀具从循环起点开始按梯形循环，最后又回到循环起点。图中标有 R 的表示快速移动，标有 F 的按 F 指定的工件进给速度移动；X、Z 为螺纹终点坐标值，U、W 为螺纹终点相对循环起点的坐标，I 为锥螺纹始点与终点的半径差。加工圆柱螺纹时，R 为零，可省略，如图 3-39b 所示。

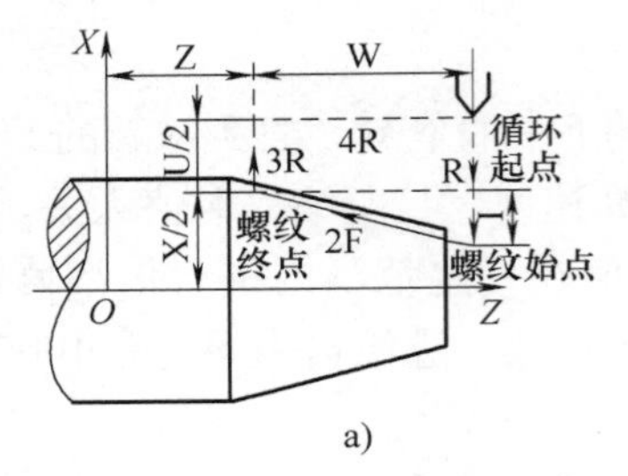

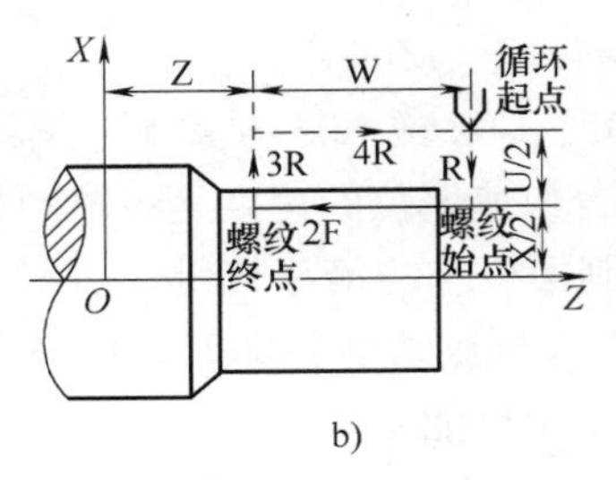

图 3-39　G92 循环

a) 加工圆锥螺纹　b) 加工圆柱螺纹

例 8　图 3-40 所示为 M30×2-6g 普通圆柱螺纹，用 G92 指令加工。

M30×2-6g 的螺纹外径为 ϕ30mm，取编程外（大）径为 ϕ29.7mm。设其牙底圆弧为 R，取 R=0.2mm。据计算螺纹底径为 27.246mm。取编程底（小）径为 ϕ27.3mm。程序编制如下：

```
O1234
N10　G99　G97　G40;
N20　M03　S800;
N30　T0101;
N40　G00　X35　Z104;
N50　G92　X28.9　Z53　F2;
N60　X28.2;
N70　X27.7;
N80　X27.3;
N90　G00　X270.0　Z260;
N100　M05;
N110　M30;
```

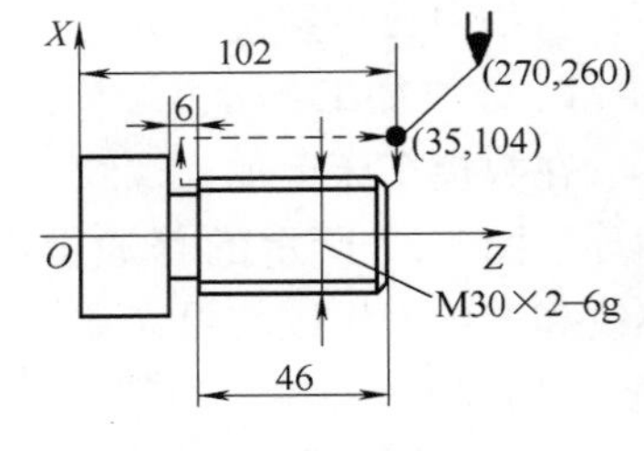

图 3-40　用 G92 指令车削圆柱锥螺纹

例 9　图 3-41 所示为圆锥螺纹，用 G92 指令加工，其程序编制如下：

```
O1235
N10　G99　G97　G40;
```

```
N20  M03  S500;
N30  T0101;
N40  G00  X80  Z62;
N50  G92  X49.6  Z12  I5  F2;
N60  X48.7;
N70  X48.1;
N80  X47.5;
N90  X47.1;
N100  X47.0;
N110  G00  X270  Z260
N120  T0100  M05;
N130  M02;
```

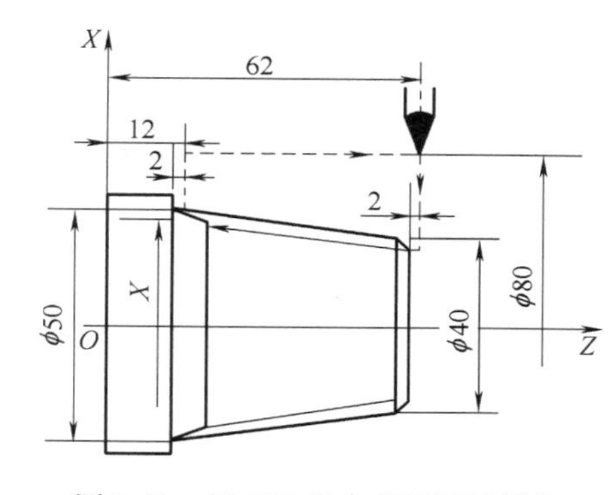

图3-41　用G92指令车削圆锥螺纹

2）螺纹切削多次循环G76　用G76时一段程序就可以完成螺纹切削循环加工。

格式：G76　P(m)(r)(α)　Q(Δdmin)　R(d)；

　　　G76　X(u)　Z(w)　R(i)　P(k)　Q(Δd)　F(f)；

说明：m为精加工最终重复次数（1～99）；r为收尾长度，即倒角量，该值大小可设置在（0.1～9.9）f之间，系数应为0.1的整数倍，用00～99之间的两位整数表示，f为导程；α为刀尖的角度，可在80°、60°、55°、30°、29°、0°中选择，其角度数值时用2位数指定；m、r、α可用地址一次指定，如m=2、r=1.2f、α=60°，可写成P021260；Δdmin为最小切入量；d为精加工余量；X（U）、Z（W）为终点坐标；i为锥螺纹部分半径差（i=0时为圆柱螺纹）；k为螺纹牙型高度（用半径值指令X轴方向的距离）；Δd为第一次的切入量（用半径值指定）；f为螺纹的导程（与G32螺纹切削时相同）。

螺纹切削多次循环与进刀法如图3-42所示。

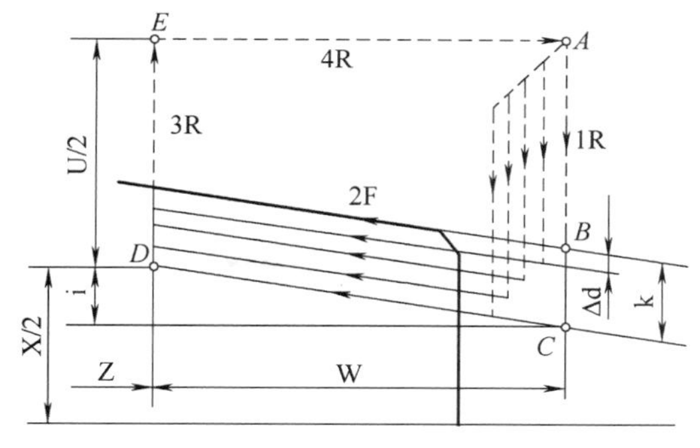

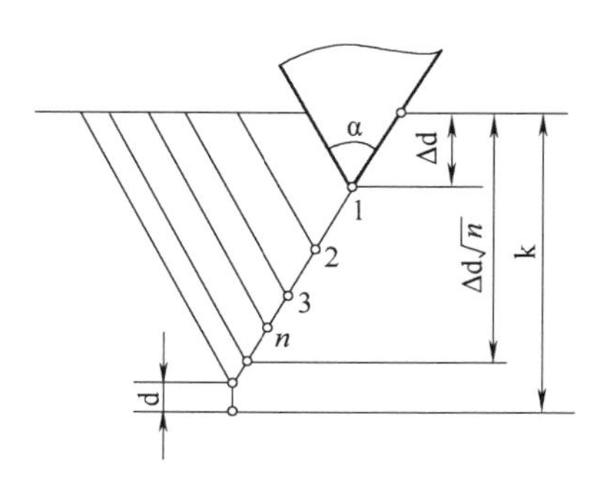

图3-42　螺纹切削多次循环与进刀法

例10　图3-43所示螺纹的车削程序如下：

```
G76  P021260  Q0.1  R0.1;
G76  X60.64  Z25  P3.68  Q1.8  F6;
……
```

2. 循环切削

（1）单一形状循环

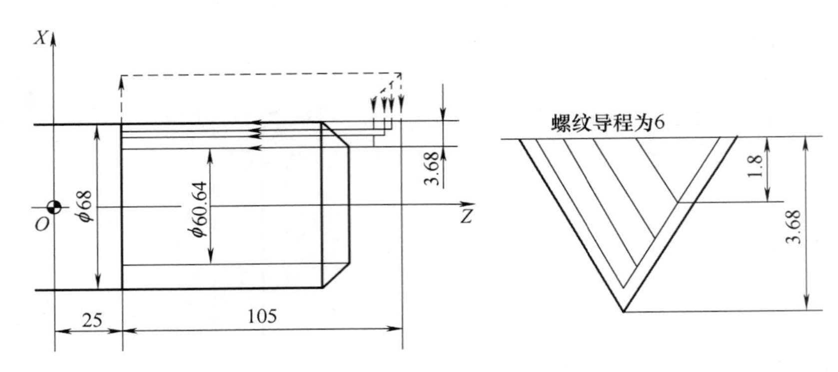

图 3-43　G76 程序例图

1）外圆切削循环 G90

①切削圆柱面

格式：G90　X(U)__　Z(W)__　F__；

说明：如图 3-44 所示，刀具从循环起点开始按矩形循环，最后又回到循环起点。图中标有 R 的表示快速移动，标有 F 的表示按 F 指定的工件进给速度移动。X、Z 为圆柱面切削终点坐标值；U、W 为圆柱面切削终点相对循环起点的坐标值。

②切削圆锥面

格式：G90　X(U)__　Z(W)__　I(或 R)__　F__；

说明：如图 3-45 所示，I（或 R）为切削始点与圆锥面切削终点的半径差，其余参数含义不变。

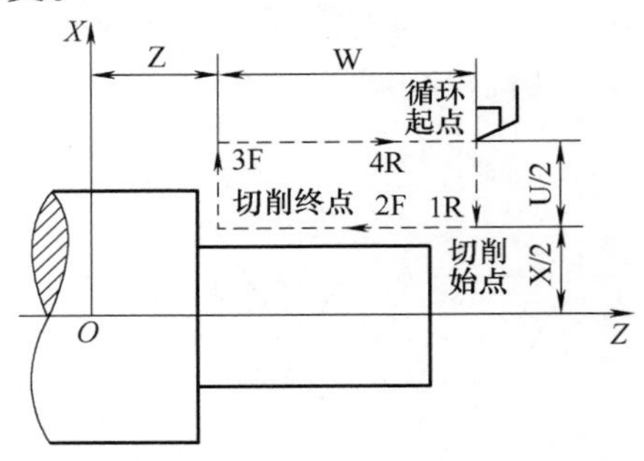

图 3-44　外圆切削循环

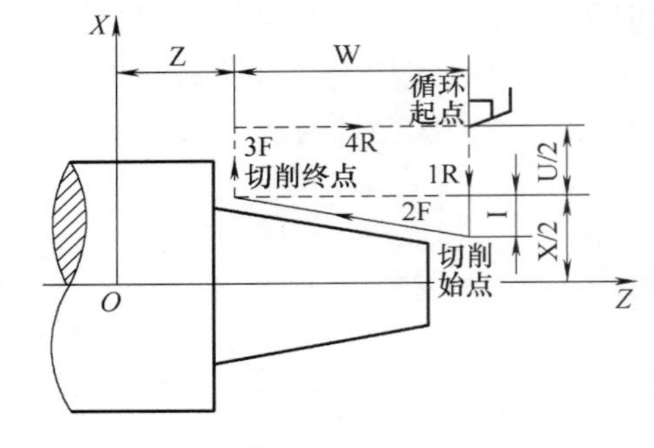

图 3-45　锥面切削循环

例 11　图 3-46 所示外圆循环的程序如下：

G90　X40　Z20　F0.3；　　　　$A \to B \to C \to D \to A$

X30；　　　　$A \to E \to F \to D \to A$

X20；　　　　$A \to G \to H \to D \to A$

图 3-47 所示锥面切削循环的程序如下：

G90　X40　Z20　I-5　F0.3；　　　　$A \to B \to C \to D \to A$

X30；　　　　$A \to E \to F \to D \to A$

X20；　　　　$A \to G \to H \to D \to A$

2）端面切削循环 G94

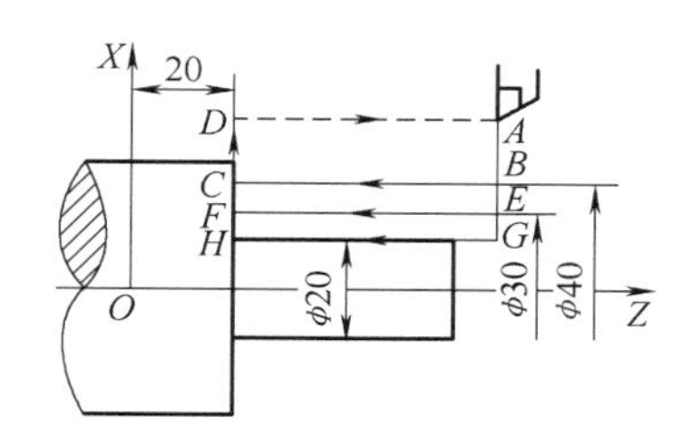

图 3-46　外圆切削循环

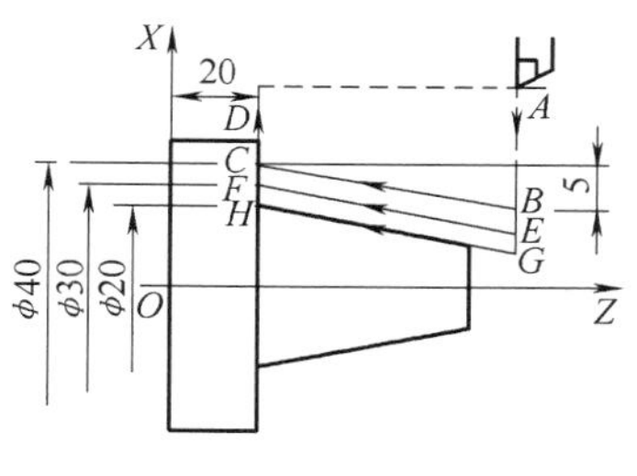

图 3-47　锥面切削循环

①切削端平面

格式：G94　X(U)__　Z(W)__　F__；

说明：如图 3-48 所示，X、Z 为端平面切削终点坐标值，U、W 为端面切削终点相对循环起点的坐标分量。

②切削带有锥度的端面

格式：G94　X(U)__　Z(W)__　K(或 R)__　F__；

说明：如图 3-49 所示，K（或 R）为端面切削始点至终点位移在 Z 轴方向的坐标增量。

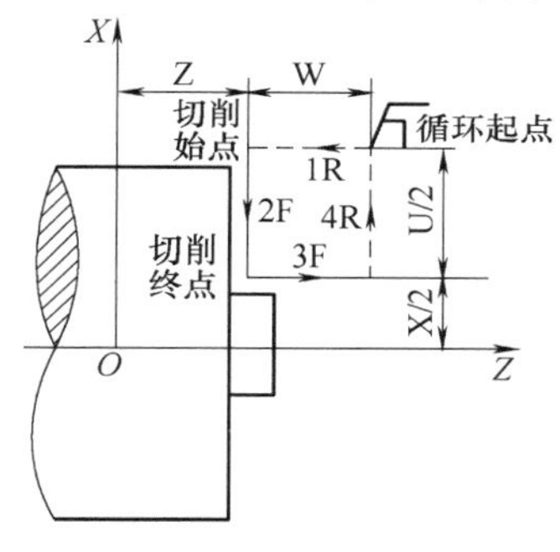

图 3-48　端面切削循环

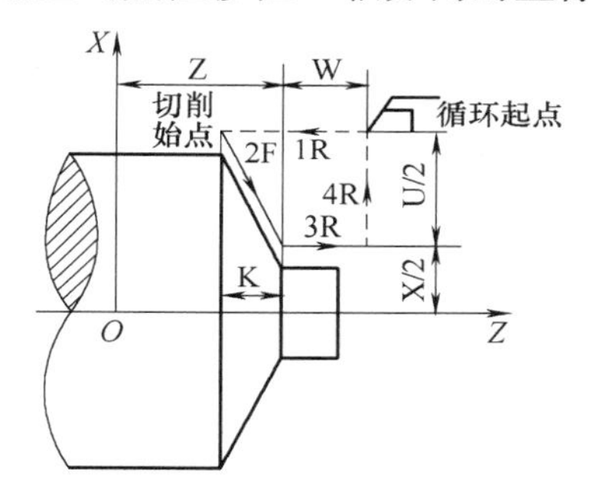

图 3-49　带锥度的端面切削循环

例 12　如图 3-50 所示，端面循环的程序如下：

G94　X50　Z16　F0.3；　　$A \to B \to C \to D \to A$

Z13；　　$A \to E \to F \to D \to A$

Z10；　　$A \to G \to H \to D \to A$

例 13　图 3-51 所示带外圆的锥面切削循环的程序如下：

G94　X15　Z33.48　K－3.48　F0.3；　　$A \to B \to C \to D \to A$

Z31.48；　　$A \to E \to F \to D \to A$

Z28.78；　　$A \to G \to H \to D \to A$

（2）复合固定循环切削　使用复合固定循环时，借助精加工程序设定相应参数。就可以完成粗车循环。

1）外圆/内孔粗车循环 G71。当给出图 3-52 所示加工形状的路线 $A \to A' \to B$ 及背吃刀量，就会进行平行于 Z 轴的多次切削，最后再按留有精加工切削余量 Δw 和 Δu/2 之后的精加工形状进行加工。

格式：G71　U(Δd)　R(e)；

　　　G71　P(ns)　Q(nf)　U(Δu)　W(Δw)　F(f)　S(s)　T(t)；

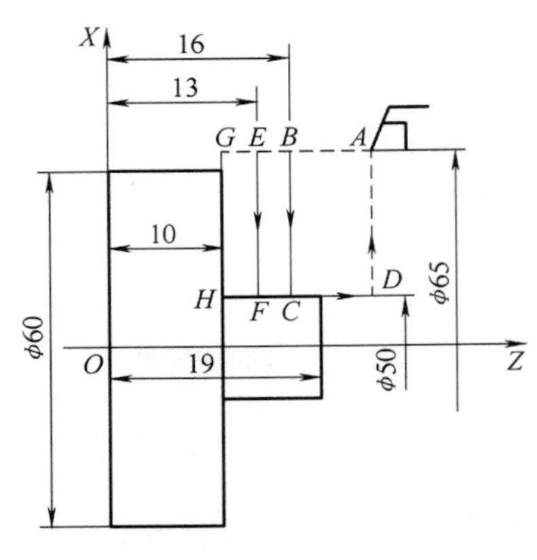

图 3-50　端面循环

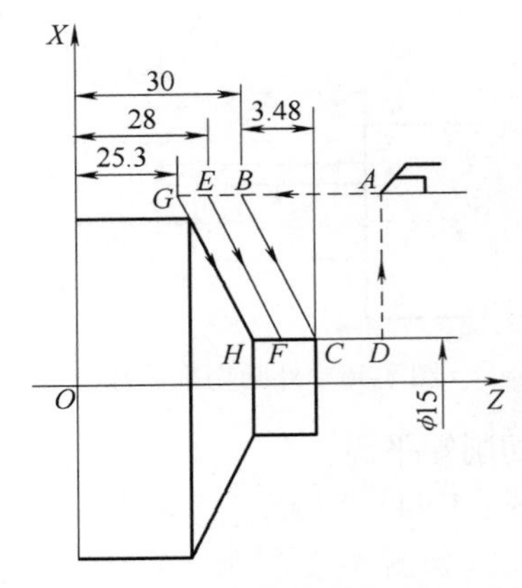

图 3-51　带外圆的锥面切削循环

说明：Δd 为背吃刀量；e 为退刀量；ns 为精加工形状程序段中的开始程序段号；nf 为精加工形状程序段中的结束程序段号；Δu 为 *X* 轴方向精加工余量；Δw 为 *Z* 轴方向的精加工余量；f、s、t 为 F、S、T 代码所赋的值。

在此应注意以下几点：

①在使用 G71 进行粗车循环时，只有含在 G71 程序段中的 F、S、T 功能才有效。而包含在 ns ~ nf 程序段中的 F、S、T 功能，即使被指定对粗车循环也无效。

②*A*→*B* 之间必须符合 *X* 轴、*Z* 轴方向的共同单调增大或减少的模式。

③可以进行刀具补偿。

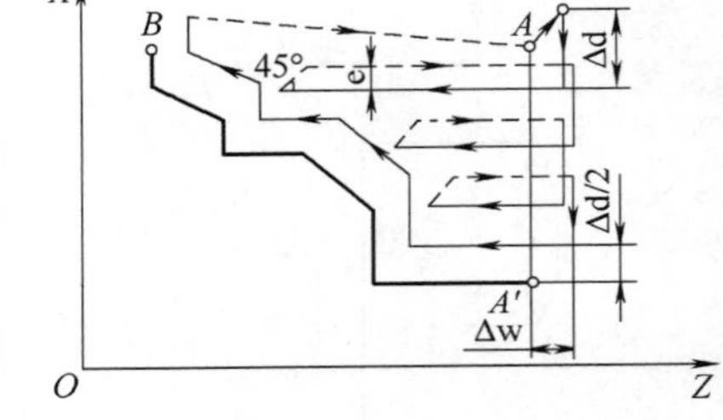

图 3-52　外圆粗车循环

例 14　试按图 3-53 所示尺寸编写粗车循环加工程序。

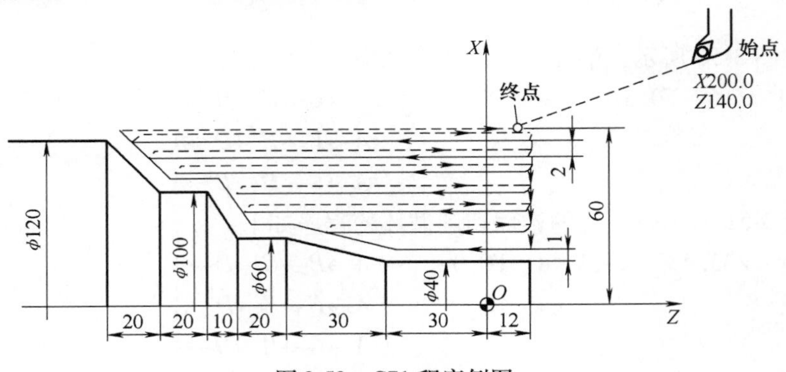

图 3-53　G71 程序例图

```
O1001
N10　G40　G97　G99;
N20　M03　S700;
N30　T0101;
N40　G00　G42　X120　Z10　M08;
```

N50　G71　U2　R0.1;
N60　G71　P70　Q130　U2　W2　F0.3;
N70　G00　X40;
N80　G01　Z-30　F0.15　S150;
N90　X60　Z-60;
N100　Z-80;
N110　X100　Z-90;
N120　Z-110;
N130　X120　Z-130;
N140　G00　X125　G40;
N150　X200　Z140;
N160　T0100　M05;
N170　M30;

2）端面粗车循环 G72。G72 与 G71 不同的是平行于 X 轴进行车削循环加工，如图 3-54 所示。

格式：G72　W(Δd)　R(e);

　　G72　P(ns)　Q(nf)　U(Δu)　W(Δw)　F(f)　S(s)　T(t);

其中参数含义与 G71 相同。

例 15　图 3-55 所示零件的加工程序为：

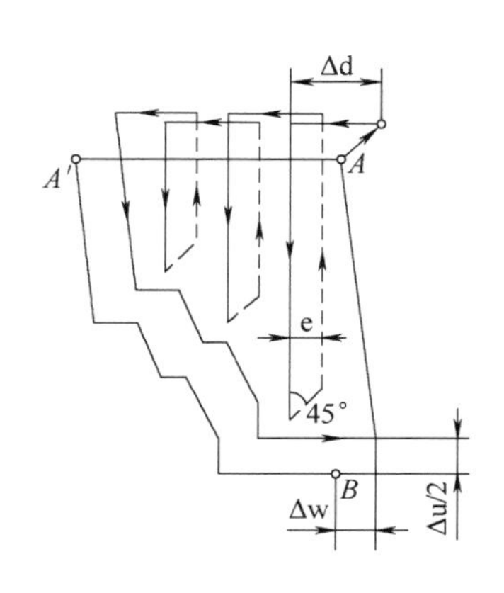

图 3-54　端面粗车循环

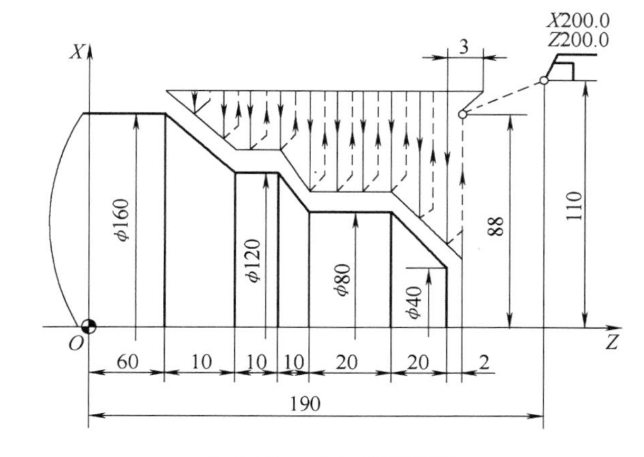

图 3-55　G72 程序例图

O1111;
N10　G99　G97　G40;
N20　M03　S600　M08;
N30　T0101;
N40　G00　G41　X176　Z132;
N50　G72　W3　R0.1;
N60　G72　P70　Q120　U2　W0.5　F0.3;
N70　G00　X160　Z60;

N80　G01　X120　Z70　F0.15;

N90　Z80;

N100　X80　Z90;

N110　Z110;

N120　X36　Z132;

N130　G00　G40　X200　Z200;

N140　T0100　M05;

N150　M02;

3）仿形车削循环 G73。其进给路线与工件最终轮廓平行。对于铸造或锻造毛坯的切削而言，这是一种效率很高的方法。G73 循环方式如图 3-56 所示。

格式：G73　U(i)　W(k)　R(d);

　　　G73　P(ns)　Q(nf)　U(Δu)　W(Δw)　F(f)　S(s)　T(t);

说明：i 为 *X* 轴上总退刀量（半径值）；k 为 *Z* 轴上的总退刀量；d 为重复加工次数。其余与 G71 相同。用 G73 时，与 G71、G72 一样，只有 G73 程序段中的 F、S、T 有效。

例 16　图 3-57 所示零件的加工程序为：

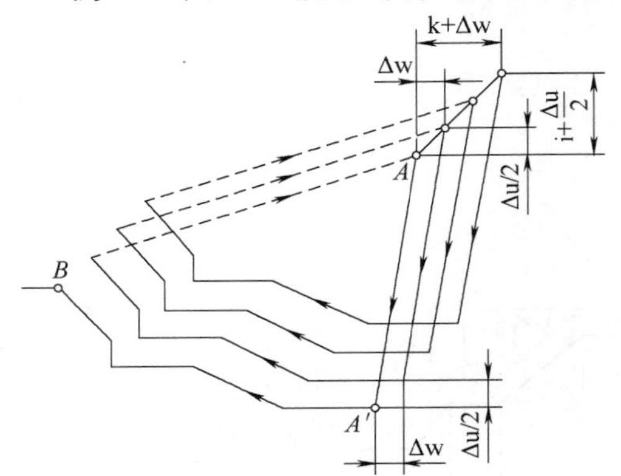

图 3-56　G73 车削循环

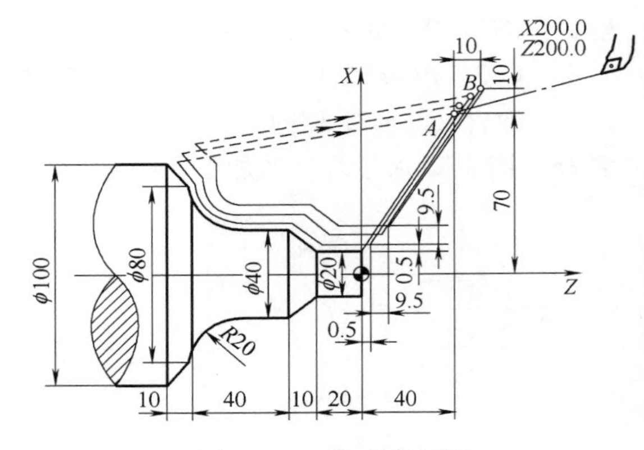

图 3-57　G73 程序例图

O1111

N10　G99　G97　G40;

N20　M03　S600　M08;

N30　T0101;

N40　G00　G42　X140　Z40;

N50　G73　U9.5　W9.5　R3;

N60　G73　P70　Q130　U1　W0.5　F0.3;

N70　G00　X20　Z0;

N80　G01　Z-20　F0.15;

N90　X40　Z-30;

N100　Z-50;

N110　G02　X80　Z-70　R20;

N120　G01　X100　Z－80；

N130　X105；

N140　G00　G40　X200　Z200；

N150　T0100　M05；

N160　M02；

4）精车循环 G70。由 G71、G72、G73 完成粗加工后，可以用 G70 进行精加工。

格式：G70　P(ns)　Q(nf)；

说明：ns 和 nf 与前述含义相同。在这里 G71、G72、G73 程序段中的 F、S、T 的指令都无效，只有在 ns～nf 程序段中的 F、S、T 才有效。

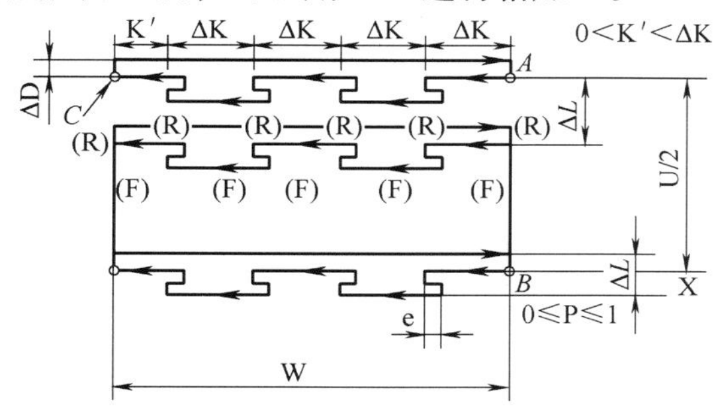

图 3-58　G74 钻削循环指令动作

5）端面切槽、端面啄式钻孔循环 G74。G74 指令动作如图 3-58 所示，这一功能本来是外形断续切削功能，若把指令格式中的 X（U）和 I 值省略，则可以用来做啄式深孔钻削。这种方法较直接用 G01 加工孔，编程简捷、方便。

图 3-58 中 e 值也可以由参数设定。

格式：G74　R(e)；

G74　X(U)＿　Z(W)＿　P(ΔI)　Q(ΔK)　R(ΔD)　F(f)；

说明：X 为 *B* 点 *X* 坐标；U 为 *A*→*B* 增量值；Z 为 *C* 点的 *Z* 坐标；W 为 *A*→*C* 的增量值；ΔI 为 *X* 方向的移动量（无符号指定）(i)；ΔK 为 *Z* 方向的切削量（无符号指定）(k)；ΔD 为切削到终点时的退刀量（d）。若没有 D 时，可视为 0，通常以正值指定，X（U）和 I 省略的场合，退刀方向的符号附带指定；F 为进给量。

例 17　图 3-59 所示是用深孔钻削循环 G74 指令加工孔示例，其程序为（设 e＝2）：

O1234

G99　G97　G40；

M03　S800　M08；

T0101；

G00　X0　Z68；

G74　Z8　Q5　F0.08；

G00　X50　Z100；

M05；

M30；

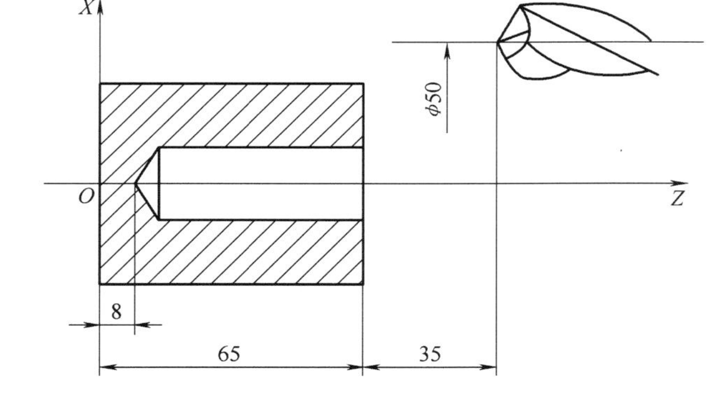

图 3-59　用 G74 深孔钻削循环指令加工孔示例

6）外圆切槽循环 G75。G75 指令与 G74 指令动作类似，只是移动方向旋转 90°。这种循环可用于端面断续切削，如果将 Z(W) 和 K、D 省略，则 *X* 轴的动作可用于外圆沟槽的断续切削。其动作如图 3-60a 所示。

格式：G75　R(e)；

G75　X(U)＿　Z(W)＿　P(Δi)　Q(Δk)　R(Δd)　F(f)；

图中 e 值也可以由参数设定。

例 18　图 3-60b 所示是用 G75 外径切槽循环指令加工槽的示例，其程序为：

```
O1235
G99  G97  G40;
M03  S500  M08;
T0101;                              建立工件坐标系
G00  X42  Z41;                      刀具快速趋近
G75  X20  Z25  P3  Q3.9  F0.5;      用 G75 指令切槽
G00  X90  Z124;                     刀具快速退
M05  M30;
```

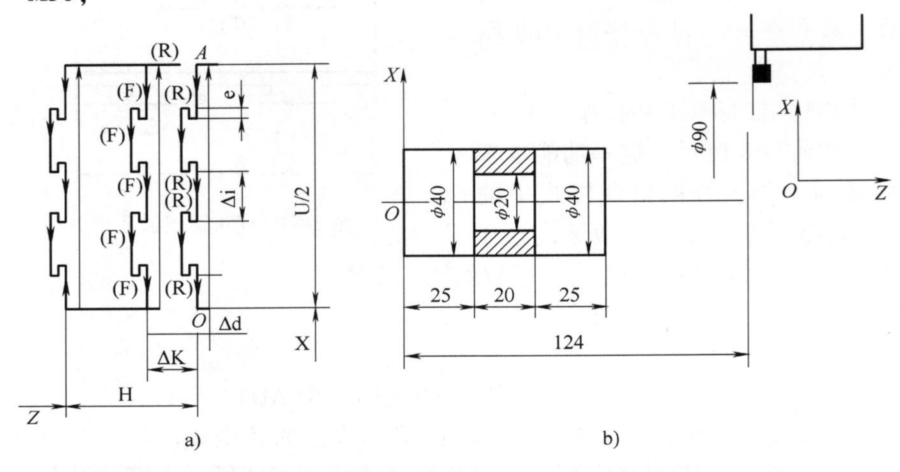

图 3-60　用 G75 外圆切槽循环指令循环方式

a）用 G75 外圆沟槽的断续切削　b）用 G75 外圆切槽循环指令加工槽

3.3　任务实施

3.3.1　外轮廓编程

例 19　编写图 3-61 所示零件外轮廓加工程序，材料为 45 钢。

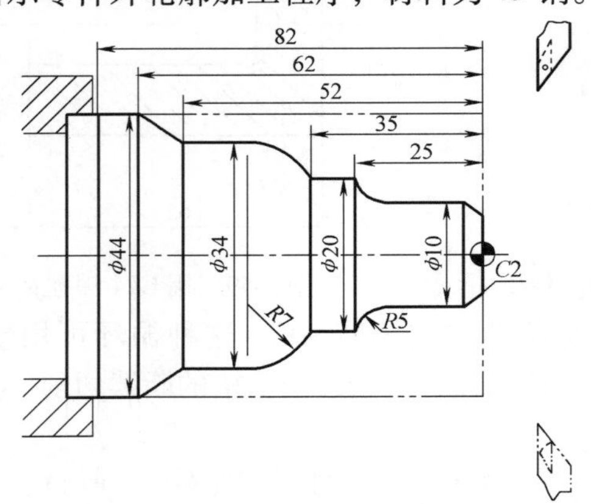

图 3-61　G71 外径复合循环编程实例

华中世纪星系统编程如下：

```
%1000
N10  M03;                                          主轴正转
N20  G95  G97  S800;                               转速为 800r/min
N30  T0101;                                        选择 1 号车刀，调 1 号刀偏建立工件坐标系
N40  G00  X46  Z3;                                 刀具快速定位到循环起点位置
N50  G71  U1.5  R1  P60  Q150  X0.4  Z0.1  F0.3;  粗切量：1.5mm 精切量：X0.4mm，Z0.1mm
N60  G00  X0;                                      精加工轮廓起始行，到倒角延长线
N70  G01  X10  Z-2;                                精加工 C2 倒角
N80  Z-20;                                         精加工 φ10mm 外圆
N90  G02  X20  Z-25  R5;                           精加工 R5mm 圆弧
N100  G01  Z-35;                                   精加工 φ20mm 外圆
N110  G03  X34  W-7  R7;                           精加工 R7mm 圆弧
N120  G01  Z-52;                                   精加工 φ34mm 外圆
N130  X44  Z-62;                                   精加工外圆锥
N140  Z-82;                                        精加工 φ44mm 外圆，精加工轮廓结束行
N150  X50;                                         退出已加工面
N160  G00  X100  Z100;                             回换刀点
N170  M05;                                         主轴停止
N180  M30;                                         主程序结束并复位
```

FANUC-0i　TD 系统编程如下：

```
O1000
N10  M03;                                          主轴正转
N20  G95  G99  S800;                               转速为 800r/min
N30  T0101;                                        选择 1 号车刀，调 1 号刀偏建立工件坐标系
N40  G00  X46  Z3;                                 刀具快速定位到循环起点位置
N50  G71  U1.5  R1                                 外轮廓复合粗切循环
N60  G71  P70  Q160  U0.4  W0.1  F0.3;             粗切量：1.5mm；精切量：X 向 0.4mm，Z 向 0.1mm
N70  G00  X0;                                      精加工轮廓起始行，到倒角延长线
N80  G01  X10  Z-2;                                精加工 C2 倒角
```

3 PROJECT

N90　Z－20；	精加工 ϕ10mm 外圆
N100　G02　X20　Z－25　R5；	精加工 R5mm 圆弧
N110　G01　Z－35；	精加工 ϕ20mm 外圆
N120　G03　X34　W－7　R7；	精加工 R7mm 圆弧
N130　G01　Z－52；	精加工 ϕ34mm 外圆
N140　X44　Z－62；	精加工外圆锥
N150　Z－82；	精加工 ϕ44mm 外圆，精加工轮廓结束行
N160　X50；	退出已加工面
N170　G00　X100　Z100；	回换刀点
N180　M05；	主轴停止
N190　M00；	程序停止
N200　M03　S1500；	主轴正转，转速为 1500r/min
N210　T0202；	选择 2 号车刀，调 1 号刀偏建立工件坐标系
N220　G00　X46　Z3；	刀具快速定位到循环起点位置
N230　G70　P70　Q160；	精加工
N160　G00　X100　Z100；	回换刀点
N170　M05；	主轴停止
N180　M30；	主程序结束并复位

3.3.2　内轮廓编程

例 20　编写图 3-62 所示零件内轮廓程序，材料为 45 钢。要求循环起始点在 A（46，3），背吃刀量为 1.5mm，退刀量为 1mm，X 方向精加工余量为 0.4mm，Z 方向精加工余量为 0.1mm。

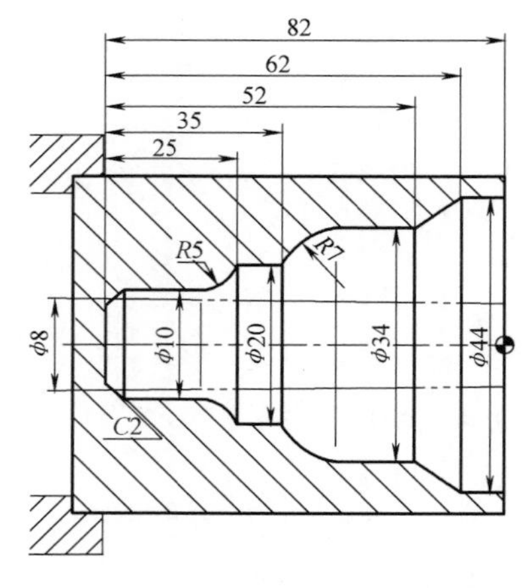

图 3-62　G71 内径复合循环编程实例

```
%1001
N10   M03   S400   G95   G97;                                  主轴以400r/min正转
N20   G00   X80   Z80;                                           到程序起点或换刀点位置
N30   T0101;                                                      换1号刀，确定其坐标系
N40   G00   X46   Z3;                                            到循环起点位置
N50   G71   U1   R1   P80   Q180   X-0.4   Z0.1   F0.3;         内径粗切循环加工
N60   G00   X80   Z80;                                           粗切后，到换刀点位置
N70   T0202;                                                      换2号刀，确定其坐标系
N80   G41   G00   X46   Z3;                                      2号刀加入刀尖圆弧半径补偿
N90   G00   X44;                                                  精加工轮廓开始，到φ44mm外圆处
N100   G01   W-20   F80;                                         精加工φ44mm外圆
N110   U-10   W-10;                                               精加工外圆锥
N120   W-10;                                                      精加工φ34mm外圆
N130   G03   U-14   W-7   R7;                                    精加工R7mm圆弧
N140   G01   W-10;                                                精加工φ20mm外圆
N150   G02   U-10   W-5   R5;                                    精加工R5mm圆弧
N160   G01   Z-80;                                                精加工φ10mm外圆
N170   U-4   W-2;                                                 精加工倒C2倒角，精加工轮廓结束
N180   X4;                                                        退出已加工表面
N190   G00   G40   Z80;                                          退出工件内孔，取消刀尖圆弧半径补偿
N200   X80;                                                       返回程序起点或换刀点位置
N210   M05   M30;                                                 主轴停止，主程序结束并复位
```

3.3.3　有凹槽的外轮廓编程

例21　编写图3-63所示凹槽零件外轮廓加工程序，材料为45钢。其中细双点画线部分为工件毛坯。

```
%1002
N10   M03;                                                        主轴正转
N20   G95   G97   S400;                                          主轴转速为400r/min
N30   T0101;                                                      换1号刀，确定其坐标系
N40   G00   X100   Z80;                                          到程序起点或换刀点位置
N50   G00   X42   Z3;                                            到循环起点位置
N60   G71   U1   R1   P80   Q190   E0.3   F0.3;                 有凹槽粗切循环加工
N70   G00   X100   Z80;                                          粗加工后，到换刀点位置
```

3 PROJECT

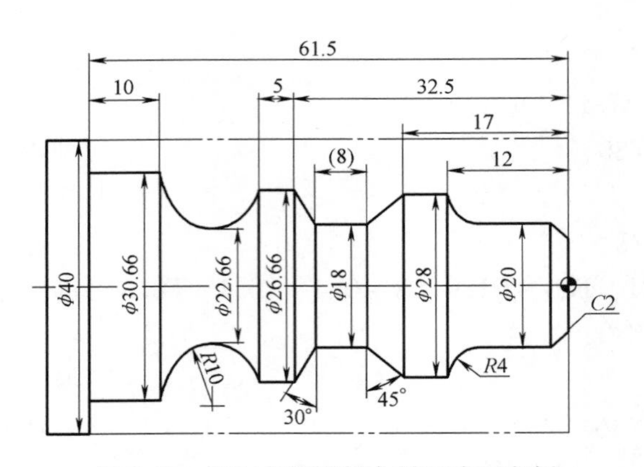

图 3-63　G71 有凹槽复合循环编程实例

N80　T0202；	换 2 号刀，确定其坐标系
N90　G00　G42　X42　Z3；	2 号刀加入刀尖圆弧半径补偿
N100　G00　X10；	精加工轮廓开始，到倒角延长线处
N110　G01　X20　Z－2　F80；	精加工 C2 倒角
N120　Z－8；	精加工 φ20mm 外圆
N130　G02　X28　Z－12　R4；	精加工 R4mm 圆弧
N150　G01　Z－17；	精加工 φ28mm 外圆
N150　U－10　W－5；	精加工倒锥
N160　W－8；	精加工 φ18mm 外圆槽
N170　U8.66　W－2.5；	精加工正锥
N180　Z－37.5；	精加工 φ26.66mm 外圆
N190　G02　X30.66　W－14　R10；	精加工 R10mm 圆弧
N200　G01　W－10；	精加工 φ30.66mm 外圆
N210　X40；	退出已加工表面，精加工轮廓结束
N220　G00　G40　X80　Z100；	取消刀尖圆弧半径补偿，返回换刀点位置
N230　M05　M30；	主程序结束并复位

3.3.4　端面车削循环粗加工外轮廓编程

例 22　试编写图 3-64 所示零件端面车削程序，材料为 45 钢。要求循环起始点在 *A*（80，1），背吃刀量为 1.2mm。退刀量为 1mm，*X* 方向精加工余量为 0.2mm，*Z* 方向精加工量为 0.5mm，其中细双点画线部分为工件毛坯。

%1003	
N10　M03；	主轴正转
N20　G95　G97　S400；	主轴转速为 400r/min

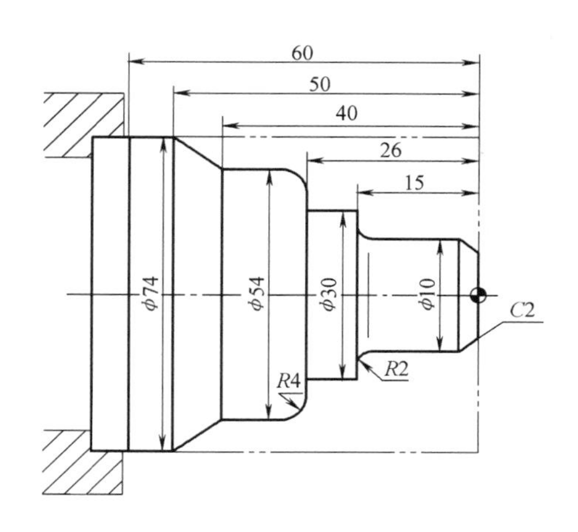

图 3-64　G72 外径粗切复合循环编程实例

N30　T0101；	换 1 号刀，确定其坐标系
N40　X80　Z1；	到循环起点位置
N50　G72　W1.2　R1　P80　Q170　X0.2　Z0.5　F0.3；	外端面粗切循环加工
N60　G00　X100　Z80；	粗加工后，到换刀点位置
N70　G42　X80　Z1；	加入刀尖圆弧半径补偿
N80　G00　Z－56；	精加工轮廓开始，到锥面延长线处
N90　G01　X54　Z－40　F80；	精加工锥面
N100　Z－30；	精加工 φ54mm 外圆
N110　G02　U－8　W4　R4；	精加工 R4mm 圆弧
N120　G01　X30；	精加工 Z－26mm 处端面
N130　Z－15；	精加工 φ30mm 外圆
N140　U－16；	精加工 Z－15mm 处端面
N150　G03　U－4　W2　R2；	精加工 R2mm 圆弧
N160　Z－2；	精加工 φ10mm 外圆
N170　U－6　W3；	精加工 C2 倒角，精加工轮廓结束
N180　G00　X50；	退出已加工表面
N190　G40　X100　Z80；	取消刀尖圆弧半径补偿，返回程序起点位置
N200　M30；	主程序结束并复位

3.3.5　端面车削循环粗加工内轮廓编程

例 23　试编写图 3-65 所示零件端面车削内轮廓程序，材料为 45 钢。要求循环起始点在 *A*（6，3），切削深度为 1.2mm，退刀量为 1mm，*X* 方向精加工余量为 0.2mm，*Z* 方向精加工余量为 0.5mm，其中细双点画线部分为工件毛坯。

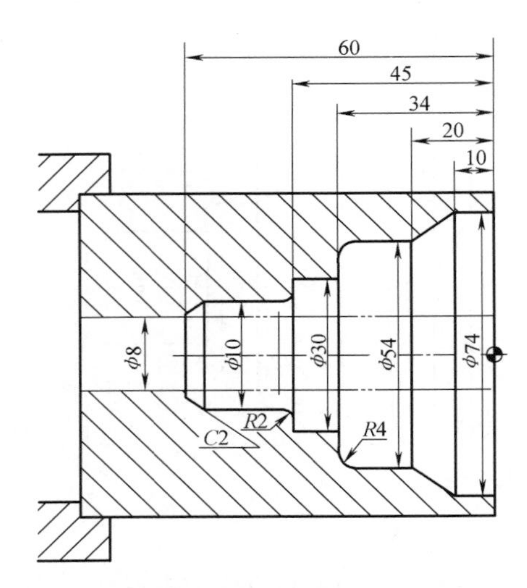

图 3-65　G72 内径粗切复合循环编程实例

%1004	
N10　M03;	主轴正转
N20　G97　S400;	主轴转速为 400r/min
N30　G95　G40;	进给量设定为 mm/r，取消刀具半径补偿
N40　T0101;	选择 1 号刀具，建立坐标系
N50　G00　X6　Z3;	快速定位到循环起点位置
N60　G72　W1.2　R1　P70　Q170　X-0.2　Z0.5　F0.3;	内端面粗切循环加工
N70　G00　Z-61;	精加工轮廓开始，到倒角延长线处
N80　G01　U6　W3　F80;	精加工 C2 倒角
N90　W10;	精加工 φ10mm 外圆
N100　G03　U4　W2　R2;	精加工 R2mm 圆弧
N110　G01　X30;	精加工 Z-45mm 处端面
N120　Z-34;	精加工 φ30mm 外圆
N130　X46;	精加工 Z-34mm 处端面
N140　G02　U8　W4　R4;	精加工 R4mm 圆弧
N150　G01　Z-20;	精加工 φ54mm 外圆
N160　U20　W10;	精加工锥面
N170　Z3;	精加工 φ74mm 外圆，精加工轮廓结束
N180　G00　X100　Z80;	返回对刀点位置
N190　M30;	主程序结束并复位

3.3.6　封闭循环编程实例

例 24　编制图 3-66 所示零件的加工程序。设切削起始点在 A（60，5），X、Z 方向粗加

工余量分别为 3mm、0.9mm，粗加工次数为 3，X、Z 方向精加工余量分别为 0.6mm、0.1mm。图中细双点画线部分为工件毛坯。

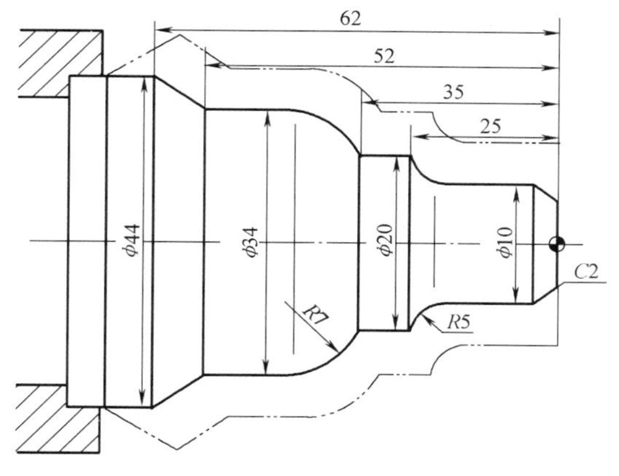

图 3-66 G73 编程实例

华中世纪星系统编程如下：

程序	说明
%1005	
N10 M03;	主轴正转
N20 G97 S400;	主轴转速为 400r/min
N30 G95 G40;	进给量设定 mm/r，取消刀具半径补偿
N40 T0101;	选择 1 号刀具，建立坐标系
N50 G00 X60 Z5;	到循环起点位置
N60 G73 U3 W0.9 R3 P70 Q150 X0.6 Z0.1 F0.3;	闭环粗切循环加工
N70 G00 X0 Z3;	精加工轮廓开始，到倒角延长线处
N80 G01 U10 Z-2 F80;	精加工 $C2$ 倒角
N90 Z-20;	精加工 ϕ10mm 外圆
N100 G02 U10 W-5 R5;	精加工 R5mm 圆弧
N110 G01 Z-35;	精加工 ϕ20mm 外圆
N120 G03 U14 W-7 R7;	精加工 R7mm 圆弧
N130 G01 Z-52;	精加工 ϕ34mm 外圆
N140 U10 W-10;	精加工锥面
N150 U10;	退出已加工表面，精加工轮廓结束
N160 G00 X80 Z80;	返回程序起点位置
N170 M05 M30;	主轴停、主程序结束并复位

FANUC 0i-TD 系统编程如下：

程序	说明
O1005	
N10 M03;	主轴正转

N20 G97 S600;　　主轴以600r/min正转

N30 G99 G40;　　进给量设为mm/r，取消刀具半径补偿

N40 T0101;　　选择1号刀具，建立坐标系

N50 G00 X60 Z5;　　到循环起点位置

N60 G73 U3 W0.9 R3;　　闭环粗切循环加工

N70 G73 P80 Q160 X0.6 Z0.1 F0.3;

N80 G00 X0 Z3;　　精加工轮廓开始，到倒角延长线处

N90 G01 U10 Z-2 F80;　　精加工 $C2$ 倒角

N100 Z-20;　　精加工 ϕ10mm 外圆

N110 G02 U10 W-5 R5;　　精加工 $R5$mm 圆弧

N120 G01 Z-35;　　精加工 ϕ20mm 外圆

N130 G03 U14 W-7 R7;　　精加工 $R7$mm 圆弧

N140 G01 Z-52;　　精加工 ϕ34mm 外圆

N150 U10 W-10;　　精加工锥面

N160 U10;　　退出已加工表面，精加工轮廓结束

N170 G00 X100 Z100;　　回换刀点

N180 M05;　　主轴停止

N190 M00;　　程序停止

N200 M03 S1500;　　主轴正转，转速为1500r/min

N210 T0202;　　选择2号车刀，调2号刀偏建立工件坐标系

N220 G00 X60 Z5;　　刀具快速定位到循环起点位置

N230 G70 P80 Q160;　　精加工

N240 G00 X100 Z100;　　返回程序起点位置

N250 M05 M30;　　主轴停，主程序结束并复位

3.3.7 复合螺纹切削循环编程实例

例25 用螺纹切削复合循环G76指令编程，加工螺纹ZM60×2，工件尺寸如图3-67所示，其中括弧内尺寸根据标准得到。

%1000

N10 M03 S400;　　主轴以400r/min正转

N20 T0101;　　换1号刀，确定其坐标系

N30 G00 X100 Z100;　　到程序起点或换刀点位置

N40 G00 X90 Z4;　　到简单循环起点位置

N50 G80 X61.125 Z-30 I-0.94 F0.3;　　加工锥螺纹外表面

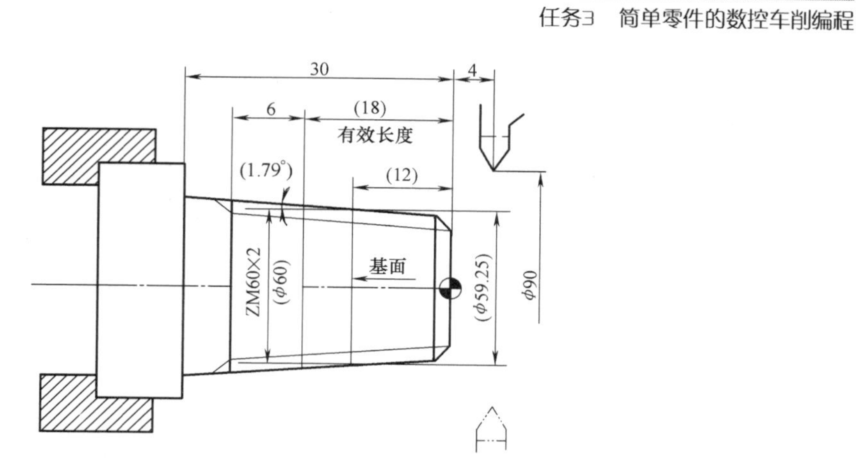

图 3-67　G76 循环切削编程实例

N60　G00　X100　Z100　M05；　　到程序起点或换刀点位置

N70　T0202；　　换 2 号刀，确定其坐标系

N80　M03　S300；　　主轴以 300r/min 正转

N90　G00　X90　Z4；　　到螺纹循环起点位置

N100　G76　C2　R－3　E1.3　A60　X58.15　Z－24　I－0.94　K1.299　U0.1　V0.1　Q0.9　F2；　　车削螺纹

N110　G00　X100　Z100；　　返回程序起点位置或换刀点位置

N120　M05；　　主轴停止

N130　M30；　　主程序结束并复位

3.4　任务评价与总结提高

3.4.1　任务评价

本任务考核标准见表 3-6，本任务在该课程考核成绩中的比例为 25%。

表 3-6　考核标准

序号	工作过程	主要内容	建议考核方式	评分标准	配分
1	资讯（10 分）	任务相关知识查找	教师评价 50% 相互评价 50%	通过资讯查找相关知识学习，按任务知识能力掌握情况进行评分	15
2	决策计划（10 分）	确定方案、编写计划	教师评价 80% 相互评价 20%	根据整体设计方案以及采用方法的合理性评分	20
3	实施（10 分）	方法合理、编程快捷、编程正确	教师评价 20% 自己评价 30% 相互评价 50%	根据计算的准确性，结合三方面评价评分	30

（续）

序号	工作过程	主要内容	建议考核方式	评分标准	配分
4	任务总结报告（60分）	记录实施、过程步骤	教师评价100%	根据基点和节点计算的任务分析、实施、总结过程记录情况，提出新建议等情况评分	15
5	职业素养、团队合作（10分）	工作积极主动性，组织协调与合作	教师评价30% 自己评价20% 相互评价50%	根据工作积极主动性，文明生产情况以及相互协作情况评分	20

3.4.2　任务总结

能够掌握数控车床坐标系的建立，熟练运用常用的G代码、M代码以及F、S、T功能按编程格式编写简单零件程序。根据零件图样要求，按照已确定的加工路线进行手工程序编制。熟练运用固定循环及复合循环进行数控车床程序的编制。

3.4.3　练习与提高

一、填空题

1. 数控编程时，可采用＿＿＿＿＿＿、＿＿＿＿＿＿或者混合编程。

2. 刀具补偿分＿＿＿＿＿＿补偿和＿＿＿＿＿＿补偿两种。

3. 刀具半径补偿的执行一般分为＿＿＿＿＿＿、＿＿＿＿＿＿、＿＿＿＿＿＿三步。

4. 不论数控机床是刀具运动还是工件运动，编程时均以＿＿＿＿＿＿的运动轨迹来编写程序。

5. 在数控车削中，＿＿＿＿＿＿＿循环指令适合用于加工已基本铸造或锻造成形的工件。

二、简答题

1. G71的编程格式是什么？编程时应注意什么？

2. 建立刀具半径补偿的步骤如何？在什么情况下建立和取消刀具半径补偿？

3. G73适用于什么场合编程？

4. 简述数控机床坐标轴是如何确定的。

三、编程题

1. 编制图3-68所示零件的数控加工程序。毛坯为45钢，正火处理。毛坯尺寸为ϕ50mm×95mm。

2. 编制图3-69所示零件的数控加工程序。毛坯为45钢，正火处理。毛坯尺寸为ϕ50mm×55mm。

3. 编制图3-70所示零件的数控加工程序。毛坯为45钢，正火处理。毛坯尺寸为ϕ60mm×75mm。

4. 编制图3-71所示零件的数控加工程序。毛坯为45钢，正火处理。毛坯尺寸为ϕ45mm×100mm。

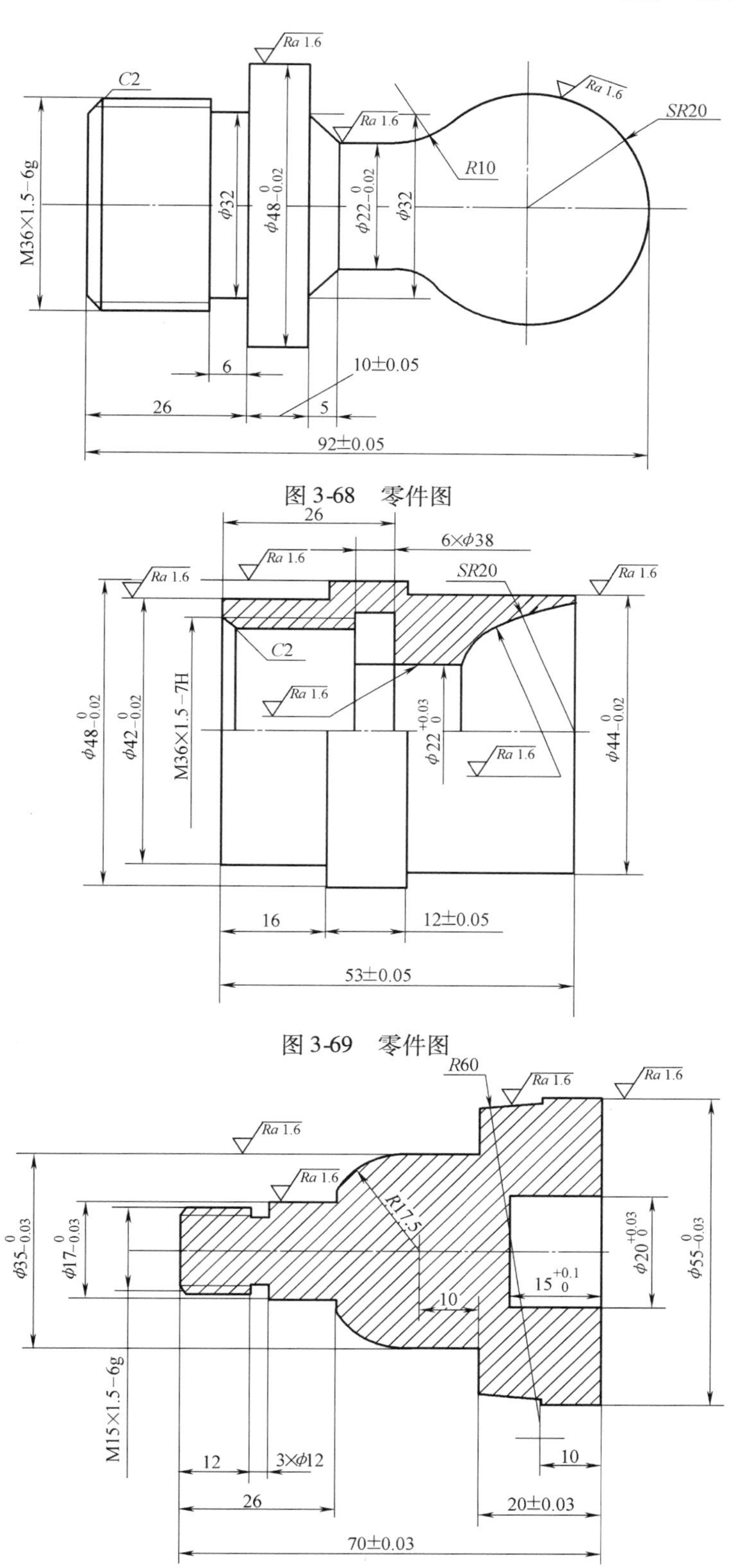

图 3-68　零件图

图 3-69　零件图

图 3-70　零件图

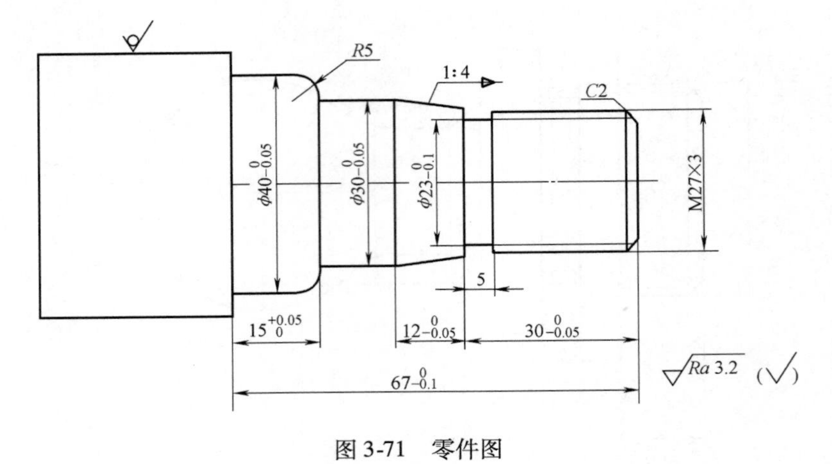
R5
1:4
C2
$\phi40_{-0.05}^{0}$
$\phi30_{-0.05}^{0}$
$\phi23_{-0.1}^{0}$
M27×3
5
$15_{0}^{+0.05}$
$12_{-0.05}^{0}$
$30_{-0.05}^{0}$
$67_{-0.1}^{0}$
Ra 3.2

图 3-71　零件图

任务4 复杂零件的数控车削编程

4.1 任务描述及目标

本任务主要介绍：在数控车床上采用自定心卡盘一夹一顶的方式进行零件粗、精车的装夹定位，使用外圆精车车刀、切槽车刀、圆弧切槽车刀进行零件的加工，对曲面轴零件加工编程和数控车削加工的全过程进行解析。

通过本任务学习，学生能掌握数控编程中坐标系与坐标原点、起始点的确定，以及程序编制的相关知识。从手工编程的角度出发，掌握和运用加工运行轨迹和编程基点尺寸的数学计算。能够说明程序中使用的工件装夹方式，刀具类型，加工工艺，数控粗、精加工的内容和先后顺序，并合理安排刀具切入和切出路线、数控加工进给路线以及编制数控车削加工程序。

4.2 任务资讯

4.2.1 曲面零件图样（图 4-1）

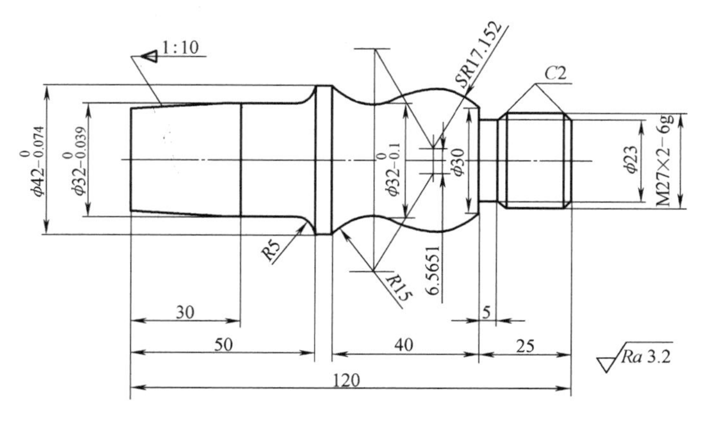

图 4-1　曲面轴零件图

4.2.2 零件加工工艺的分析

1. 结构分析

在数控车削加工中，该零件车削加工成形轮廓的结构形状并不复杂，但零件的尺寸精度要求高，从零件的总体结构考虑，增加零件左端面的倒圆 $R2$mm，并将零件右端面的倒角 $C2$ 改为 $R2$mm 的倒圆角，等于增加了零件装配时的导入角，并且结构部位的这种改变利用外圆精车车刀的刀尖圆弧就可以完成加工，并不需要增加新的刀具。

2. 精度分析

在数控车削加工中，零件重要的径向加工部位有：$\phi32_{-0.039}^{\ 0}$mm 圆锥段，$\phi42_{-0.074}^{\ 0}$mm 圆柱段，$R15$mm 球面的中点直径为 $\phi32_{-0.1}^{\ 0}$mm，$SR17.152$mm 球面，球面最小处直径为 $\phi30$mm，球面另一端与 $SR15$ 内球面相切；零件右端为螺纹 M27×2，具体如图 4-1 所示。零件重要的轴向加工部位为内外相切球面，其轴向尺寸应该以 $\phi42$mm 圆柱段的右端面为准。零件其他轴向加工部位相对容易加工。

3. 零件装夹与定位基准分析

在数控粗、精加工中，该零件可以先一夹一顶以外圆面和中心孔定位，粗、精加工零件左端，再采用一夹一顶以 $\phi32$mm 外圆和中心孔定位粗、精加工零件右端。

4. 加工刀具分析

由图 4-1 可知，在该零件的数控车削加工中，为保证零件加工轨迹的连续性，外圆加工应使用主偏角 $\kappa_r=93°$，副偏刀 $\kappa_r'=57°$，刀尖圆弧半径 $r_\varepsilon=0.2$mm 外圆车刀，零件退刀槽加工使用宽为 5mm 的切槽车刀，零件的螺纹加工使用 60°三角螺纹车刀，就可满足加工要求。

4.2.3　工艺处理

在生产实际中，并不单纯仅仅是数控工艺，大部分零件的加工，往往是以混合工艺的形式来进行编制。

1）零件左端、右端钻 B 型中心孔 B2.5。

2）使用自定心卡盘装夹工件，采用一夹一顶进行装夹定位，粗、精加工零件左端，包括锥体、$\phi32$mm 外圆和 $R5$mm 圆弧。

3）调头，使用自定心卡盘装夹工件，采用一夹一顶进行装夹定位，粗、精加工零件右端，包括螺纹、退刀槽、$SR17.152$mm 和 $R15$mm 圆弧、$\phi42$mm 外圆。

4.2.4　数控车削加工工艺

1. 数控车削加工的数控编程任务书（见表 4-1）

表 4-1　数控编程任务书　　　　年　月　日

××××××× 工艺处	数控编程任务书	产品零件图号		任务书编号
		零件名称	曲面轴	***********
		使用数控设备	数控车床	共 1 页第 1 页

主要工艺说明及技术要求：

1. 数控车削加工零件上各部轨迹曲线尺寸的精度达到图样要求。数控车削加工要求详见产品工艺卡片。
2. 技术要求见零件图。

收到编程时间	月　日	经手人							
编制		审核		编程		审核		批准	

2. 数控车削加工时的零件装夹方式

工件安装（示意图）和工件坐标系原点设定卡见表 4-2。

表 4-2　工件安装和工件坐标系原点设定卡

<table>
<tr><td>零件图号</td><td>＊＊＊＊＊＊＊＊＊＊</td><td rowspan="2">数控加工工件安装和原点设定卡</td><td>工序号</td><td>＊＊＊＊＊＊＊＊＊＊</td></tr>
<tr><td>零件名称</td><td>曲面轴</td><td>装夹次数</td><td>1 次</td></tr>
<tr><td colspan="2">工件安装示意图</td><td colspan="3">尾座顶尖
X
O
Z
工件坐标系原点设定卡</td></tr>
</table>

3. 数控车削加工工序

数控加工分粗车加工和精车加工，其工序如下：

（1）粗、精车左端　使用主偏角 $\kappa_r=93°$，副偏角 $\kappa_r'=57°$，刀尖圆弧半径 $r_\varepsilon=0.2\text{mm}$ 的外圆车刀，粗、精加工零件左端各部外圆轮廓面与所在端面。数控加工工序卡见表 4-3。

表 4-3　数控加工工序卡　　　　年　月　日

<table>
<tr><td colspan="2" rowspan="2">××××××
机械厂</td><td colspan="2" rowspan="2">数控加工工序卡</td><td>产品名称和代号</td><td colspan="2">零件名称</td><td colspan="2">零件图号</td></tr>
<tr><td>＊＊＊＊＊＊＊</td><td colspan="2">曲面轴</td><td colspan="2">＊＊＊＊＊＊＊＊＊＊</td></tr>
<tr><td colspan="2">工序序号</td><td colspan="2">程序编号</td><td>夹具名称</td><td colspan="2">使用设备</td><td colspan="2">车间</td></tr>
<tr><td colspan="2">＊＊＊＊＊＊＊＊</td><td colspan="2">P＊＊＊＊＊＊＊</td><td>自定心卡盘</td><td colspan="2">数控车床</td><td colspan="2">＊＊＊＊＊＊</td></tr>
<tr><td>工序号</td><td>工序内容</td><td>加工面</td><td>刀具号</td><td>刀具规格</td><td>主轴转速 /（r/min）</td><td>进给量 /（mm/r）</td><td>背吃刀量 /mm</td><td>备注</td></tr>
<tr><td>1</td><td>零件两端钻 B 型中心孔</td><td></td><td>T0</td><td>中心钻 B2.5</td><td>1000</td><td>0.1</td><td></td><td></td></tr>
<tr><td>2</td><td>粗车零件左端外形</td><td></td><td>T1</td><td>$\kappa_r=93°$、$\kappa_r'=57°$</td><td>600</td><td>0.3</td><td>1.5</td><td>粗车</td></tr>
<tr><td>3</td><td>精车零件左端外形</td><td></td><td>T1</td><td>$\kappa_r=93°$、$\kappa_r'=57°$</td><td>1200</td><td>0.1</td><td>0.5</td><td>精车</td></tr>
<tr><td>4</td><td>粗车零件右端外形</td><td></td><td>T1</td><td>$\kappa_r=93°$、$\kappa_r'=57°$</td><td>600</td><td>0.3</td><td>1.5</td><td>粗车</td></tr>
<tr><td>5</td><td>精车零件右端外形</td><td></td><td>T1</td><td>$\kappa_r=93°$、$\kappa_r'=57°$</td><td>1200</td><td>0.1</td><td>0.5</td><td>精车</td></tr>
<tr><td>6</td><td>车削退刀槽</td><td></td><td>T2</td><td>$B=5\text{mm}$</td><td>500</td><td>0.08</td><td></td><td></td></tr>
<tr><td>7</td><td>车削加工零件右端螺纹</td><td></td><td>T3</td><td></td><td>600</td><td>2</td><td></td><td></td></tr>
</table>

（2）粗、精车右端　调头，重新安装工件装夹定位后，使用主偏角 $\kappa_r=93°$，副偏角 $\kappa_r'=57°$，刀尖圆弧半径 $r_\varepsilon=0.2\text{mm}$ 的外圆车刀，粗、精加工零件右端各部外圆轮廓面和所在端面，使用切槽车刀加工退刀槽，使用三角形螺纹车刀车削螺纹。数控加工工序卡见表 4-3。

4. 数控车削加工刀具

T0：中心钻 B2.5。

T1：主偏角 $\kappa_r=93°$，副偏角 $\kappa_r'=57°$，刀尖圆弧半径 $r_\varepsilon=0.2\text{mm}$ 的外圆车刀（可转位车刀）。

T2：切削刃宽 $B=5\text{mm}$ 的切槽车刀（可转位车刀）。

T3：螺纹车刀（可转位车刀）。

数控刀具结构与明细参见表 4-4。

表 4-4　数控刀具结构与明细

零件图号		零件名称	材料	数控刀具明细表			程序编号		车间	使用设备
* * * * * * * *		曲面轴	45 钢				* * * * * * *		* * * * *	数控车床
刀具号	刀位号	刀具名称	刀具图号	刀　　具			刀补地址		换刀方式	加工部位
				规格		长度/mm	直径	长度	自动/手动	
				设定	补偿	设定				
T0		中心钻							手动	零件两端
T1	1	外圆车刀		$\kappa_r=93°$					自动	零件外形
T2	2	切槽车刀		$B=5\text{mm}$					自动	零件右端
T3	3	螺纹车刀							自动	零件右端

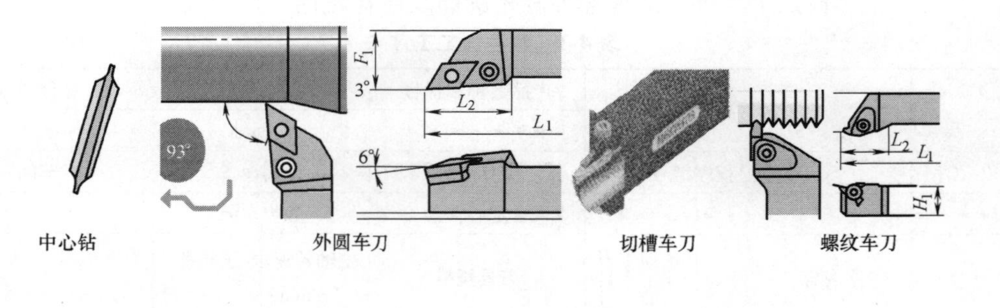

5. 切削用量的选择与确定

在数控车削加工中，粗车背吃刀量为 1.5mm，精车背吃刀量为 0.5mm。主轴转速、进给量参见数控加工工序卡（见表 4-3）。

6. 编程参数的计算

该零件车削加工的形状比较简单，因此由图 4-2 就可直接得到数控精加工编程所需尺寸。

零件倒圆计算如下（见图 4-3）：

已知零件的锥度为 1∶10，在 $\triangle SNT$ 中，$NT=28\text{mm}$，$ST=1.4\text{mm}$

所以 $SN=\sqrt{NT^2+ST^2}=28.03498$

因为 $\triangle OML \backsim \triangle NST$

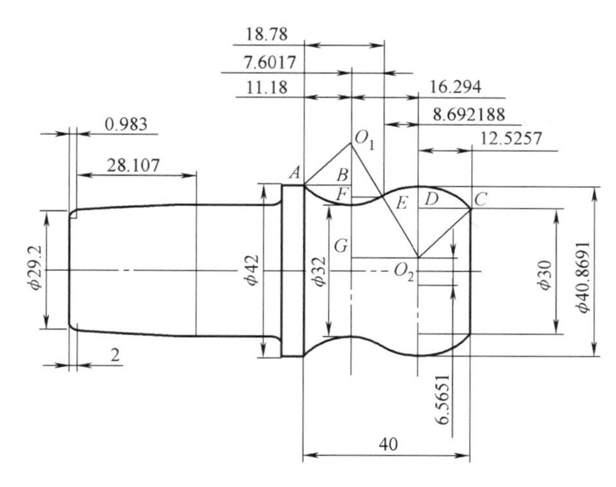

图 4-2　圆弧参数计算

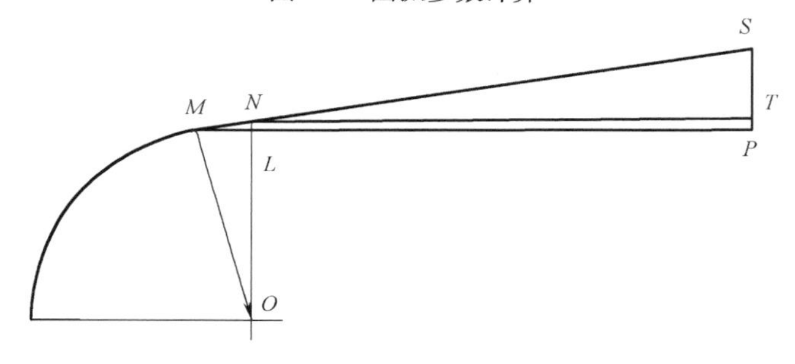

图 4-3　倒圆参数计算

所以$\dfrac{MO}{ML}=\dfrac{SN}{ST}$

$$ML=\frac{MO\times ST}{SN}=\frac{2\times1.4}{28.03498}\text{mm}=0.099876\text{mm}$$

所以　$$MP=28\text{mm}+0.099876\text{mm}=28.099876\text{mm}$$

零件圆弧计算如下（见图4-2）：

在$\triangle O_1AB$中，$O_1B=15\text{mm}+16\text{mm}-21\text{mm}=10\text{mm}$

$$AB=\sqrt{O_1A^2-O_1B^2}=11.18\text{mm}$$

在$\triangle O_2CD$中，$O_2D=(30-6.5651)\text{mm}/2=11.71745\text{mm}$

$$CD=\sqrt{O_2C^2-O_2D^2}=12.52567\text{mm}$$

$$O_1G=15\text{mm}+16\text{mm}-6.5651\text{mm}/2=27.71745\text{mm}$$

$$O_2G=\sqrt{O_1O_2^2-O_1G^2}=16.29398875\text{mm}$$

或　$$O_2G=40\text{mm}-11.18\text{mm}-12.526\text{mm}=16.294\text{mm}$$

在进行编程参数计算时，应该加上车刀刀尖的圆弧半径值0.2mm。

螺纹切削计算如下：

已知螺纹公称直径为$\phi27$mm，螺纹螺距为2mm，经查表并计算得：

螺纹小径为 $\phi24.835$mm，螺纹中径为 $\phi25.701$mm，螺纹深度为 $H=\frac{\sqrt{3}}{2}P=1.732$mm，螺纹大径允许切小 0.2165mm（$8/H=0.2165$mm，即螺纹大径最小值为 $\phi26.78$mm）。

4.3　任务实施

4.3.1　华中世纪星编程

曲面轴左端（带有倒圆、$R5$mm 圆弧、锥体）数控加工程序单见表 4-5，曲面轴右端（带有相切圆弧、槽、螺纹）数控加工程序单见表 4-6。

表 4-5　曲面轴左端数控加工程序单

程　　序	说　　明
%1233	程序名称
N010　M03　S600;	主轴以 600r/min 正转
N020　G95　G97　G40;	修正机床状态
N030　T0101;	调 T1 外圆车刀
N040　G00　X100　Z100;	运刀到换刀点
N050　X52　Z2;	运刀到进刀点
N060　G71　U1.5　R0.3　P140　Q200　X1　Z0　F0.3;	采用 G71 外圆粗加工循环加工左端轮廓
N070　G00　X100　Z100;	运刀到换刀点
N080　M05;	主轴停止
N090　M00;	程序暂停（检验工件尺寸）
N100　M03　S1200;	起动主轴
N110　T0101;	调 T1 外圆车刀
N120　G95　G97;	修正机床状态
N130　G00　X52　Z2;	运刀到进刀点
N140　G42　G00　X18;	精加工首段
N150　G01　Z0　F0.1;	
N160　X29　R2;	
N170　X32　Z-30;	
N180　Z-45;	
N190　G02　X42　Z-50　R5;	
N200　X52;	精加工尾段
N210　G00　X100　Z100;	运刀到换刀点
N220　M05;	主轴停止
N230　M30;	程序结束

表 4-6　曲面轴右端数控加工程序单

程　序	说　明
%1234	程序名称
N010　M03　S600;	主轴正转，转速为 600r/min
N020　G95　G97　G40;	修正机床状态
N030　T0101;	调 T1 外圆车刀
N040　G00　X100　Z100;	运刀到换刀点
N050　X52　Z2;	运刀到进刀点
N060　G71　U1.5　R0.3　P140　Q200　X1　Z0　F0.3;	采用 G71 外圆粗加工循环加工右端轮廓
N070　G00　X100　Z100;	运刀到换刀点
N080　M05;	主轴停止
N090　M00;	程序暂停（检验工件尺寸）
N100　M03　S1200;	起动主轴
N110　T0101;	调 T1 外圆车刀
N120　G95　G97;	修正机床状态
N130　G00　X52　Z2;	运刀到进刀点
N140　G42　G00　X22.78;	精加工首段
N150　G01　Z0　F0.1;	
N160　X26.78　Z-2;	
N170　Z-25;	
N180　X30;	
N190　G03　X36.138　Z-46.218　R17.152;	
N200　G02　X42　Z-65　R15;	
N210　G01　Z-71;	
N220　X51;	精加工尾段
N230　G00　X100　Z100;	运刀到换刀点
N240　M05;	主轴停止
N250　M00;	程序暂停（检验工件尺寸）
N260　M03　S600;	起动主轴，转速为 600r/min
N270　T0202;	调 T2 切槽车刀
N280　G00　X31　Z-25;	进刀点
N290　G01　X23　F0.08;	切槽
N300　X27　Z-18　F1;	
N340　G00　X100;	
N350　Z100;	运刀到换刀点
N360　T0303;	调 T3 螺纹车刀
N370　G00　X28　Z5;	运刀到进刀点
N380　G82　X26.2　Z-22　F2;	加工螺纹
N390　X25.6　Z-22;	
N400　X25　Z-22;	
N410　X24.835　Z-22;	
N420　G00　X100　Z100;	运刀到进刀点
N430　M05;	主轴停止
N440　M30;	程序结束

4.3.2 FANUC 0i-TD 编程

曲面轴左端（带有倒圆、锥体、*R*5mm 圆弧）数控加工程序单见表4-7。曲面轴右端（带有相切圆弧、槽、螺纹）数控加工程序单见表4-8。

表4-7　曲面轴左端数控加工程序单

程　序	说　明
O1233	程序名称
N010　M03　S600；	主轴正转、转速为600r/min
N020　G99　G97　G40；	修正机床状态
N030　G00　X100　Z100；	运刀到换刀点
N040　T0101；	调T1外圆车刀
N050　X52　Z2；	运刀到进刀点
N060　G71　U1.5　R0.3；	采用G71外圆粗加工循环加工左端轮廓
N070　G71　P080　Q140　U1　W0　F0.3；	
N080　G42　G00　X18；	精加工首段
N090　G01　Z0　F0.1；	
N100　X29　R2；	
N110　X32　Z-30；	
N120　Z-45；	
N130　G02　X42　Z-50　R5；	
N140　X52；	精加工尾段
N150　G00　X100　Z100；	运刀到换刀点
N160　M05；	主轴停止
N170　M00；	程序暂停（检验工件尺寸）
N180　M03　S1200；	起动主轴
N190　T0101；	调T1外圆车刀
N200　G95　G97；	修正机床状态
N210　G00　X52　Z2；	运刀到进刀点
N220　G70　P080　Q140；	精加工轮廓
N230　G00　X100　Z100；	运刀到换刀点
N240　M05；	主轴停止
N250　M30；	程序结束

表4-8　曲面轴右端数控加工程序单

程　序	说　明
O1234	程序名称
N010　M03　S600；	主轴正转、转速为600r/min
N020　G99　G97　G40；	修正机床状态
N030　T0101；	调T1外圆车刀
N040　G00　X100　Z100；	运刀到换刀点
N050　X52　Z2；	运刀到进刀点

（续）

程　　序	说　　明
O1234	程序名称
N060　G73　U10　W10　R4；	采用G73外圆粗加工循环加工右端轮廓
N070　G73　P080　Q160　U1　W0　F0.3；	
N080　G42　G00　X22.78；	精加工首段
N090　G01　Z0　F0.1；	
N100　X26.78　Z－2；	
N110　Z－25；	
N120　X30；	
N130　G03　X36.138　Z－46.218　R17.152；	
N140　G02　X42　Z－65　R15；	
N150　G01　Z－71；	
N160　X51；	精加工尾段
N170　G00　X100　Z100；	运刀到换刀点
N180　M05；	主轴停止
N190　M00；	程序暂停（检验工件尺寸）
N200　M03　S1200；	起动主轴
N210　T0101；	调T1外圆车刀
N220　G99　G97；	修正机床状态
N230　G00　X52　Z2；	运刀到进刀点
N240　G70　P080　Q160；	精加工轮廓
N250　G00　X100　Z100；	运刀到换刀点
N260　M05；	主轴停止
N270　M00；	程序暂停（检验工件尺寸）
N280　M03　S600；	起动主轴，转速为600r/min
N290　T0202；	调T2切槽车刀
N300　G00　X31　Z－25；	进刀点
N310　G01　X23　F0.08；	切槽
N320　X27　Z－18　F1；	
N360　G00　X100；	运刀到换刀点
N370　Z100；	
N380　T0303；	调T3螺纹车刀
N390　G00　X28　Z5；	运刀到进刀点
N400　G92　X26.2　Z－22　F2；	螺纹加工
N410　X25.6　Z－22；	
N420　X25　Z－22；	
N430　X24.835　Z－22；	
N440　G00　X100　Z100；	返回安全点
N450　M05；	主轴停止
N460　M30；	程序结束

4.4 任务评价与总结提高

4.4.1 任务评价

本任务的考核标准见表4-9,本任务在该课程考核成绩中的比例为25%。

表4-9 考核标准

序号	工作过程	主要内容	建议考核方式	评分标准	配分
1	资讯(10分)	任务相关知识查找	教师评价50% 相互评价50%	通过资讯查找相关知识学习,按任务知识能力掌握情况进行评分	15
2	决策计划(10分)	确定编程方案、编写编程计划	教师评价80% 相互评价20%	根据整体设计方案以及采用方法的合理性评分	20
3	实施(10分)	编程方法合理、工艺安排正确、节点计算正确、编程正确	教师评价20% 自己评价30% 相互评价50%	根据计算的准确性,结合三方面评价评分	30
4	任务总结报告(60分)	记录实施过程、步骤	教师评价100%	根据基点和节点计算的任务分析、实施、总结过程记录情况,提出新建议等情况评分	15
5	职业素养团队合作(10分)	工作积极主动,组织协调与合作	教师评价30% 自己评价20% 相互评价50%	根据工作积极主动性,文明生产情况以及相互协作情况评分	20

4.4.2 任务总结

曲面轴为典型的轴类零件，生产规模为小批量加工。该零件轨迹曲线复杂，有着严格的尺寸精度要求，所以加工难度大。要求合理安排加工工艺，合理安排刀具切入和切出路线、数控加工进给路线，正确编制数控车削加工程序等，以保证曲面轴零件的尺寸精度、几何精度和位置精度。

4.4.3 练习与提高

对下列零件进行车削加工编程。

1. 如图4-4所示的零件，毛坯材料为45钢，正火状态。毛坯尺寸为ϕ50mm×135mm。

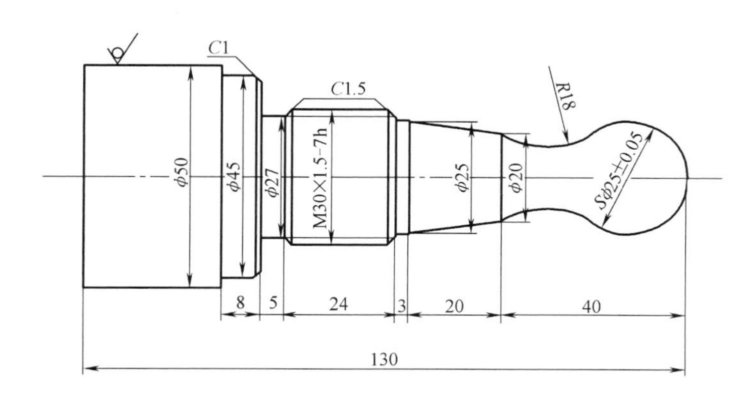

图 4-4　零件图

2. 如图 4-5 所示的零件，毛坯材料为 45 钢，正火状态。毛坯尺寸为 ϕ50mm × 100mm。

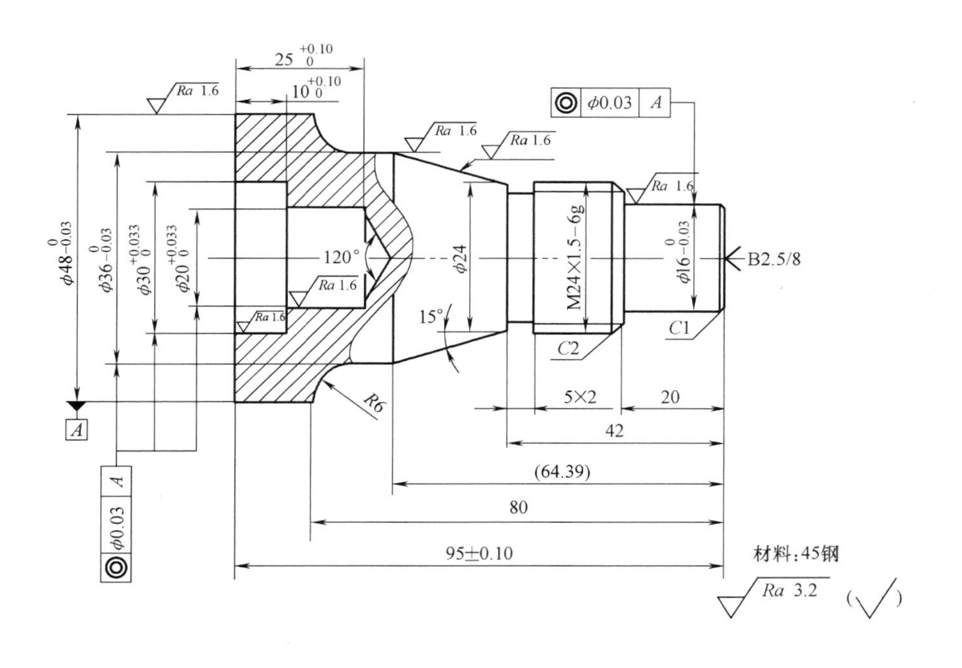

图 4-5　零件图

3. 如图 4-6 所示的零件，毛坯材料为 45 钢，正火状态。毛坯尺寸为 ϕ40mm × 115mm。

4. 如图 4-7 所示的零件，毛坯材料为 45 钢，正火状态。毛坯尺寸为 ϕ80mm × 60mm。

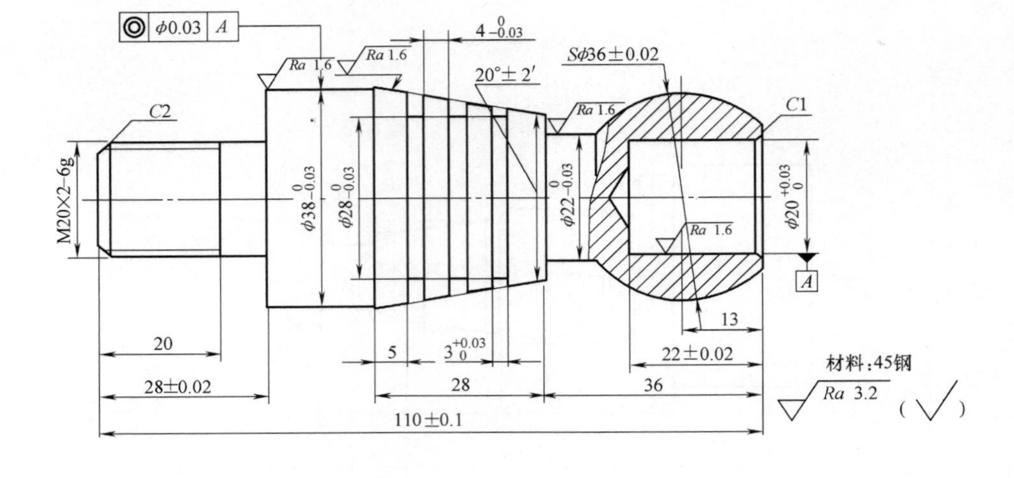

图 4-6　零件图

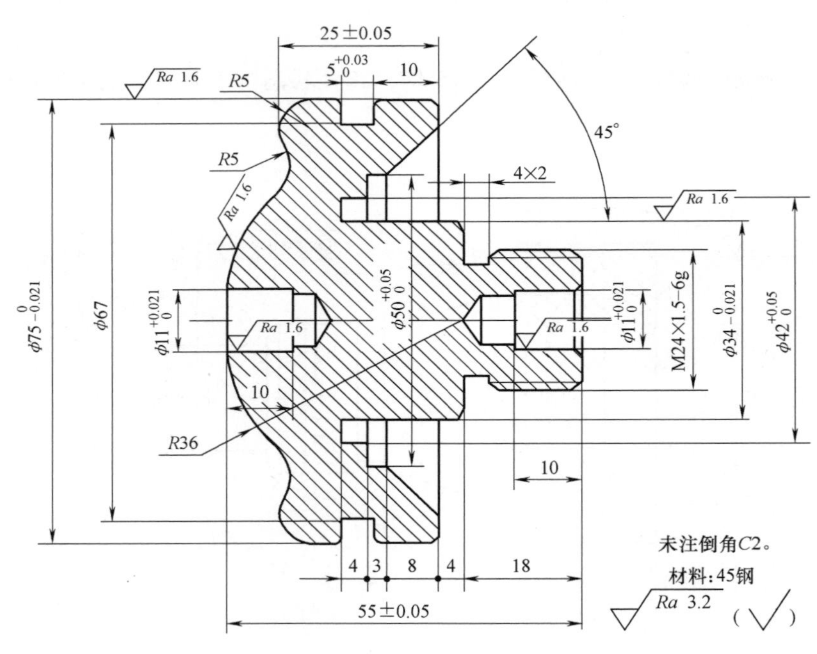

图 4-7　零件图

任务5 非圆曲线的变量编程

5.1 任务描述及目标

将一组命令所构成的功能，像子程序一样输入在内存中，再把这些功能用一个命令作为代表，执行时只需写出这个代表命令就可以执行其功能。

在这里，所输入的一组命令称为用户宏主体（或用户宏程序），简称为用户宏（CustomMacro），这个代表命令称为用户宏命令，也称为宏调用命令。使用时，操作者只要会使用用户宏命令即可，而不必去理会用户宏主体。用户宏的最大特征有以下几个方面：可以在用户宏主体中使用变量；可以进行变量之间的运算；可以用用户宏命令对变量进行赋值。

使用用户宏的主要方便之处在于可以用变量代替具体数值，因而在加工同一类的零件时，只需将实际的值赋予变量即可，而不需要对每一个零件都编一个程序。

任务目标是：

①掌握变量编程。

②掌握B类宏程序指令。

5.2 任务资讯

5.2.1 变量的种类

按变量号码可将变量分为局（local）变量、公共（common）变量和系统（system）变量，其用途和性质都是不同的。

1. 华中系统宏变量（见表5-1）

表5-1 华中系统的宏变量

变量号	用途	变量号	用途
#0～#49	当前局部变量	#450～#499	5层局部变量
#50～#199	全局变量	#500～#549	6层局部变量
#200～#249	0层局部变量	#550～#599	7层局部变量
#250～#299	1层局部变量	#600～#699	刀具长度寄存器H0～H99
#300～#349	2层局部变量	#700～#799	刀具半径寄存器D0～D99
#350～#399	3层局部变量	#800～#899	刀具寿命寄存器
#400～#449	4层局部变量		

2. FANUC 系统宏变量（见表 5-2）

表 5-2 FANUC 系统的宏变量

变量号	用 途	变量号	用 途
#0	空变量	#100 ~ #199 #500 ~ #999	公共变量
#1 ~ #33	局部变量	#1000 ~	系统变量

1）局部变量就是在用户宏中局部使用的变量。换句话说，在某一时刻调出的用户宏中所使用的局部变量#i 和另一时刻调用的用户宏（不论与前一个用户宏相同还是不同）中所使用的#i 是不同的。因此，在多重调用时，在用户宏 A 调用用户宏 B 的情况下，也不会将 A 中的变量破坏。

例如，用 G 代码（如 G65 时）调用用户宏时，局部变量级会随着调用多重度的增加而增加，即存在图 5-1 所示的关系。

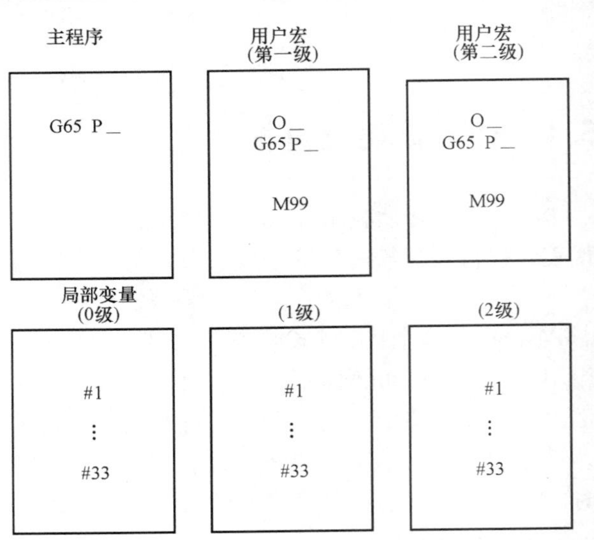

图 5-1 局部变量应用时的关系

上述关系说明了以下几点：

①主程序中具有#1 ~ #33 的局部变量（0 级）。

②用 G65 调用用户宏（第 1 级）时，主程序的局部变量（0 级）被保存起来，再重新为用户宏（第 1 级）准备了另一套局部变量#1 ~ #33（第 1 级），可以再向它赋值。

③下一用户宏（第 2 级）被调用时，其上一级的局部变量（第 1 级）被保存，再准备出新的局部变量#1 ~ #33（第 2 级），以此类推。

④当用 M99 从各用户宏回到前一程序时，所保存的局部变量（第 0、1、2 级）以被保存的状态出现。

对于没有赋值的局部变量，其初期状态为空，用户可自由使用。

2）公共变量 与局部变量相对，公共变量是在主程序以及调用的子程序中通用的变量。因此，在某个用户宏中运算得到的公共变量的结果#i，可以用到别的用户宏中。公共变量主要由#100 ~ #199 及#500 ~ #999 构成。其中前一组是非保持型（操作型），即断电后就被清零，后一级是保持型，即断电后仍被保存。

3）系统变量是根据用途而被固定的变量，用于读和写 CNC 运行时各种数据的变化。

5.2.2 B 类型的用户宏程序

1. 调用指令

（1）单纯调用 通常对宏程序主体进行一次性调用，也称为单纯调用。调用格式：G65 P（程序号，引数赋值）。其中，G65 是宏调用代码，P 之后为宏程序主体的程序号。引数赋值由地址符及数值构成，由它给宏程序主体中所使用的变量赋予实际数值。引数赋值有以下三种形式。

1）引数赋值Ⅰ。除去G、L、N、O、P地址符以外的字母都可作为引数赋值的地址符，大部分无顺序要求，但对I、J、K赋值时则必须按字母顺序排列，没有使用的地址可省略。

例如，“B__　A__　D__　I__　K__”格式正确；“B__　A__　D__　J__　I__”格式不正确。引数赋值Ⅰ的地址和用户宏程序主体内所使用变量号的对应关系见表5-3。

表5-3　引数赋值Ⅰ的地址和变量号的对应关系

引数赋值Ⅰ的地址	宏程序主体中的变量	引数赋值Ⅰ的地址	宏程序主体中的变量
A	#1	Q	#17
B	#2	R	#18
C	#3	S	#19
D	#7	T	#20
E	#8	U	#21
F	#9	V	#22
H	#11	W	#23
I	#4	X	#24
J	#5	Y	#25
K	#6	Z	#26
M	#13		

2）引数赋值Ⅱ。除表5-3所示的引数之外，I、J、K作为一组引数，最多可指定10组。引数赋值Ⅱ的地址和宏程序主体中使用变量号的对应关系见表5-4。

表5-4　引数赋值Ⅱ的地址和变量号的对应关系

引数赋值Ⅱ的地址	宏程序主体中的变量	引数赋值Ⅱ的地址	宏程序主体中的变量
A	#1	……	……
B	#2	……	……
C	#3	……	……
I_1	#4	……	……
J_1	#5	……	……
K_1	#6	……	……
I_2	#7	I_{10}	#31
J_2	#8	J_{10}	#32
K_2	#9	K_{10}	#33

注：表中的下标只表示顺序，并不写在实际命令中。

3）引数赋值Ⅰ、Ⅱ的混用。在G65程序段引数中，可以同时用表5-2及表5-3中两组引数赋值。但当对同一个变量Ⅰ、Ⅱ组的引数都赋值时，只是后一引数赋值有效，如图5-2所示。

在图5-2中，对变量#7，由I4.0及D5.0进行引数赋值时，只有后边的D5.0才是有效的。

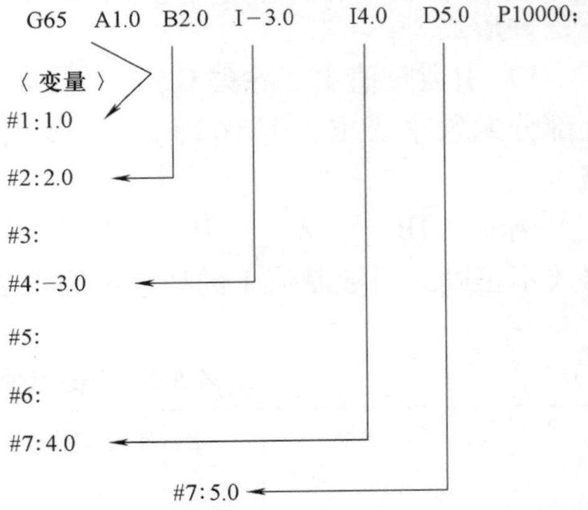

G65　A1.0　B2.0　I－3.0　I4.0　D5.0　P10000；
（变量）
#1:1.0
#2:2.0
#3:
#4:－3.0
#5:
#6:
#7:4.0
#7:5.0

图5-2　引数赋值

（2）模态调用　其调用形式为G66　P（程序码）L（循环次数，引数赋值）。在这一调用态下，当程序段中有移动指令时，则先执行移动指令再调用用户宏，所以又称移动调用指令。取消用户宏用G67。

2. 华中世纪星控制指令

由以下控制指令可以控制用户宏程序主体的程序流程。

（1）IF[<条件式>]GOTOn(n为顺序号)　条件式成立时，从顺序号为n的程序以下执行；条件式不成立时，执行下一个程序段。条件式种类见表5-5。

表5-5　条件式种类

变　量	符　号	变　量	意　义	变　量	符　号	变　量	意　义
#j	EQ	#k	=	#j	LT	#k	<
#j	NE	#k	≠	#j	GE	#k	⩾
#j	GT	#k	>	#j	LE	#k	⩽

（2）WHILE[<条件式>]

：

ENDW

条件式成立时，从条件式到ENDW的程序段重复执行；条件式如果不成立，则从ENDW的下一个程序段执行。

（3）无条件转移GOTOn　例如，GOTO10表示转移到N10程序段。

3. FANUC 0i-TD控制指令

（1）IF ［ <条件式> ］ GOTOn　条件式成立时，从顺序号为n的程序以下执行；条件式不成立时，执行下一个程序段。

（2）WHILE ［ <条件式> ］ DOm

：

ENDm

条件式成立时，从DOm的程序段到ENDm的程序段重复执行；如果条件式不成立，则从ENDm的下一个程序段执行。注意：m是顺序号，只能是1、2、3。

（3）无条件转移GOTOn　例如，GOTO10表示转移到N10程序段。

4. 运算指令

在变量之间和变量与常量之间可以进行各种运算，常用的运算符见表5-6。

表 5-6　常用的运算符

运算符	定　义	举　例	运算符	定　义	举　例
=	定义	#i = #j	TAN	正切	#i = TAN[#j]
+	加法	#i = #j + #k	ATAN	反正切	#i = ATANl#[j]
-	减法	#i = #j - #k	SQRT	平方根	#i = SQRT[#j]
*	乘法	#i = #j * #k	ABS	绝对值	#i = ABS[#j]
/	除法	#i = #j/#k	ROUND	舍入	#i = ROUND[#j]
SIN	正弦	#i = SIN[#j]	FIX	上取整	#i = FIX[#j]
ASIN	反正弦	#i = ASIN[#j]	FUP	下取整	#i = FUP[#j]
COS	余弦	#i = COS[#j]	LN	自然对数	#i = LN[#j]
ACOS	反余弦	#i = ACOS[#j]	EXP	指数函数	#i = EXP[#j]
OR	或运算	#i = #j OR #k	BIN	十→二进制换	#i = BIN[#j]
XOR	异或运算	#i = #j XOR #k	BCD	二→十进制换	#i = BCD[#j]
AND	与运算	#i = #j AND #k			

5.3　任务实施

5.3.1　抛物线的变量编程

例 1　加工图 5-3 所示的二次曲线，其方程为 $Z = -X^2/20$。

工件坐标系如图 5-3 所示，抛物线顶点为工件原点。设刀尖在参考点上与工件原点的距离为 $X = 200.0$，$Z = 400.0$。采用线段逼近法编制程序。

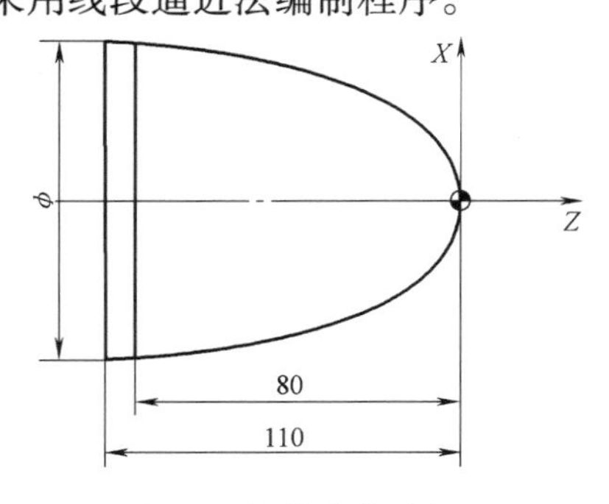

图 5-3　抛物线曲线加工

1. 华中世纪星 B 类宏程序编程

用华中世纪星 B 类用户宏程序加工图 5-3 所示工件，采用线段逼近法编制程序。

主程序

%1235　　　　　　　　　　　　　程序号

N10　G50　X200.0　Z400.0；

```
N20  M03  S700;
N30  T1010;
N40  G42  G00  X0  Z3.0  D10;
N50  G99  G01  Z0  F0.05;
N60  G65  P9010  A0.01  B2.0;                  调用加工抛物线的子程序
          C20.0  D-80.0  E0  F0.03;            步距为0.01mm，直径编程
N70  G01  Z-110.0  F0.05;
N80  G40  G00  X200.0  Z400.0  T0100  M05;
N90  M02;
```

子程序

```
%9010                                    子程序号
N10  #6=#8;                              赋初始值
N20  #10=#6+#1;                          加工步距（直径编程）
N30  #11=#10/#2;                         求半径（方程中的X）
N40  #15=#11*#11;                        求半径的平方（方程中的X^2）
N50  #20=#15/#3;                         求X^2/20
N60  #25=-#20;                           求-X^2/20
N70  #12=#11*#2;                         求2X（直径）
N80  WHILE[#25 GT#7];                    条件语句
N90  G99  G01  X#12  Z#25  F#9;          走直线进行加工
N100  #6=#10;                            变换动点
N110  ENDW;                              终点
N120  M99;                               子程序结束
```

2. FANUC 0i-TD B 类宏程序编程

用 FANUC 0i-TD B 类用户宏程序加工图 5-3 所示工件，采用线段逼近法编制程序。

主程序

```
O1236                                    程序号
N10  M03  S700;
N20  G99  G97  G40;
N30  T1010;
N40  G00  X0  Z3.0;
N50  G99  G01  Z0  F0.05;
N60  G65  P9010  A0.01  B2.0;                  调用加工抛物线的子程序
          C20.0  D-80.0  E0  F0.03;            步距为0.01mm，直径编程
N70  G01  Z-110.0  F0.05;
N80  G00  X200.0  Z400.0  T0100  M05;
N90  M30;
```

子程序

```
O9010                                    子程序号
```

```
N10   #6 = #8;                              赋初始值
N20   #10 = #6 + #1;                        加工步距（直径编程）
N30   #11 = #10/#2;                         求半径（方程中的 X）
N40   #15 = #11 * #11;                      求半径的平方（方程中的 X²）
N50   #20 = #15/#3;                         求 X²/20
N60   #25 = -#20;                           求 -X²/20
N70   #12 = #11 * #2;                       求 2X（直径）
N80   WHILE [#25  GT#7] DO1;                条件语句
N90   G99  G01  X#12  Z#25  F#9;            走直线进行加工
N100  #6 = #10;                             变换动点
N110  END1;                                 终点
N120  M99;                                  子程序结束
```

5.3.2　椭圆曲线的变量编程

例 2　加工图 5-4 所示的椭圆曲线，其方程为 $X = b\sin\theta$，$Z = a\cos\theta$。

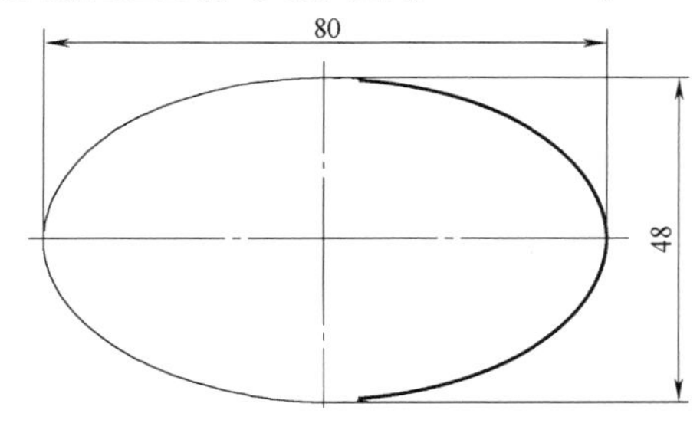

图 5-4　椭圆曲线加工

1. 华中世纪星 B 类宏程序编程

```
%0001
N10   G97   G99   G40;
N20   T0101;
N30   M03   S500;
N40   G00   X50   Z2;
N50   #1 = 90
N60   WHILE[#1GE0];
N70   G01   X[2 * 24 * SIN[#1] + 0.5]   F0.3;
N80   Z[40 * COS[#1] - 40];
N90   U1;
N100  G00   Z2;
N110  #1 = #1 - 1;
N120  ENDW;
N130  S1000;
```

```
N140 G00 X50 Z2;
N150 #2 =0;
N160 WHILE[#2LE90];
N170 G01 X[2*24*SIN[#2]] Z[40*COS[#2]-40] F0.1;
N180 #2 =#2 +1;
N190 ENDW;
N200 G00 X100 Z100;
N210 M05;
N220 M30;
```

2. FANUC 0i-TD B 类宏程序编程

```
O0001;
N10 G97 G99 G40;
N20 T0101;
N30 M03 S500;
N40 G00 X50 Z2;
N50 #1 =90;
N60 WHILE[#1 GE0] DO1;
N70 G01 X[2*24*SIN[#1]+0.5] F0.3;
N80 Z[40*COS[#1]-40];
N90 U1;
N100 G00 Z2;
N110 #1 =#1 -1;
N120 END1;
N130 S1000;
N140 G00 X50 Z2;
N150 #2 =0;
N160 WHILE[#2 LE90]DO2;
N170 G01 X[2*24*SIN[#2]] Z[40*COS[#2]-40] F0.1;
N180 #2 =#2 +1;
N190 END2;
N200 G00 X100 Z100;
N210 M05;
N220 M30;
```

5.4 任务评价与总结提高

5.4.1 任务评价

本任务的考核标准见表5-7，本任务在该课程考核成绩中的比例为5%。

表5-7 考核标准

序号	工作过程	主要内容	建议考核方式	评分标准	配分
1	资讯(10分)	任务相关 知识查找	教师评价50% 相互评价50%	通过资讯查找相关知识学习,按任务知识能力掌握情况评分	15
2	决策 计划(10分)	确定方案 编写计划	教师评价80% 相互评价20%	根据整体设计方案以及采用方法的合理性,进行评分	20
3	实施(10分)	工艺合理 编程快捷 正确率高	教师评价20% 自己评价30% 相互评价50%	根据计算的准确性,结合三方面评价评分	30
4	任务总结报告 (60分)	记录实施过程、步骤	教师评价100%	根据基点和节点计算的任务分析、实施、总结过程记录情况,提出新建议等情况评分	15
5	职业素养 团队合作 (10分)	工作积极主动,组织协调与合作	教师评价30% 自己评价20% 相互评价50%	根据工作积极主动性,文明生产情况以及相互协作情况评分	20

5.4.2 任务总结

使用用户宏时的主要方便之处在于可以用变量代替具体数值，因而在加工同一类的零件时，只需将实际的值赋予变量即可，而不需要对每个零件都编制一个程序。

5.4.3 练习与提高

一、简答题

1. 什么是宏程序编程？
2. 变量的种类有哪些？各有什么用途？
3. B类宏程序编程控制指令有哪些？

二、编程题

1. 如图5-5所示的零件，毛坯材料为45钢，正火状态。

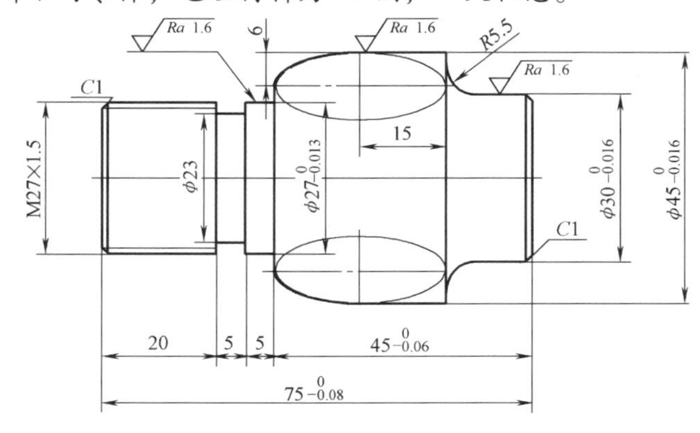

图5-5 零件图

2. 如图5-6所示的零件，毛坯材料为45钢，正火状态。
3. 如图5-7所示的零件，毛坯材料为45钢，正火状态。

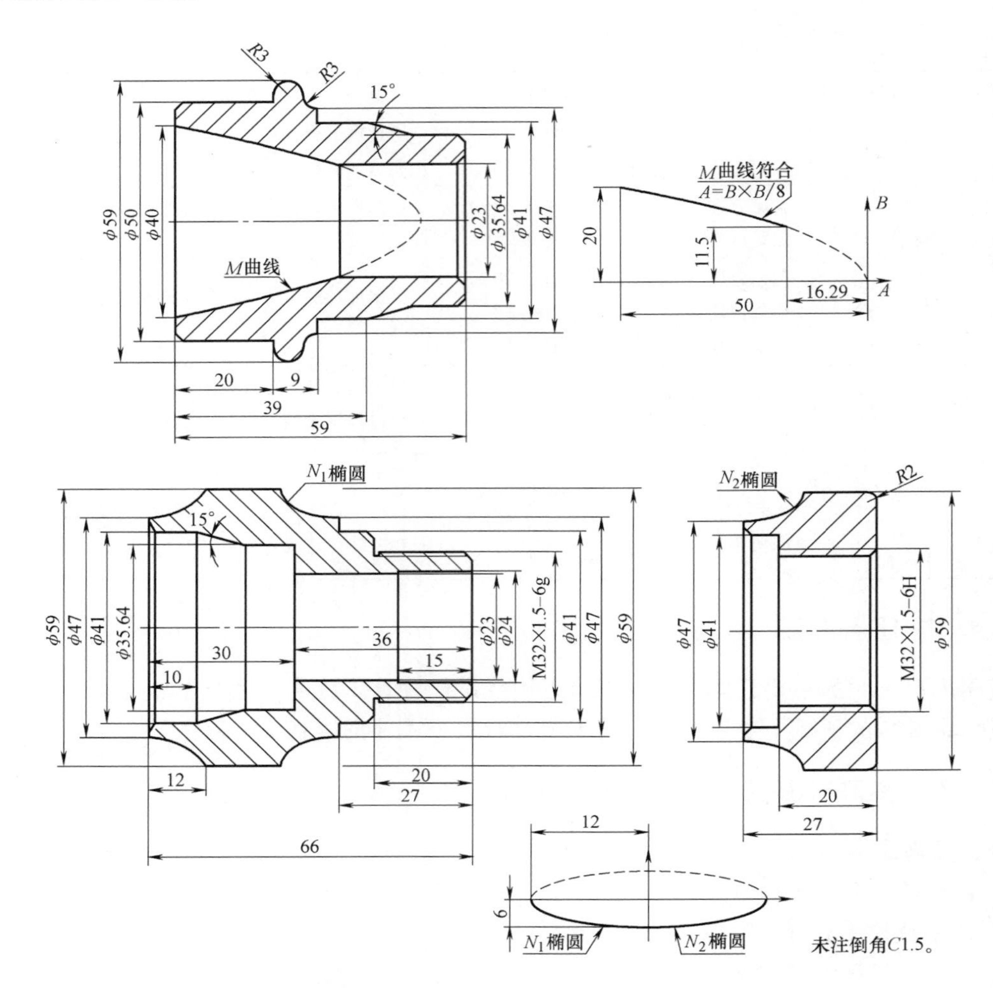

图 5-6　零件图

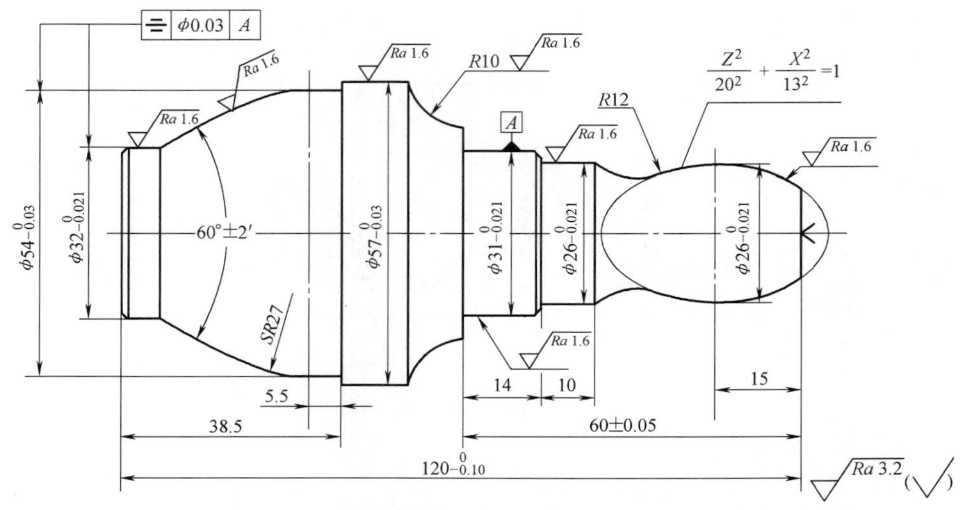

图 5-7　零件图

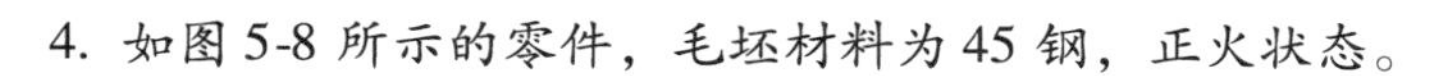

4. 如图 5-8 所示的零件，毛坯材料为 45 钢，正火状态。

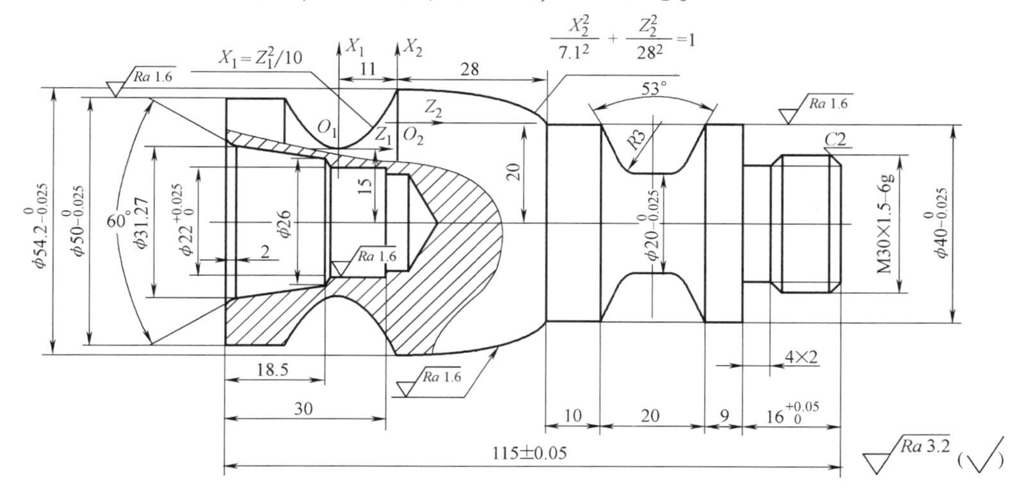

图 5-8 零件图

任务6 简单零件的数控车削加工

6.1 任务描述及目标

加工图6-1所示的轴，毛坯尺寸为 $\phi35\text{mm}\times182\text{mm}$，材料为45钢，试编写其数控车削加工程序，并对零件进行加工。

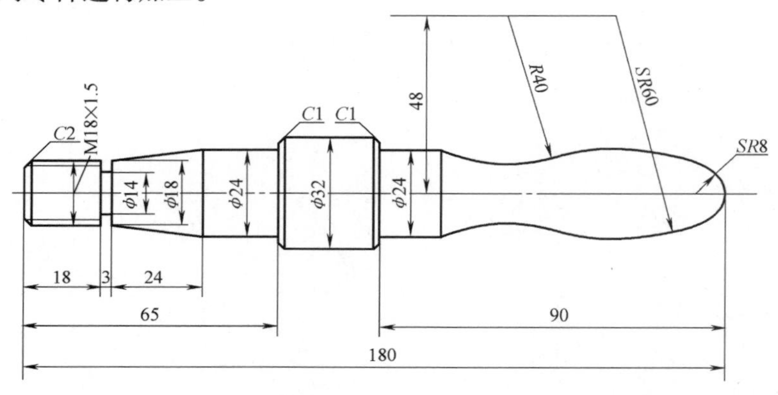

图6-1 轴

学生通过对简单轴类零件的编程加工，了解轴类零件的结构特点及工艺特点，正确制订轴类零件的加工工艺，编制轴类零件的加工程序，并加工出该轴类零件。

6.2 任务资讯

6.2.1 数控车床的加工工艺范围

数控车床是数控机床中应用最广泛的一种，在数控车床上可以加工各种素线复杂的回转体零件，高级的数控车床（一般称为车削中心）上还能进行铣削、钻削以及加工多边形零件。图6-2所示为数控车床的加工工艺范围。

6.2.2 数控车床加工刀具的特点及选择

在数控车床加工中,产品的质量和劳动生产率在相当大的程度上受到刀具的制约,所以在刀具的选择上,特别是对刀具切削部分的几何参数以及刀具材料等方面都提出了较高的要求。

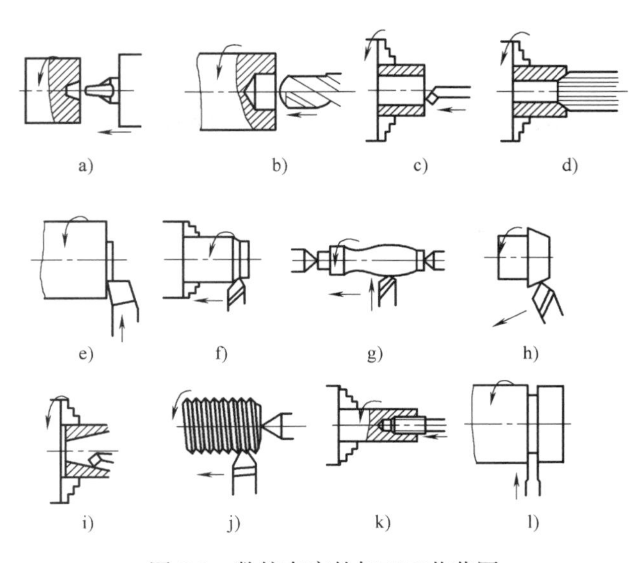

图 6-2　数控车床的加工工艺范围

a）车中心孔　b）钻孔　c）车孔　d）铰孔　e）车端面　f）车外圆面　g）车成形面
h）车锥面　i）车锥孔　j）车螺纹　k）攻螺纹　l）切槽与切断

1. 数控机床刀具应满足以下要求

1）精度较高，寿命长，尺寸稳定。数控车床能兼作粗、精车削，为保证粗车的大背吃刀量，要求粗车刀具有强度高、寿命长的特点；精车则要求保证加工精度，所以要求刀具锋利、精度高、寿命长。

2）快速换刀。

3）刀柄应为标准系列。

4）能很好地控制切屑的折断、卷曲和排出。数控车床一般在封闭环境中进行，要求刀具具有良好的断屑性能，断屑范围要宽，一般采用三维断屑槽，其形式很多，选择时应根据零件的材料及精度要求来确定。

5）具有很好的可冷却性能。

从结构上看车刀可分为整体式车刀、焊接式车刀和机械夹固式车刀三大类。整体式车刀主要是整体式高速钢车刀，它具有抗弯强度高、冲击韧性好、制造简单和刃磨方便、刃口锋利等优点；焊接式车刀是将硬质合金刀片用焊接的方法固定在刀体上，经刃磨而成的；机械夹固式车刀（简称机夹刀）可分为机械夹固式可重磨车刀和机械夹固式不重磨车刀。数控车床应尽可能使用机夹刀。由于机夹刀在数控车床上安装时，一般不采用垫片调整刀尖高度，所以刀尖高的精度在制造时就得到保证。对于长径比较大的内径刀杆，应具有良好的抗振结构。

从刀具的形状看，数控车削加工中常用的车刀如图 6-3 所示。

为不断提高刀具切削性能，数控刀具中越来越多地采用涂层硬质合金，涂层材料及涂层技术的迅猛发展，为数控刀具的性能提高提供了良好的条件。

2. 数控车床所用刀具的装夹

数控车床用刀具必须有稳定的切削性能，能够承受较高的切削速度，必须能较好地断

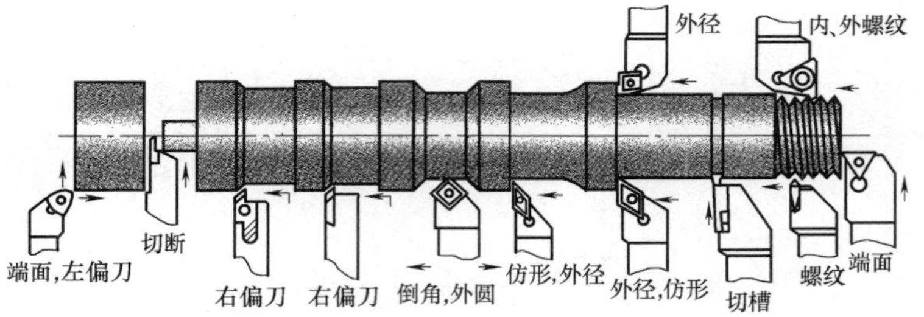

图 6-3　数控车削加工中常用的车刀

屑，能快速更换且能保证较高的换刀精度。为达到上述要求，数控车床应有一套较为完善的工具系统。数控车床用工具系统主要由两部分组成：一是刀具，另一部分是刀夹（夹刀器）。

数控车床用刀具的种类较多，除各种车刀外，在车削中心上还有钻头、铣刀、镗刀等。在车削加工中，目前主要使用各种机夹不重磨刀片，刀片种类和所用材料品种很多。国际标准（ISO）对于不重磨刀片的各种形式的编码和各种机械夹紧刀片的方法均有统一规定。

（1）利用转塔刀架（或电动刀架）的刀具及其装夹　数控车床的刀架有多种形式，且各公司生产的车床的刀架结构各不相同，所以各种数控车床所配的工具系统也各不相同。一般是把系列化、标准化的刀具应用到不同结构的转塔刀架上，以达到快速更换的目的。图 6-4 所示为数控车床上加工零件的刀具配置。图 6-4a 所示为电动四方刀架的刀具配置，图 6-4b 所示为转塔刀架的刀具配置。

（2）快换刀夹　数控车床及车削中心也可采用快换刀夹。图 6-5 所示为一种圆柱柄车刀快换刀夹，每把刀具都装在一个刀夹上，机外预调好尺寸，换刀时一起更换。快换刀夹的装夹方式大多数是采用 T 形槽夹紧的，也有采用齿纹面进行夹紧的。

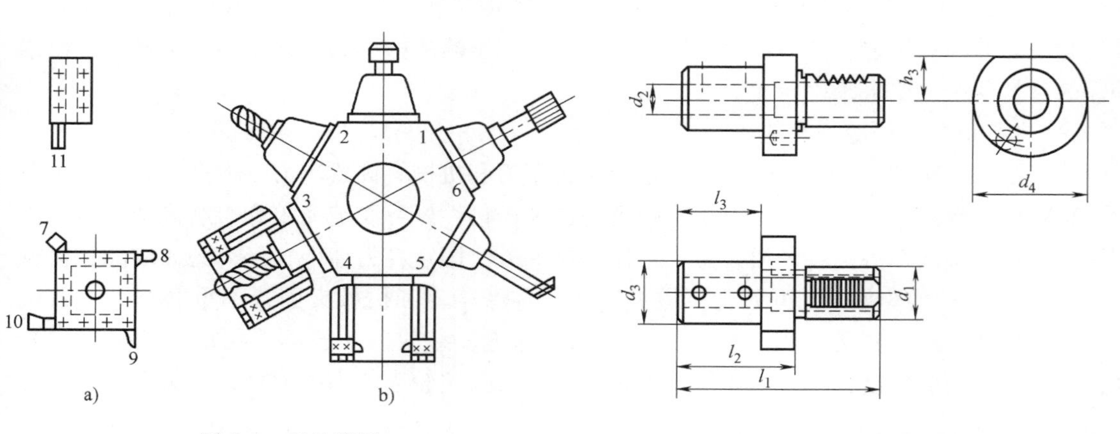

图 6-4　刀具配置

图 6-5　圆柱柄车刀快换刀夹

（3）模块式车削工具及其装夹　对于模块式车削工具，在转塔刀架转位或更换刀夹（整体式）时只更换刀具头部就能够实现换刀，如图 6-6 所示。模块式车削工具联接部分如图 6-7 所示。

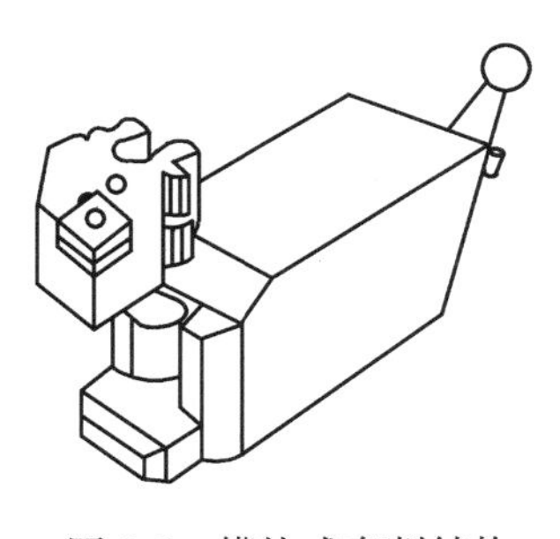

图 6-6　模块式车削结构

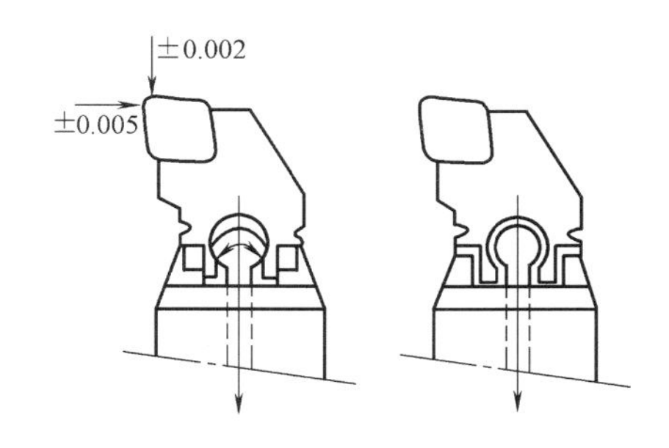

图 6-7　模块式车削工具联接部分

6.2.3　常用量具的读数原理及使用方法

1. 游标卡尺

（1）游标卡尺的结构　常用游标卡尺的分度值有 0.02mm、0.05mm 和 0.10mm 三个等级。图 6-8 所示为分度值是 0.02mm 的游标卡尺的结构，测量范围有 0～125mm、0～200mm 和 0～300mm 等数种规格，最大测量范围可达 4000mm。

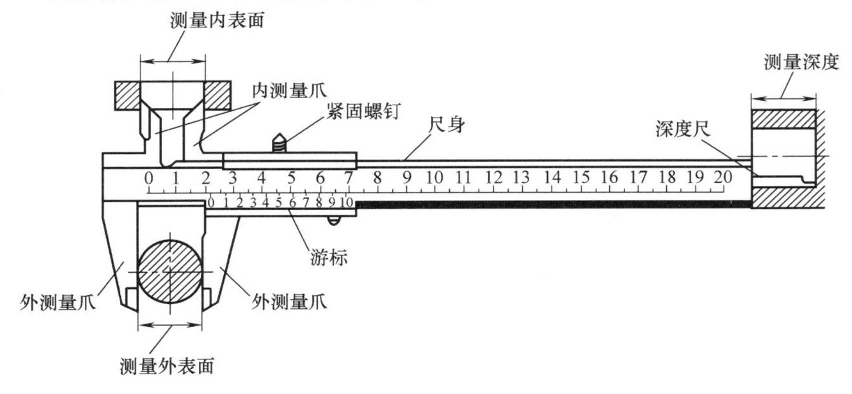

图 6-8　分度值为 0.02mm 游标卡尺的结构

（2）游标卡尺的读数　如图 6-9a 所示，当两测量爪闭合时，尺身和游标的零线对齐，尺身上的 49mm 对准游标上的第 50 格，因此游标每格为 49/50＝0.98mm，尺身与游标每格相差（1－0.98）mm＝0.02mm。游标卡尺是以游标零线为基线进行读数的，以图 6-9b 为例，其读数方法分为三个步骤。

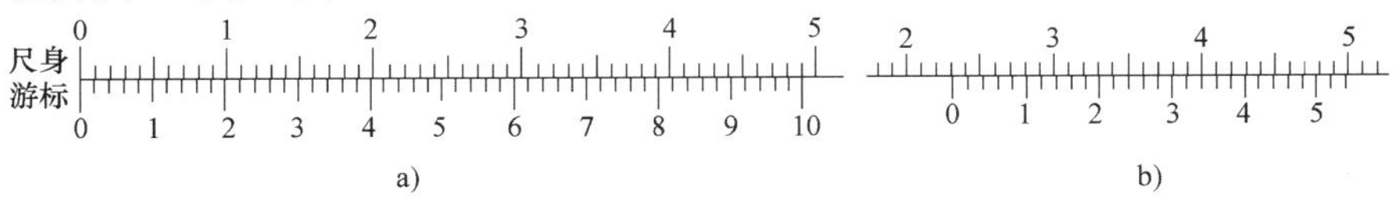

图 6-9　0.02mm 游标卡尺的读数
a）读数原理　b）读数示例

1）先读整数。根据游标零线以左的尺身上的最近刻度线读整毫米数（23mm）。

2）再读小数。根据游标零线以右与尺身刻度线对齐的游标上的刻度线条数乘以游标卡尺的分度值（0.02mm），即为毫米的小数值（0.24mm）。

3）整数加小数。将上面两项读数加起来，即为被测表面的实际尺寸（23.24mm）。

（3）游标卡尺的使用方法

1）测量前，应将测量爪和被测工件表面擦拭干净，以免影响测量精度。同时，检查测量爪贴合后游标和尺身零线是否对齐，若不能对齐，可在测量后根据原始误差进行读数修正或将游标卡尺校正到零位以后再使用。

2）测量时，所用的测力以两测量爪刚好接触零件表面为宜。

3）测量工件外尺寸时，应先使游标卡尺外测量爪间距略大于被测工件的尺寸，再将工件与尺身上的外测量爪贴合，然后使游标上的外测量爪与被测工件表面接触，并找出最小尺寸。同时，要注意外测量爪的两测量面和被测工件表面接触点的连线与被测工件表面相垂直，如图6-10a所示。图6-10b所示方法是错误的。

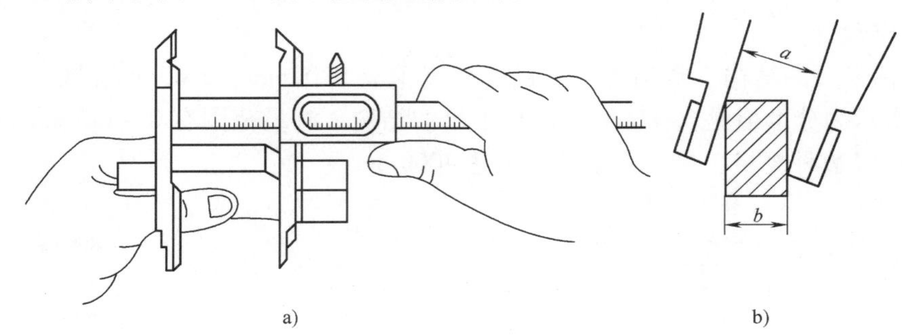

图6-10　用游标卡尺测量外尺寸
a）正确　b）不正确

4）测量工件内尺寸时，应使游标卡尺内测量爪的间距略小于工件的被测量孔径尺寸，将测量爪沿孔中心线放入，先使尺身上的内测量爪与孔壁一边贴合，再使游标上的内测量爪与孔壁另一边接触，找出最大尺寸。同时，注意使内测量爪的两测量面和被测工件内孔表面接触点的连线与被测工件内表面相垂直，如图6-11a所示。图6-11b所示方法是错误的。

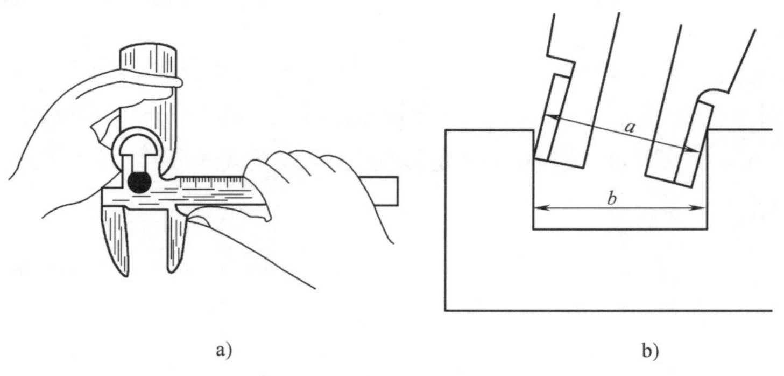

图6-11　用游标卡尺测量内尺寸
a）正确　b）不正确

5）用游标卡尺的深度尺测量工件深度尺寸时，要使卡尺端面与被测工件的顶端平面贴合，同时保持深度尺与该平面垂直，如图6-12a所示。图6-12b所示方法是错误的。

6）图6-13所示为专门用于测量高度和深度的游标高度卡尺和游标深度卡尺。游标高度卡尺除用来测量工件的高度外，也常用于精密划线。

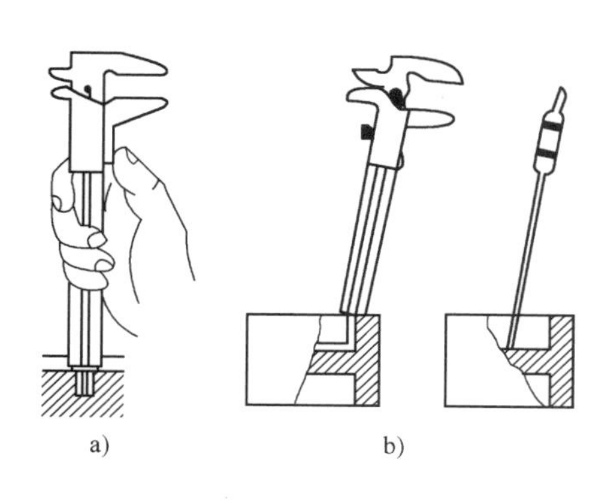

图 6-12　用游标卡尺测量深度尺寸
a）正确　b）不正确

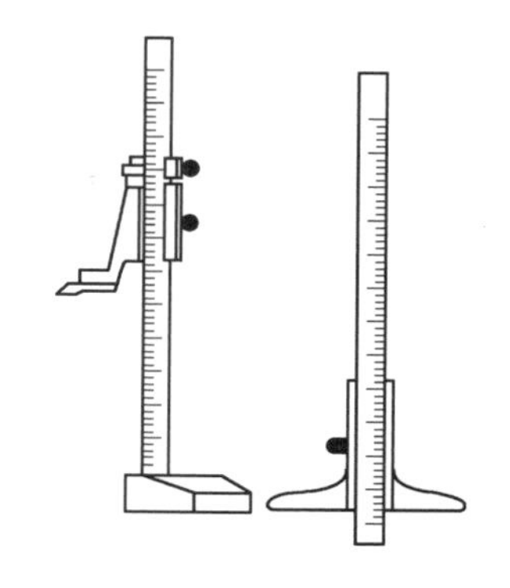

图 6-13　游标高度、深度卡尺

7）在游标上读数时，要避免视线误差。

（4）使用游标卡尺时应注意的事项

1）使用前，应先把量爪和被测工件表面的灰尘和油污等擦干净，以免碰伤游标卡尺量爪而影响测量精度，同时检查各部件的相互作用，如游标和微动装置移动是否灵活，紧固螺钉是否能起作用等。

2）检查游标卡尺零位，使游标卡尺两量爪紧密贴合，用眼睛观察应无明显的光隙。

3）使用时，要掌握好量爪面同工件表面接触时的压力，既不太大，也不太小，刚好使测量面与工件接触，同时量爪还能沿着工件表面自由滑动。有微动装置的游标卡尺，应使用微动装置。

4）游标卡尺读数时，应把游标卡尺水平地拿着朝亮光的方向，使视线尽可能地和尺上所读的刻线垂直，以免由于视线的歪斜而引起读数误差。

5）测量外尺寸时，读数后，切不可从被测工件上猛力抽下游标卡尺，否则会使量爪的测量面磨损。

6）不能用游标卡尺测量运动着的工件。

7）不准以游标卡尺代替卡钳在工件上来回拖拉。

8）游标卡尺不要放在强磁场四周（如磨床的磁性工作台上），以免使游标卡尺感受磁性，影响使用。

9）使用后，应当注重使游标卡尺平放，尤其是大尺寸的游标卡尺，否则会使其弯曲变形。

10）使用完毕后，应安放在专用盒内，注重不要使它生锈或弄脏。

2. 外径千分尺

（1）外径千分尺的结构　常用外径千分尺用以测量或检验零件的外径、凸肩厚度以及板厚或壁厚等（测量孔壁厚度的百分尺，其量面呈球弧形）。千分尺由尺架、测微头、测力装置和制动器等组成。图 6-14 所示为测量范围 0 ~ 25mm 的外径千分尺。尺架 1 的一端装着固定测砧 2，另一端装着测微头。固定测砧和测微螺杆的测量面上都镶有硬质合金，以提高测量面的使用寿命。尺架的两侧面覆盖着绝热板 12，使用千分尺时，手拿在绝热板上，防止人体的热量影响千分尺的测量精度。

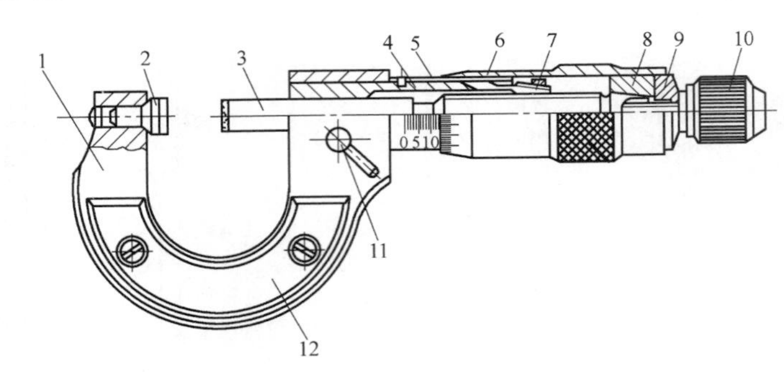

图 6-14　0 ~ 25mm 外径千分尺

1—尺架　2—固定测砧　3—测微螺杆　4—螺纹轴套　5—固定刻度套筒　6—微分筒　7—调节螺母　8—接头　9—垫片　10—测力装置　11—锁紧螺钉　12—绝热板

（2）千分尺的工作原理和读数方法

1）千分尺的工作原理。外径千分尺的工作原理就是应用螺旋读数机构，它包括一对精密的螺纹—测微螺杆与螺纹轴套，即图 6-14 中的 3 和 4，和一对读数套筒——固定套筒与微分筒，即图 6-14 中的 5 和 6。用千分尺测量零件的尺寸，就是把被测零件置于千分尺的两个测量面之间，所以两测砧面之间的距离，就是零件的测量尺寸。当测微螺杆在螺纹轴套中旋转时，由于螺旋线的作用，测量螺杆就有轴向移动，使两测砧面之间的距离发生变化。如测微螺杆按顺时针的方向旋转一周，两测砧面之间的距离就缩小一个螺距。同理，若按逆时针方向旋转一周，则两测砧面的距离就增大一个螺距。常用千分尺测微螺杆的螺距为 0. 5mm。因此，当测微螺杆顺时针旋转一周时，两测砧面之间的距离就缩小 0. 5mm。当测微螺杆顺时针旋转不到一周时，缩小的距离就小于一个螺距，它的具体数值可从与测微螺杆结成一体的微分筒的圆周刻度上读出。微分筒的圆周上刻有 50 个等分线，当微分筒转一周时，测微螺杆就推进或后退 0. 5mm，微分筒转过它本身圆周刻度的一小格时，两测砧面之间转动的距离为

$$0.5\text{mm} \div 50 = 0.01\text{mm}$$

由此可知，从千分尺上的螺旋读数机构可以正确地读出 0. 01mm，也就是千分尺的分度值为 0. 01mm。

2）千分尺的读数方法。在千分尺的固定套筒上刻有轴向中线，作为微分筒读数的基准线。另外，为了计算测微螺杆旋转的整数转，在固定套筒中线的两侧，刻有两排刻线，刻线间距均为 1mm，上下两排相互错开 0. 5mm。

千分尺的具体读数方法可分为三步：

①读出固定套筒上露出的刻线尺寸，一定要注意不能遗漏应读出的 0. 5mm 的刻线值。

②读出微分筒上的尺寸，要看清微分筒圆周上哪一格与固定套筒的中线基准对齐，将格数乘 0. 01mm 即得微分筒上的尺寸。

③将上面两个数相加，即为千分尺上测得尺寸。

如图 6-15a 所示，在固定套筒上读出的尺寸为 8mm，微分筒上读出的尺寸为 27（格）× 0. 01mm = 0. 27mm，两数相加即得被测零件的尺寸为 8. 27mm；图 6-15b 中，在固定套筒上读出的尺寸为 8. 5mm，在微分筒上读出的尺寸为 27（格）× 0. 01mm = 0. 27mm，两数相加即得被测零件的尺寸为 8. 77mm。

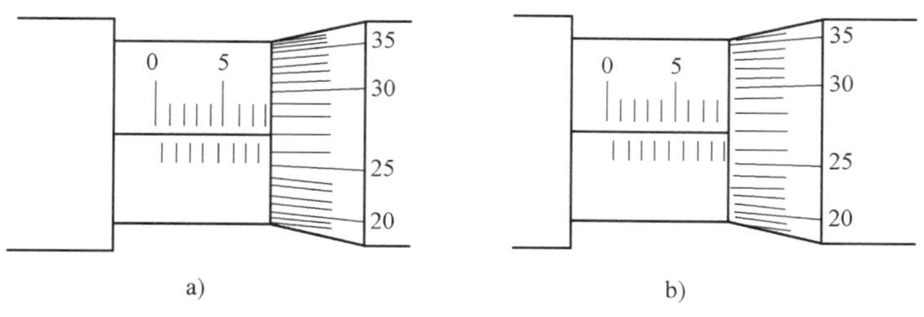

图 6-15　千分尺的读数

注：微分筒上的刻线应是均匀的，此处为了解释读数方法而画得不均匀。

3）千分尺的精度及其调整。千分尺是一种应用很广的精密量具，按它的制造精度，可分0级和1级两种，0级精度较高，1级次之。千分尺的制造精度主要由它的示值误差和测砧面的平面平行度公差的大小来决定，小尺寸千分尺的精度要求见表6-1。从千分尺的精度要求可知，用千分尺测量IT6～IT10尺寸公差等级的零件尺寸较为合适。

表 6-1　千分尺的精度要求　（单位：mm）

测量上限	示值误差		两测砧面平行度公差	
	0级	1级	0级	1级
15,25	±0.002	±0.002	±0.002	0.002
50	±0.002	±0.002	±0.002	0.0025
25,100	±0.002	±0.002	±0.002	0.003

对千分尺应定期进行检查，进行必要的拆洗或调整，以便保持其测量精度。

①校正千分尺的零位。千分尺如果使用不妥，零位就要变动，使测量结果不正确，容易造成产品质量事故。所以，在使用千分尺的过程中，应当校对千分尺的零位。所谓“校对千分尺的零位”，就是把千分尺的两个测砧面揩干净，转动测微螺杆使它们贴合在一起（这是指0～25mm的千分尺而言，若测量范围大于0～25mm时，应该在两测砧面间放上校对样棒），检查微分筒圆周上的“0”刻线是否对准固定套筒的中线，微分筒的端面是否正好使固定套筒上的“0”刻线露出来。如果两者位置都是正确的，就认为千分尺的零位是对的，否则就要进行校正，使之对准零位。

如果零位是由于微分筒的轴向位置不对，端部盖住固定套筒上的“0”刻线，或“0”刻线露出太多，0.5的刻线搞错，必须进行校正。此时，可用制动器把测微螺杆锁住，再用千分尺的专用扳手插入测力装置轮轴的小孔内，把测力装置松开（逆时针旋转），就能调整微分筒，即轴向移动一点，使固定套筒上的“0”刻线正好露出来，同时使微分筒的零线对准固定套筒的中线，然后把测力装置旋紧。

如果零位是由于微分筒的零线没有对准固定套筒的中线，也必须进行校正。此时，可用千分尺的专用扳手插入固定套筒的小孔内，把固定套筒转过一点，使之对准零线。

但当微分筒的零线相差较大时，不应当采用此法调整，而应该采用松开测力装置转动微分筒的方法来校正。

②调整千分尺的间隙。在千分尺使用过程中，由于磨损等原因，会使精密螺纹的配合间隙增大，从而使示值误差超差，必须及时进行调整，以便保持千分尺的精度。

要调整精密螺纹的配合间隙，应先用制动器把测微螺杆锁住，再用专用扳手把测力装置松开，拉出微分筒后再进行调整。由图6-14可以看出，在螺纹轴套上，接近精密螺纹一段的壁厚比较薄，且连同螺纹部分一起开有轴向直槽，使螺纹部分具有一定的胀缩弹性。同时，螺纹轴套的圆锥外螺纹上，旋着调节螺母7。当调节螺母往里旋入时，因螺母直径保持不变，就迫使外圆锥螺纹的直径缩小，于是精密螺纹的配合间隙就减小了。然后，松开制动器进行试转，看螺纹间隙是否合适。间隙过小会使测微螺杆活动不灵活，可把调节螺母松出一点；间隙过大则使测微螺杆有松动，可把调节螺母再旋进一点。间隙调整好后，再把微分筒装上，对准零位后把测力装置旋紧。

经过上述调整的千分尺，除必须校正零位外，还应当用检定量块检验五个尺寸的测量精度，确定千分尺的精度等级后，才能移交使用。例如，用5.12、10.24、15.36、21.5、25五个量块尺寸检定0~25mm的千分尺，它的示值误差应符合表6-1的要求，否则应继续修理。

4）使用千分尺的方法如图6-16~图6-18所示。

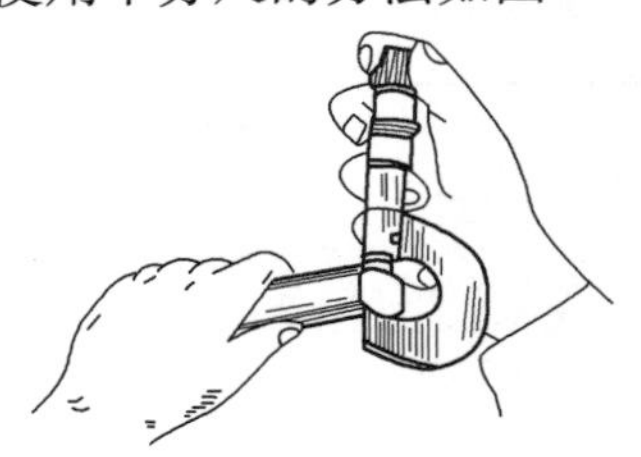

图6-16 单手使用千分尺的方法

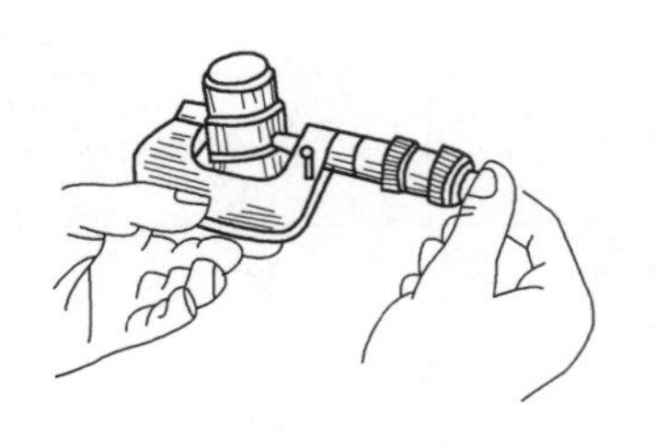

图6-17 双手使用千分尺的方法

5）使用千分尺的注意事项。

①先将千分尺的测砧面擦净，并使两测砧面接触（指测量范围为0~25mm的千分尺），看一下活动套筒上的“0”刻线与固定套筒上的纵向“0”位线是否对准。如“0”位不能相对，应根据千分尺的结构进行调整。如图6-14所示的结构，可用手把锁紧测微螺杆，松开罩壳，转动活动套筒，使它的“0”刻线与固定套筒的纵向“0”位线相对，对正后上紧罩壳，松开手把，再检查调整结果，直到对准为止。

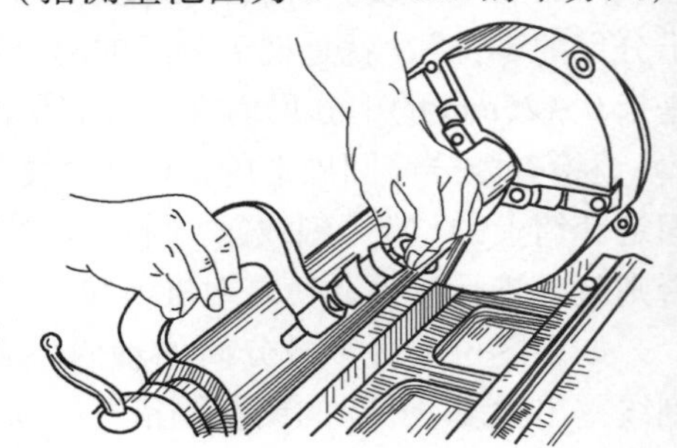

图6-18 在车床上使用千分尺的方法

②测量工件时，先转动活动套筒，当测量面接近工件时，改用棘轮，直到棘轮发出“卡卡”声音为止。倒退时也应转动活动套筒。

③测砧面与工件表面必须平行接触，否则不能得到正确的尺寸。

④不准测量毛坯或表面粗糙，以及正在转动或发热的工件，以免损伤测砧面或得到不正确的读数。

3. 螺纹千分尺

螺纹千分尺如图6-19所示，是测量2~3级精度的米制或寸制外螺纹中径尺寸的普通量具。它的结构与普通千分尺相似，所不同的只是螺纹千分尺的测砧是可调节的，同时在测砧和测微螺杆的端部各有一小孔。

螺纹千分尺附有各种不同的可更换测头。每一对测头（V 形测头和锥形测头）只适用于一定的螺距范围。

例如，测量范围为 0 ~ 25mm、螺距测量范围为 0.4 ~ 4.5mm 的螺纹千分尺有 5 对测头，测量螺距的范围分别是：0.4 ~ 0.5mm、0.6 ~ 0.8mm、1 ~ 1.5mm、1.25 ~ 2.5mm、3 ~ 4.5mm。

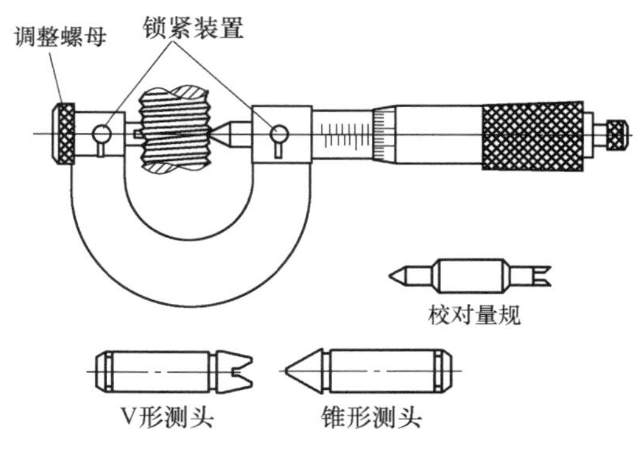

图 6-19 螺纹千分尺

测量前，根据被测螺纹的公称螺距，选用一对相应的测头。测量时，先将锥形测头插入测微螺杆的孔中，再将 V 形测头插入可调节量砧孔内，调整活动套筒“0”刻线对固定套筒纵向“0”位线的位置，使其重合。用锁紧装置固定测微螺杆，松开固定测砧的锁紧装置，旋转调整螺母，使 V 形测头与锥形测头相接触，然后用锁紧装置固定 V 形测头。再松开测微螺杆的锁紧装置，对“0”位检查一次，如有偏差，再进行调整。测量公称直径大于 25mm 的螺纹千分尺，可用校对量规来调整“0”位。

测量时，使 V 形测头与被测螺纹的齿峰部分接触，锥形测头与该齿峰对应的齿谷接触，从螺纹千分尺的刻度上读出螺纹的中径尺寸。

螺纹千分尺只能用来检验低精度（2 ~ 3 级）的螺纹工件，精度要求较高的螺纹中径，可利用量针按三线法进行测量。

检查寸制螺纹时，必须用英制量头测量。

使用螺纹千分尺时，除参照使用普通千分尺的注意事项外，还应注意以下几点：

1）在量头插入测砧孔和测微螺杆孔以前，应把量头和孔的配合面擦净，以免因此产生误差。

2）应细心保护测头，防止摔下或擦毛工作面。

4. 游标万能角度尺（分度值为 2′）

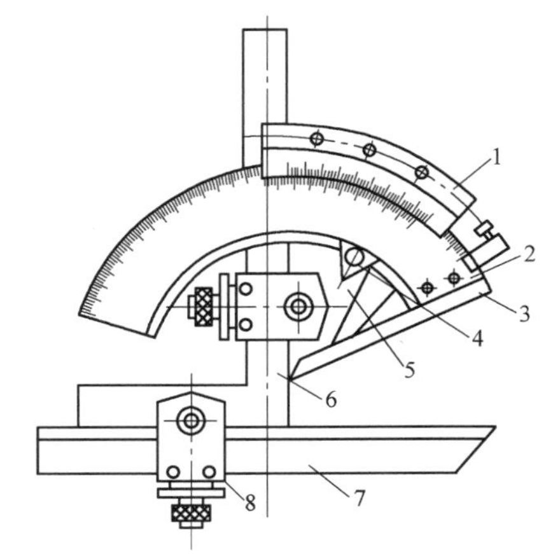

图 6-20 2′游标万能角度尺的结构

1—游标 2—主尺 3—基尺 4—锁紧装置 5—扇形板 6—直角尺 7—直尺 8—卡块

（1）分度值为 2′游标万能角度尺的结构形式与工作原理 分度值为 2′游标万能角度尺的结构如图 6-20 所示，在其主尺 2 上刻有间隔为 1°的刻度，游标 1 在扇形板 5 上，它可以沿着主尺转动。用卡块 8 可以把直角尺 6 和直尺 7 固定在扇形板 5 上，从而使可测量角度的范围为 0° ~ 320°。主尺上刻有 120 格刻线，间隔为 1°。游标上刻有 30 格刻线，对应主尺上的度数为 29°，游标上每格度数 = 29°/30 = 58′，主尺与游标每格相差 = 1° − 58′ = 2′。

（2）分度值为 2′游标万能角度尺的使用方法

1）使用前检查零位。

2）使用时，应使游标万能角度尺的两个测量面与被测件表面在全长上保持良好接触，然后拧紧锁紧装置上的螺母进行读数。

3）测量角度在0°~50°范围内，应装上直角尺和直尺；在50°~140°范围内，应装上直尺；在230°~320°范围内，不装直角尺和直尺。

6.2.4 切削液的作用、种类和选择

1. 切削液的作用

（1）冷却作用 切削液能吸收并带走切削区大量的热量，改善散热条件，降低刀具和工件的温度。

（2）润滑作用 切削液能在切屑与刀具的微小间隙中形成一层很薄的吸附膜，减小摩擦因数，减小刀具、切屑、工件之间的摩擦。

（3）清洗作用 能清除粘附在工件和刀具上的细碎切屑，防止划伤工件已加工表面，减小刀具磨损。

（4）防锈作用 在切削液中加入防锈剂后，能在金属表面形成保护膜，使机床、刀具和工件不受周围介质腐蚀。

2. 切削液的种类

（1）乳化液 乳化液是用乳化油稀释而成的，主要起冷却作用。这类切削液比热容大、黏度小、流动性好、可吸收大量的热量。乳化液中常加入极压添加剂和防锈添加剂，提高润滑和防锈性能。

（2）切削油 切削油的主要成分是矿物油，少数采用动物油和植物油，主要起润滑作用。这类切削液比热容小、黏度较大、流动性差。矿物油中加入极压添加剂和防锈添加剂，可提高润滑和防锈性能。动物油和植物油的润滑效果比矿物油好，但易变质，应尽量少用或不用。

3. 切削液的选用

应根据加工性质、工件材料、刀具材料和工艺要求等具体情况合理选用切削液。

（1）根据加工性质 粗加工时，选用以冷却为主的乳化液。精加工时，选用润滑性能好的极压切削油或高浓度的极压乳化液。

（2）根据工件材料 钢件粗加工一般用乳化液，精加工用极压切削油。切削铸铁、铜及铝等材料时，一般不用切削液。精加工时，可采用煤油或质量浓度为7%~10%乳化液。切削有色金属和铜合金时，不宜采用含硫的切削液；切削镁合金时，不用切削液。

（3）根据刀具材料 高速钢刀具粗加工时，用极压乳化液，精加工钢件时用极压乳化液或极压切削油。硬质合金刀具一般不用切削液，在加工硬度高、强度好、导热性差的特种材料和细长工件时，可用冷却为主的切削液。

6.2.5 HNC-21T 机床的基本操作

华中世纪星 HNC-21T 数控系统操作面板如图 6-21 所示，可分为以下几个部分：

1）液晶显示器（CRT）。

2）MDI 键盘（键盘说明见表 6-2）。

3）“急停”按钮。

4）功能键。

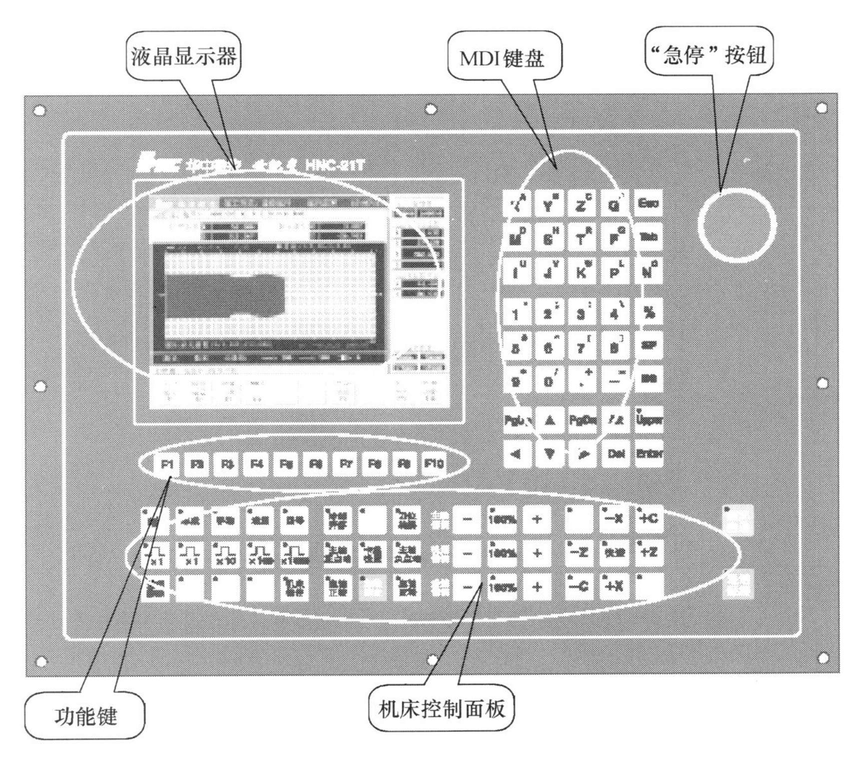

图 6-21　华中世纪星 HNC-21T 数控系统操作面板

表 6-2　MDI 键盘说明

名　　称	功能说明	名　　称	功能说明
地址键和数字键 X 2	按下这些键可以输入字母、数字或者其他字符	Del	删除键
		PgUp PgDn	翻页键
Upper	切换键	光标移动键 ▲ ◀ ▼ ▶	有四种不同的光标移动键，用于将光标按箭头所示方向移动
Enter	输入键		
Alt	替换键		

5）机床控制面板（机床操作键说明见表 6-3）。

表 6-3　机床操作键说明

名　　称	功能说明
“急停”按钮	用于锁住机床。按下“急停”按钮时，机床立即停止运动 “急停”按钮抬起后，该按钮下方有阴影，见图 a；“急停”按钮按下时，该按钮下方没有阴影，见图 b a)　b)

（续）

名　　称	功能说明
循环启动/进给保持 循环启动 进给保持	在自动和MDI运行方式下，用来启动和暂停程序
方式选择键 自动 单段 手动 增量 回参考点	用来选择系统的运行方式 自动：按下该键，进入自动运行方式 单段：按下该键，进入单段运行方式 手动：按下该键，进入手动连续进给运行方式 增量：按下该键，进入增量运行方式 回参考点：按下该键，进入返回机床参考点运行方式 方式选择键互锁，当按下其中一个时（该键左上方的指示灯亮），其余各键失效（指示灯灭）
进给轴和方向选择开关 -X -Z 快进 +Z +X	在手动连续进给、增量进给和返回机床参考点运行方式下，用来选择机床欲移动的轴和方向 其中的快进为快进开关。当按下该键后，该键左上方的指示灯亮，表明快进功能开启。再按一下该键，指示灯灭，表明快进功能关闭
主轴修调 主轴修调 − 100% +	在自动或MDI方式下，当S代码的主轴速度偏高或偏低时，可用主轴修调右侧的100%和+、−键，修调程序中编制的主轴速度 按100%（指示灯亮），主轴修调倍率被置为100%，按一下+，主轴修调倍率递增5%；按一下−，主轴修调倍率递减5%
快速修调 快速修调 − 100% +	自动或MDI方式下，可用快速修调右侧的100%和+、−键，修调G00快速移动时系统参数“最高快速度”设置的速度 按100%（指示灯亮），快速修调倍率被置为100%，按一下+，快速修调倍率递增10%；按一下−，快速修调倍率递减10%
进给修调 进给修调 − 100% +	自动或MDI方式下，当F代码的进给速度偏高或偏低时，可用进给修调右侧的100%和+、−键，修调程序中编制的进给速度 按100%（指示灯亮），进给修调倍率被置为100%，按一下+，主轴修调倍率递增10%；按一下−，主轴修调倍率递减10%
增量值选择键 ×1 ×10 ×100 ×1000	在增量运行方式下，用来选择增量进给的增量值 ×1为0.001mm　×10为0.01mm　×100为0.1mm　×1000为1mm 上述各键互锁，当按下其中一个时（该键左上方的指示灯亮），其余各键失效（指示灯灭）

（续）

名　　称	功能说明
主轴旋转键 主轴正转 主轴停止 主轴反转	用来开启和关闭主轴 主轴正转：按下该键，主轴正转 主轴停止：按下该键，主轴停转 主轴反转：按下该键，主轴反转
刀位转换键 刀位转换	在手动方式下，按一下该键，刀架转动一个刀位
超程解除 超程解除	当机床运动到达行程极限时，会出现超程，系统会发出警告音，同时紧急停止。要退出超程状态，可按下超程解除键（指示灯亮），再按与刚才相反方向的坐标轴键
空运行 空运行	在自动方式下按下该键（指示灯亮），程序中编制的进给速率被忽略，坐标轴以最大快移速度移动
程序跳段 程序跳段	自动加工时，系统可跳过某些指定的程序段。如在某程序段首加上“/”，且面板上按下该开关，则在自动加工时，该程序段被跳过不执行；而当释放此开关时，“/”不起作用，该段程序被执行
选择停	选择停
机床锁住 机床锁住	用来禁止机床坐标轴移动。显示屏上的坐标轴仍会发生变化，但机床停止不动

（1）菜单命令条说明　数控系统屏幕的下方的菜单命令条。如下：

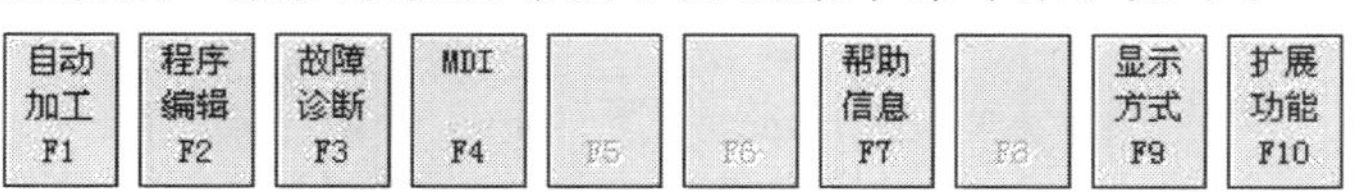

由于每个功能包括不同的操作，在主菜单条上选择一个功能项后，菜单条会显示该功能下的子菜单。例如，按下主菜单条中的“自动加工”后，就进入自动加工下面的子菜单条，如下：

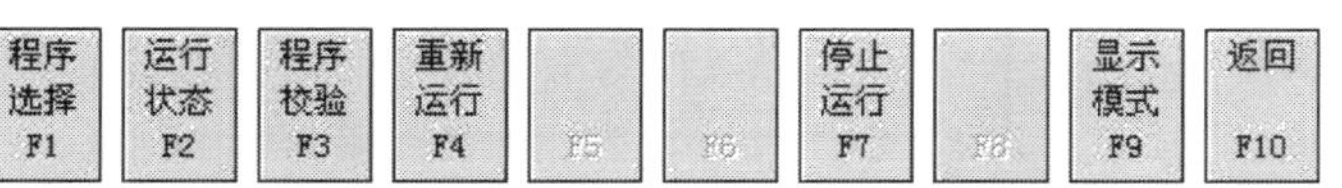

每个子菜单条的最后一项都是“返回”项，按该键就能返回上一级菜单。

（2）功能键说明　下面是快捷键，这些键的作用和菜单命令条是一样的。

在菜单命令条及弹出菜单中，每一个功能项的按键上都标注了 F1、F2 等字样，表明要执行该项操作也可以通过按下相应的快捷键来执行。

6.2.6　FANUC Series 0i Mate-TB 机床的基本操作

FANUC Series 0i Mate-TB 数控系统操作面板如图 6-22、图 6-23 所示，可分为以下几个部分：

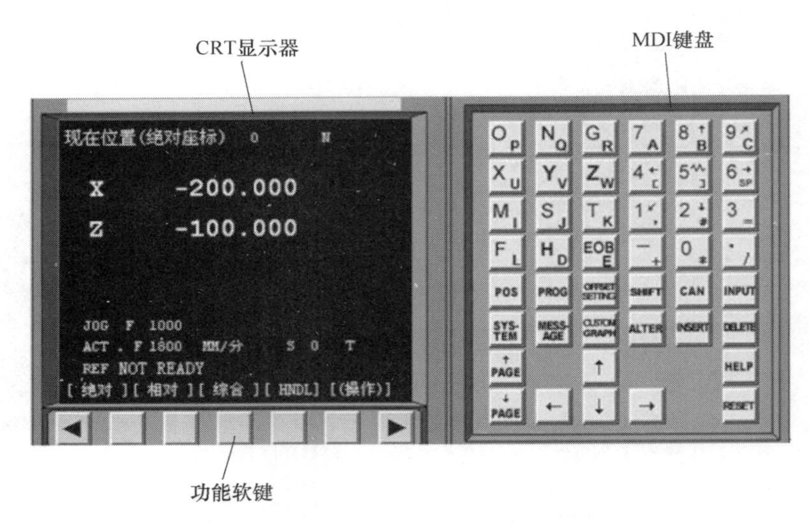

图 6-22　CRT 显示器

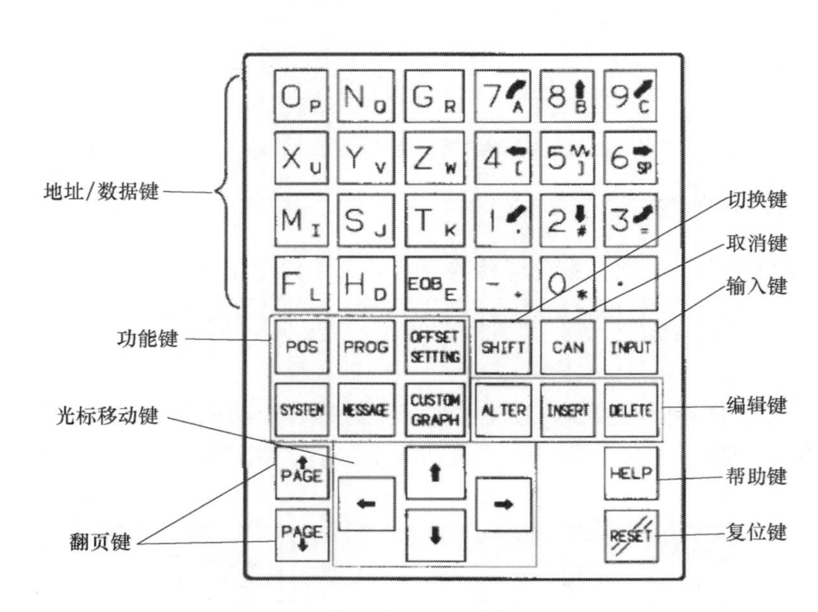

图 6-23　MDI 键盘

1）CRT 显示器。

2）MDI 键盘（键盘各键说明见表 6-4）。

3）“急停”按钮。

4）功能软键。

5）机床操作面板。

表 6-4　MDI 键盘说明

序号	名称	功能说明
1	复位键  RESET	按下这个键可以使 CNC 复位或者取消报警等
2	帮助键  HELP	当对 MDI 键的操作不明白时，按下这个键可以获得帮助
3	地址和数字键  O_P	按下这些键可以输入字母，数字或者其他字符
4	切换键  SHIFT	在键盘上的某些键具有两个功能。按下 <SHIFT> 键可以在这两个功能之间进行切换
5	输入键  INPUT	当按下一个字母键或者数字键时，再按该键数据被输入到缓冲区，并且显示在屏幕上。要将输入缓冲区的数据复制到偏置寄存器中等，请按下该键。这个键与软键中的［INPUT］键是等效的
6	取消键  CAN	取消键，用于删除最后一个进入输入缓存区的字符或符号
7	程序功能键   ALTER、INSERT、DELETE	 ALTER：替换键  INSERT：插入键  DELETE：删除键
8	功能键 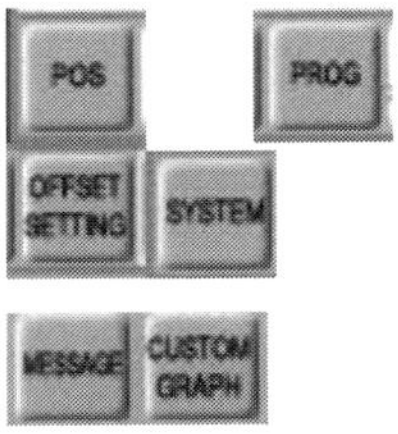 POS PROG OFFSET SETTING SYSTEM MESSAGE CUSTOM GRAPH	按下这些键，切换不同功能的显示屏幕

6 PROJECT

（续）

序号	名称	功能说明
9	光标移动键 ← ↑ ↓ →	有四种不同的光标移动键 → 用于将光标向右或者向前移动 ← 用于将光标向左或者往回移动 ↓ 用于将光标向下或者向前移动 ↑ 用于将光标向上或者往回移动
10	翻页键 ↑PAGE PAGE↓	有两个翻页键 PAGE↓ 用于将屏幕显示的页面往前翻页 ↑PAGE 用于将屏幕显示的页面往后翻页

1. 功能键和软键

（1）功能键　功能键用来选择将要显示的屏幕画面。

按下功能键之后再按下与屏幕文字相对的软键，就可以选择与所选功能相关的屏幕。具体功能如下：

POS：按下这一键以显示位置屏幕。

PROG：按下这一键以显示程序屏幕。

OFFSET SETTING：按下这一键以显示偏置/设置（SETTING）屏幕。

SYSTEM：按下这一键以显示系统屏幕。

MESSAGE：按下这一键以显示信息屏幕。

CUSTOM GRAPH：按下这一键以显示图形显示屏幕。

（2）软键　要显示一个更详细的屏幕，可以在按下功能键后按软键。最左侧带有向左箭头的软键为菜单返回键，最右侧带有向右箭头的软键为菜单继续键。

2. 输入缓冲区

当按下一个地址或数字键时，与该键相应的字符就立即被送入输入缓冲区。输入缓冲区的内容显示在 CRT 屏幕的底部。

为了标明键盘输入的数据字符，在该字符前面会立即显示一个符号“ > ”。在输入数据的末尾显示一个符号“_ ”，标明下一个输入字符的位置，如下：

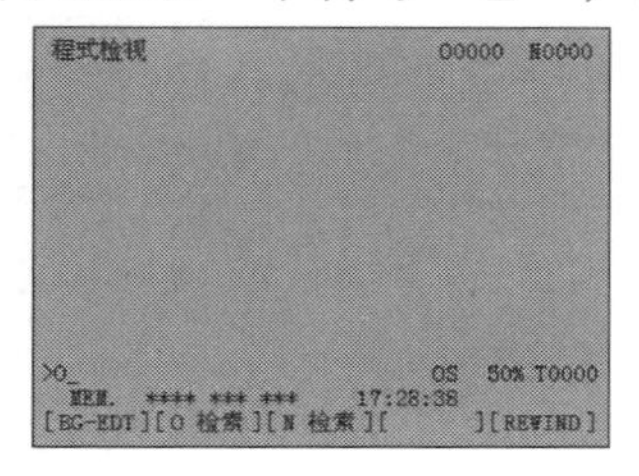

为了输入同一个键上右下方的字符，首先按下SHIFT键，然后按下需要输入的键即可。例如要输入字母P，首先按下SHIFT键，这时＜SHIFT＞键变为红色SHIFT，然后按下O_P键，缓冲区内就可显示字母P。再按一下SHIFT键，＜SHIFT＞键恢复成原来颜色，表明此时不能输入右下方字符。

按下CAN键可取消缓冲区最后输入的字符或者符号。

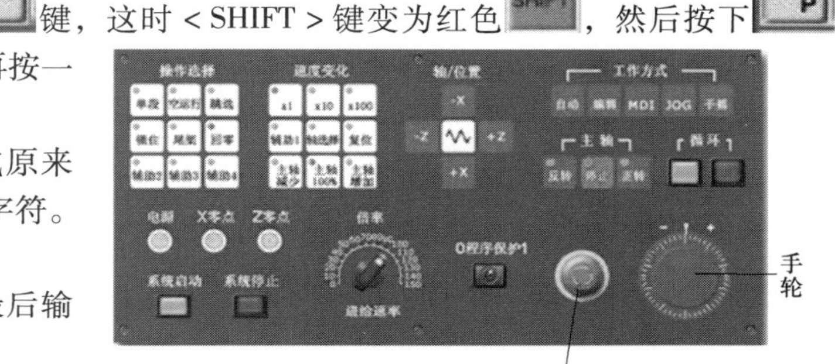

图6-24　机床操作面板

3. 机床操作面板

机床操作面板内容如图6-24所示，各键说明见表6-5。

表6-5　机床操作面板说明

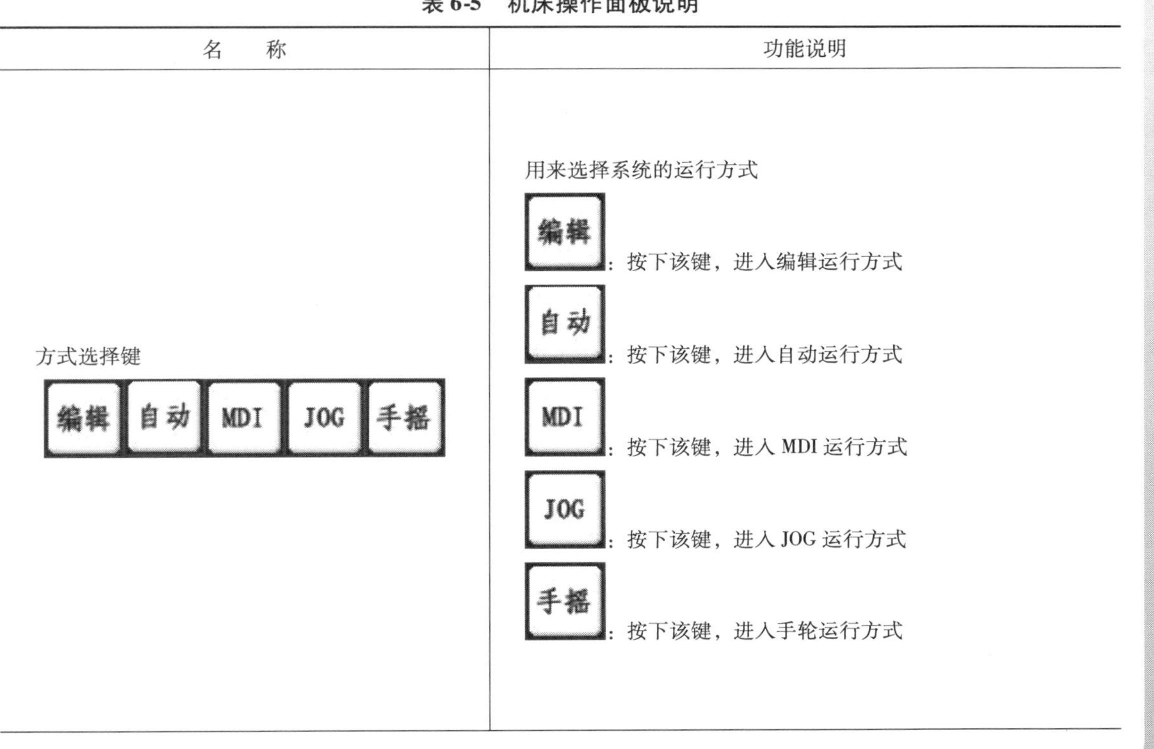

名　称	功能说明
方式选择键 编辑 自动 MDI JOG 手摇	用来选择系统的运行方式 编辑：按下该键，进入编辑运行方式 自动：按下该键，进入自动运行方式 MDI：按下该键，进入MDI运行方式 JOG：按下该键，进入JOG运行方式 手摇：按下该键，进入手轮运行方式

（续）

名　称	功能说明
操作选择键 单段 照明 回零	用来开启单段、回零操作 单段：按下该键，进入单段运行方式 回零：按下该键，可以进行返回机床参考点操作（即机床回零）
主轴旋转键 正转 停止 反转	用来开启和关闭主轴 正转：按下该键，主轴正转 停止：按下该键，主轴停转 反转：按下该键，主轴反转
循环启动/停止键	用来开启和关闭，在自动加工运行和 MDI 运行时都会用到它们
主轴倍率键 主轴降速 主轴100% 主轴升速	在自动或 MDI 方式下，当 S 代码的主轴速度偏高或偏低时，可用来修调程序中编制的主轴速度 按主轴100%（指示灯亮），主轴修调倍率被置为 100%，按一下主轴升速，主轴修调倍率递增 5%；按一下主轴降速，主轴修调倍率递减 5%
超程解除	用来接触超程警报
进给轴和方向选择开关 -X -Z +Z +X	用来选择机床欲移动的轴和方向 其中的快进键为快进开关。当按下该键后，该键变为红色，表明快进功能开启。再按一下该键，该键的颜色恢复成白色，表明快进功能关闭

（续）

名　　称	功能说明
JOG 进给倍率刻度盘 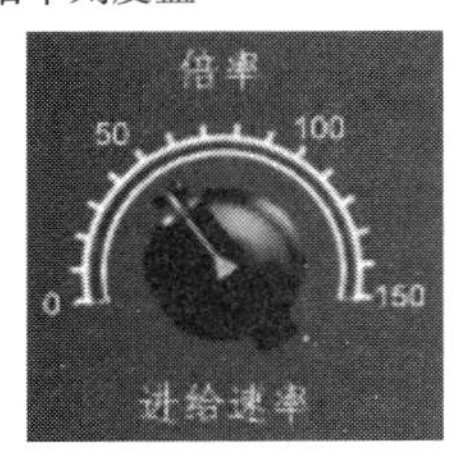 	用来调节 JOG 进给的倍率。倍率值为 0～150%。每格为 10% 用鼠标左键单击旋钮，旋钮逆时针旋转一格；用鼠标右键单击旋钮，旋钮顺时针旋转一格（示教机上）
系统启动/停止  	用来开启和关闭数控系统。在通电开机和关机的时候用到
电源/回零指示灯  	用来表明系统是否开机和回零的情况。当系统开机后，电源灯始终亮着。当进行机床回零操作时，某轴返回零点后，该轴的指示灯亮
“急停”按钮 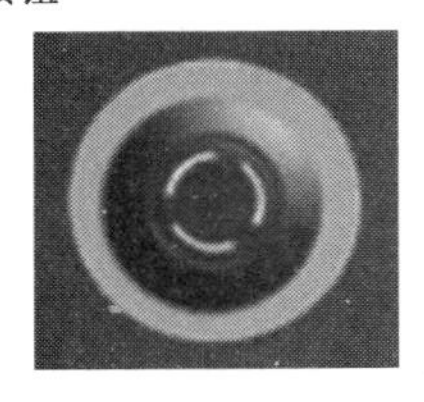	用于锁住机床。按下“急停”按钮时，机床立即停止运动。“急停”按钮抬起后，按钮下方有阴影，见图 a；“急停”按钮按下时，按钮下方没有阴影，见图 b 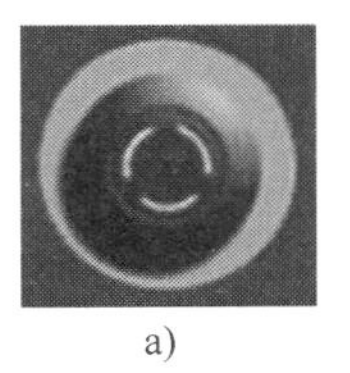 a) 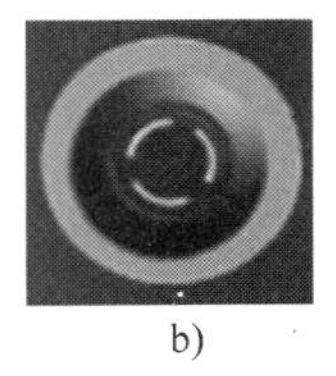 b)
手轮进给倍率键 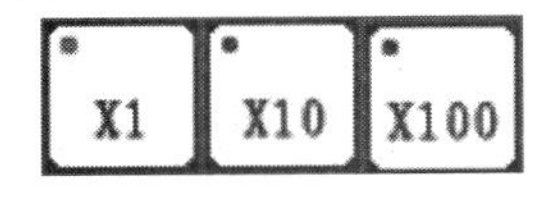 	用于选择手轮移动倍率。按下所选的倍率键后，该键左上方的红灯亮 为 0.001，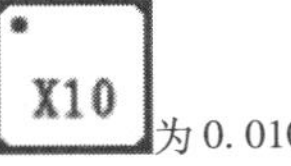为 0.010，为 0.100
手轮 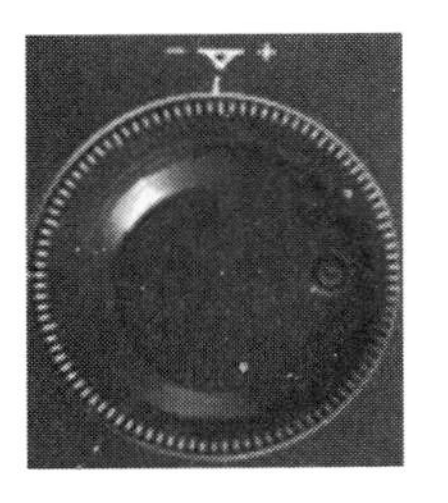	手轮模式下用来使机床移动 用鼠标左键单击手轮旋钮，手轮逆时针旋转，机床向负方向移动；用鼠标右键单击手轮旋钮，手轮顺时针旋转，机床向正方向移动 鼠标单击一下手轮旋钮即松手，则手轮旋转刻度盘上的一格，机床根据所选择的移动倍率移动一个档位。如果鼠标按下后不松开，则 3s 后手轮开始连续旋转，同时机床根据所选择的移动倍率进行连续移动。松开鼠标后，机床停止移动

6.2.7　数控车床操作过程

数控车床的一般操作过程如下：

1）开机。各坐标轴手动回机床参考点。

2）刀具安装。根据加工要求选择刀具，将其装到回转刀架上。

3）清洁主轴，安装夹具和工件。

4）对刀并设定工件坐标系。

5）设置工作参数和刀具偏置值。

6）输入加工程序。将加工程序通过数据线传输到数控系统的内存中，或直接通过 MDI 键盘输入。

7）调试加工程序，确保程序正确无误。

8）自动加工。按下“循环启动”键运行程序，开始加工。加工时，通过选择合适的进给倍率和主轴倍率来调整进给速度和主轴转速，并注意监控加工状态，保证加工正常。

9）取下工件，进行尺寸检测。

10）清理加工现场。

11）关机。

在上述操作过程中，离不开手动进给和手动车床动作控制及紧急情况的处理，而所有这些操作均是通过机床操作面板来完成的。

6.3　任务实施

6.3.1　加工工艺分析

1. 零件结构分析

由图 6-1 所示，此零件由螺纹、退刀槽、外圆锥、台阶外圆和特形面组成。几何条件充分，尺寸标注正确。

2. 加工工序制订（见表 6-6 加工工序卡）

表 6-6　加工工序卡

工序号	加工简图	加工内容	加工设备
1	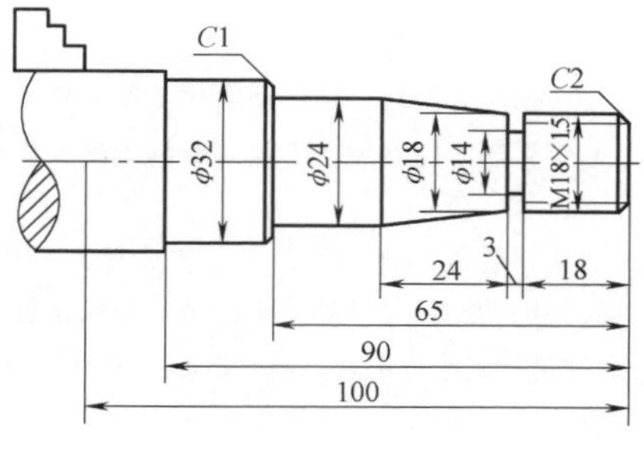 C1 C2 $\phi32$ $\phi24$ $\phi18$ $\phi14$ M18×15 3 24 18 65 90 100	夹 $\phi34$mm 外圆，保证其伸出卡盘的长度约为 101mm 车端面，保证其与卡盘端面的距离为 100mm 粗、精车 $\phi18$mm 外圆、$\phi18$mm 外圆锥和 $\phi24$mm、$\phi32$mm 外圆至规定尺寸和长度，按规定倒角 切槽至规定尺寸 车螺纹 M18×1.5	数控车床

（续）

工序号	加工简图	加工内容	加工设备
2		调头，车另一端端面，保证零件总长为180mm 车 $SR8$mm 圆球、$SR60$mm 圆球、$R40$mm 圆弧和 $\phi24$mm 外圆至规定尺寸和长度，按规定倒角	数控车床

3. 刀具及切削用量的选择（见表6-7）

表6-7　刀具及切削用量的选择

刀具号	刀具名称	加工内容	切削用量		
			a_p/mm	f/(mm/r)	n/(r/min)
T01	93°外圆尖刀	粗加工外轮廓	1.5	0.3	800
		精加工外轮廓	0.5	0.1	1500
T02	切槽车刀	切削退刀槽	3	0.08	800
T03	三角形外螺纹车刀	加工螺纹		1.5	600

6.3.2　工件坐标系的建立

1. 工序一的工件坐标系设定

以工件端面中心为工件坐标系原点，工件坐标系设定如图6-25所示。

2. 工序二的工件坐标系设定

以工件端面中心为工件坐标系原点，工件坐标系设定如图6-26所示。

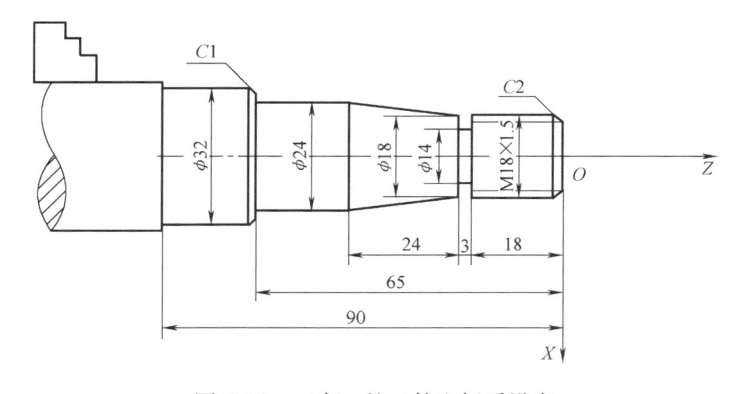

图6-25　工序一的工件坐标系设定

6 PROJECT

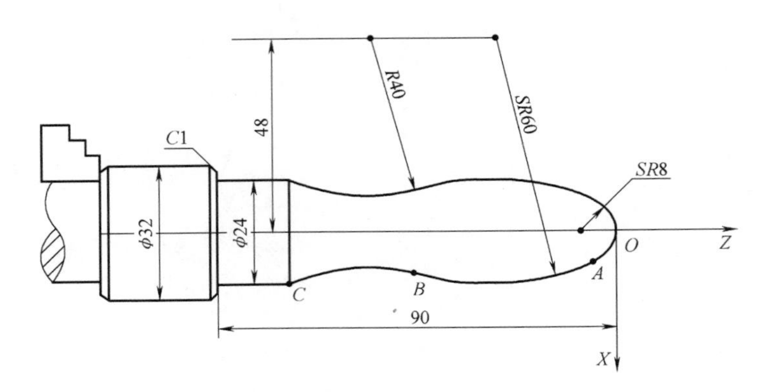

图 6-26　工序二的工件坐标系设定

6.3.3　基点坐标的计算

1. 工序一的基点的计算（比较简单，故此处省略）

2. 工序二的基点的计算（见图 6-27）

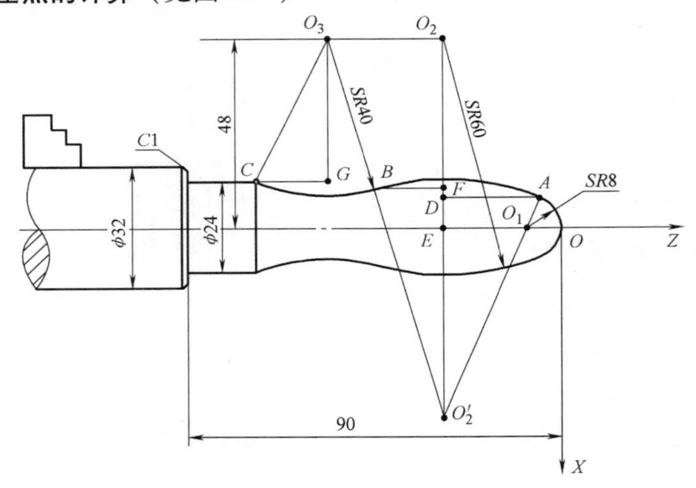

图 6-27　圆弧手柄的基点计算

其基点计算详细过程见任务 2，主要基点 A、B、C 的坐标值分别为（14.77，－4.93）、（19.2，－44.8）、（24，－73.436）。

6.3.4　华中世纪星程序编制

1. 工序一加工程序

加工程序	程序说明
%0001	程序名
M03　S800；	起动主轴
G95　G97　G40；	机床初始化

T0202;	调用2号刀并生效2号刀具偏置
G00　X36　Z2;	移动刀具至循环起刀点
G71　U1.5　R0.5　P1　Q2　X1　Z0　F0.3;	采用G71粗加工外轮廓
G00　X100　Z100;	退刀至安全点
M05;	停止主轴
M00;	程序暂停，检测工件
M03　S1500;	起动主轴
G95　T0202;	确定工件坐标系，生效刀具偏置
G00　X36　Z2;	移动刀具至循环起刀点
N1　G00　X13.85;	精加工程序首段
G01　Z0　F0.1;	
X17.85　Z-2;	
Z-21;	
X18;	
X24　W-24;	
Z-65;	
X30;	
X32　W-1;	
Z-91;	
N2　X36;	精加工程序尾段
G00　X100　Z100;	移动刀具至安全点换刀
T0303　S800;	调3号刀、生效3号刀具偏置，调整主轴转速
G00　X20　Z-21;	移动刀具至进刀点
G01　X14　F0.08;	切槽
X20;	
G00　X100　Z100;	移动刀具至安全点换刀
T0404　S600;	调4号刀，生效4号刀具偏置，调整主轴转速
G00　X20　Z3;	移动刀具至循环起刀点
G82　X17.2　Z-19　F1.5;	粗、精加工螺纹
X16.6　Z-19;	
X16.2　Z-19;	
X16.05　Z-19;	
G00　X100　Z100;	移动刀具至安全点
M05;	主轴停止
M30;	程序结束

2. 工序二加工程序

加工程序	程序说明

```
%0002                                       程序名
M03  S800;                                  起动主轴
G95  G97  G40;                              机床初始化
T0202;                                      调用2号刀并生效2号刀具偏置
G00  X36  Z2;                               移动刀具至循环起刀点
G71  U1.5  R0.5  P1  Q2  E0.5  F0.3;        采用G71粗加工外轮廓
G00  X100  Z100;                            退刀至安全点
M05;                                        停止主轴
M00;                                        程序暂停，检测工件
M03  S1500;                                 起动主轴
G95  T0202;                                 生效刀具偏置
G00  X36  Z2;                               移动刀具至循环起刀点
N1  G00  X0;                                精加工程序首段
G01  Z0  F0.1;
G03  X14.77  Z-4.93  R8;
X19.2  Z-44.8  R60;
G02  X24  Z-73.436  R40;
G01  Z-90;
X30;
N2  X32  Z-34;                              精加工程序尾段
G00  X100  Z100;                            移动刀具至安全点
M05;                                        主轴停止
M30;                                        程序结束
```

6.3.5 FANUC 0i-TD 程序编制

1. 工序一加工程序

```
加工程序                                程序说明
O0001                                   程序名
M03  S800;                              起动主轴
G99  G97  G40;                          机床初始化
T0202;                                  确定工件坐标系，调用2号刀
G00  X36  Z2;                           移动刀具至循环起刀点
G71  U1.5  R0.5;                        采用G73粗加工外轮廓
G71  P1  Q2  U1  W0  F0.3;
N1  G00  X13.85;                        精加工程序首段
G01  Z0  F0.1;
X17.85  Z-2;
Z-21;
X18;
```

6 PROJECT

X24　W－24；	
Z－65；	
X30；	
X32　W－1；	
Z－91；	
N2　X36；	精加工程序尾段
G00　X100　Z100；	退刀至安全点
M05；	停止主轴
M00；	程序暂停，检测工件
M03　S1500；	起动主轴
G95　T0202；	确定工件坐标系，生效刀具磨损
G00　X36　Z2；	移动刀具至循环起刀点
G70　P1　Q2；	精加工轮廓
G00　X100　Z100；	移动刀具至安全点换刀
T0303　S800；	调3号刀、生效3号刀具偏置，调整主轴转速
G00　X20　Z－21；	移动刀具至进刀点
G01　X14　F0.08；	切槽
X20；	
G00　X100　Z100；	移动刀具至安全点换刀
T0404　S600；	调4号刀、生效4号刀具偏置，调整主轴转速
G00　X20　Z3；	移动刀具至循环起刀点
G92　X17.2　Z－19　F1.5；	粗、精加工螺纹
X16.6；	
X16.2；	
X16.05；	
G00　X100　Z100；	移动刀具至安全点
M05；	主轴停止
M30；	程序结束

2. 工序二加工程序

加工程序	程序说明
O0002	程序名
M03　S800；	起动主轴
G99　G97　G40；	机床初始化
T0202；	确定工件坐标系
G00　X36　Z2；	移动刀具至循环起刀点
G73　U10　W10　R5；	采用G71粗加工外轮廓
G73　P1　Q2　U1　W0　F0.3；	
N1　G00　X0；	精加工程序首段
G01　Z0　F0.1；	

```
G03  X14.77  Z-4.93  R8;
X19.2  Z-44.8  R60;
G02  X24  Z-73.436  R40;
G01  Z-90;
X30;
N2  X32  Z-34;                 精加工程序尾段
G00  X100  Z100;               退刀至安全点
M05;                           停止主轴
M00;                           程序暂停，检测工件
M03  S1500;                    起动主轴
G95  T0202;                    确定工件坐标系，生效刀具磨损
G00  X36  Z2;                  移动刀具至循环起刀点
G70  P1  Q2;                   精加工轮廓
G00  X100  Z100;               移动刀具至安全点
M05;                           主轴停止
M30;                           程序结束
```

6.3.6 华中世纪星加工操作

1. 装刀

根据要求，准备好要用的刀具，对于机夹式刀具，要认真检查刀片与刀体的安装是否正确，螺母是否拧牢固。按照刀具号分别将相对应的刀具安装到刀盘中。安装刀具时，通过调整垫刀片的高度，保证刀具刀尖的高度和工件回转中心等高，然后将刀具压紧。

注意，安装刀具时，刀盘中刀具的刀号与程序中的刀号必须一致，否则，程序调用刀具时将会发生碰撞危险，造成工件报废，机床受损，甚至人身事故。

2. 对刀

试切法对刀是用所选的刀具试切零件的外圆和端面，经过测量和计算得到零件端面中心点的坐标值。

以卡盘底面中心为机床坐标系原点。刀具参考点在 X 轴方向的距离为 X_T，在 Z 轴方向的距离为 Z_T。装好刀具后，单击操作面板中"手动"键，切换到"手动"方式；利用操作面板上的按钮"-X"、"+X"、"-Z"、"+Z"，使刀具移动到可切削零件的大致位置，如图 6-28 所示。

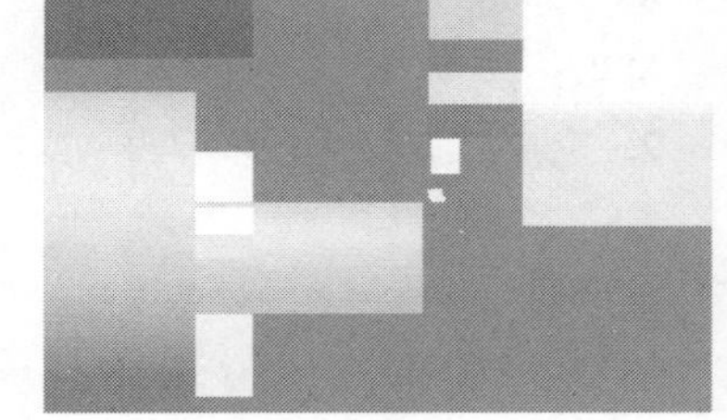

图 6-28 刀具移动

单击操作面板上的"主轴反转"或"主轴正转"键，使主轴转动；单击"-Z"键，移动 Z 轴，用所选刀具试切工件外圆，如图 6-29 所示。读出 CRT 屏幕上显示的机床的 X 坐标，记为 X_1。

单击"+Z"键，将刀具退至图 6-30 所示位置，单击"-X"键，试切工件端面。记下 CRT 屏幕上显示的机床的 Z 坐标，记为 Z_1。

单击操作面板上的键，使主轴停止转动，X 轴的坐标值减去“测量”中读取的 X 值，再加上机床坐标系原点到刀具参考点在 X 方向的距离，即 $X_1+X_2+X_T$，记为 X；Z_1 加上机床坐标系原点到刀具参考点在 Z 方向的距离，即 Z_1+Z_T，记为 Z，（X，Z）即为工件坐标系原点在机床坐标系中的坐标值。把（X，Z）值输入表6-8中X偏置、Z偏置中即可。

图6-29　外圆车削

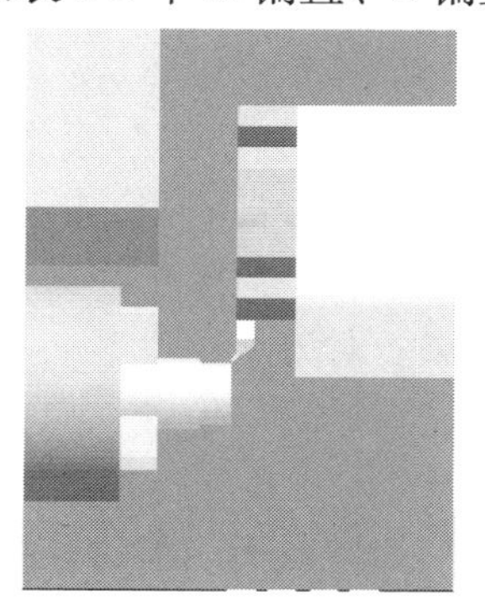

图6-30　端面车削

表6-8　刀具偏置表

刀偏号	X偏置	Z偏置	X磨损	Z磨损	试切直径	试切长度
	0.000	0.000	0.000	0.000	0.000	0.000
#XX1	0.000	0.000	0.000	0.000	0.000	0.000
#XX2	0.000	0.000	0.000	0.000	0.000	0.000
#XX3	0.000	0.000	0.000	0.000	0.000	0.000
#XX4	0.000	0.000	0.000	0.000	0.000	0.000
#XX5	0.000	0.000	0.000	0.000	0.000	0.000
#XX6	0.000	0.000	0.000	0.000	0.000	0.000
#XX7	0.000	0.000	0.000	0.000	0.000	0.000
#XX8	0.000	0.000	0.000	0.000	0.000	0.000
#XX9	0.000	0.000	0.000	0.000	0.000	0.000
#XX10	0.000	0.000	0.000	0.000	0.000	0.000
#XX11	0.000	0.000	0.000	0.000	0.000	0.000
#XX12	0.000	0.000	0.000	0.000	0.000	0.000

6.3.7　FANUC 0i-TD 加工操作

1. 数控机床坐标关系

数控车床所使用的坐标系有两个：一个是机械坐标系；另外一个是工件坐标系。

在机床的机械坐标系中设有一个固定的参考点，假设为（X，Z）。这个参考点的作用主要是给机床本身一个定位。因为每次开机后无论刀架停留在哪个位置，系统都把当前位置设定为（0，0），这样势必造成基准的不统一，所以每次开机的第一步操作为参考点回归（有的称为回零点），也就是通过确定（X，Z）来确定原点（0，0）。

为了计算和编程方便，通常将工件（程序）原点设定在工件右端面的回转中心上，尽量使编程基准与设计、装配基准重合。机械坐标系是机床唯一的基准，所以必须要弄清楚程序原点在机械坐标系中的位置。这通常在对刀过程中完成。

2. 对刀点、刀位点、换刀点

所谓对刀是指使“刀位点”与“对刀点”重合的操作。每把刀具的半径与长度尺寸都是不同的，刀具装在机床上后，应在控制系统中设置刀具的基本位置。“刀位点”是指刀具的定位基准点。如图6-31所示，车刀的刀位点是刀尖或刀尖圆弧中心点。“对刀点”是指通过对刀确定刀具与工件相对位置的基准点。对刀点设置在夹具上与零件定位基准有一定尺寸联系的某一位置，往往就选择在零件的工件（程序）原点。“换刀点”常常设置在工件的轮廓之外，在刀具旋转时不与工件和机床设备发生干涉的一个安全位置。

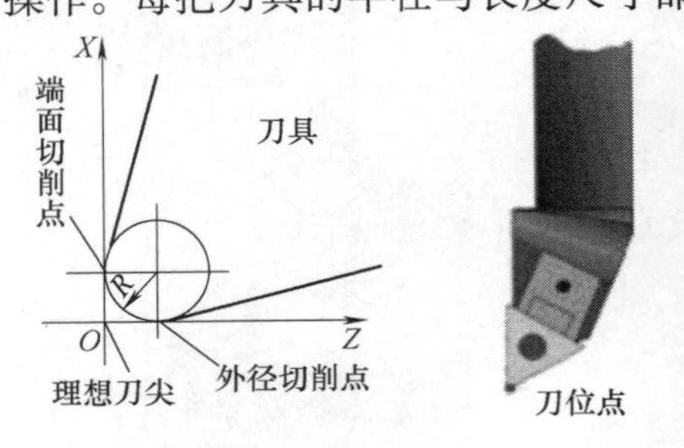

图6-31 车刀刀位点

3. FANUC系统中确定工件坐标系的三种方法

（1）通过对刀将刀偏值写入参数从而获得工件坐标系　这种方法操作简单，可靠性好，工件坐标系通过刀偏与机械坐标系紧密地联系在一起，只要不断电、不改变刀偏值，工件坐标系就会存在且不会变，即使断电，重启后回参考点，工件坐标系还在原来的位置。

（2）用G50设定坐标系　对刀后将刀移动到G50设定的位置才能加工。对刀时先对基准刀，其他刀的刀偏都是相对于基准刀的。

（3）MDI参数　运用G54～G59可以设定六个坐标系，这些坐标系是相对于参考点不变的，与刀具无关。这种方法适用于批量生产且工件在卡盘上有固定装夹位置的加工。

4. 具体步骤

（1）直接用刀具试切对刀

1）用外圆车刀先试车一外圆端面，输入Offset工具补正/形状界面（图6-32）的几何形状Z0，按测量键即可。

2）用外圆车刀先试车一外圆，如图6-33所示，输入Offset工具补正/形状界面的几何形状X（测量值），按测量键即可。

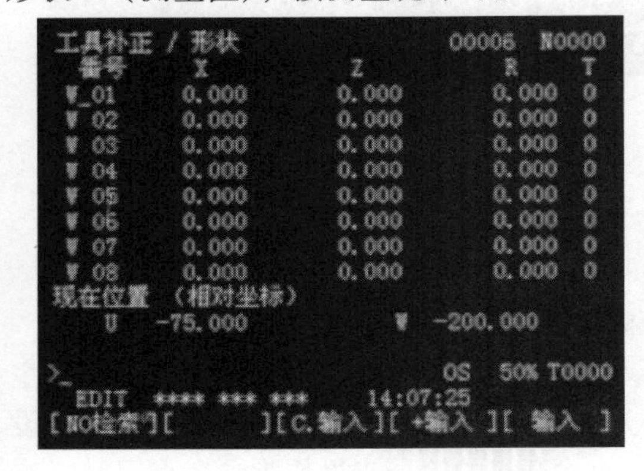

图6-32 Offset工具补正/形状界面

图6-33 外圆车削

3）将其他刀具分别尽可能接近试切过的外圆面和端面，把第一把刀的 X 方向测量值和 Z0 直接键入到 Offset 工具补正/形状界面里相应刀具对应的刀补号 X、Z 中，按测量键即可。

4）将刀具刀尖圆弧半径值可通过直接进入编辑运行方式输入到 Offset 工具补正/形状界面里相应刀具对应的刀补号 R 中。

（2）用 G50 设置工件零点

1）用外圆车刀先试车一外圆，测量外圆直径后，把刀沿 Z 轴正方向后退一些，切端面到中心（X 轴坐标减去直径值）。

2）选择 MDI 方式，输入“G50　X0　Z0”，按“START”键，把当前点设为零点。

3）选择 MDI 方式，输入“G0　X150　Z150”，使刀具离开工件进刀加工。

4）这时程序开头为“G50　X150　Z150…”。

5）注意，用“G50　X150　Z150”时，起点和终点必须一致，即为（X150，Z150），这样才能保证重复加工不乱刀。

6）将其他刀具分别尽可能接近试切过的外圆面和端面，把第一把刀的 X 方向测量值和 Z0 直接键入到 Offset 工具补正/形状界面里相应刀具对应的刀补号 X、Z 中，按测量键即可。

7）将刀具刀尖圆弧半径值可通过直接进入编辑运行方式输入到 Offset 工具补正/形状界面里相应刀具对应的刀补号 R 中。

（3）用 G54 ~ G59 设置工件零点

1）用外圆车刀先试车一外圆，测量外圆直径后，把刀沿 Z 轴正方向退点，切端面到中心。

2）把当前的 X 轴和 Z 轴坐标直接输入到 G54 ~ G59 里，如图 6-34 所示，程序直接调用，如“G54　X50　Z50…”。

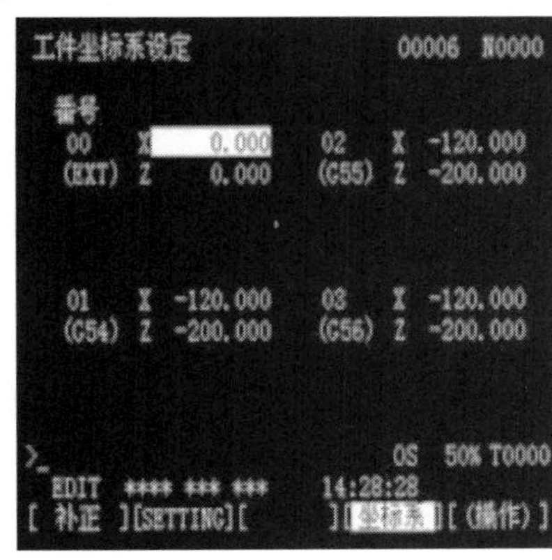

图 6-34　坐标系

3）注意，可用 G53 指令清除 G54 ~ G59 工件坐标系。

4）将其他刀具分别尽可能接近试切过的外圆面和端面，把第一把刀的 X 方向测量值和 Z0 直接键入到 Offset 工具补正/形状界面里相应刀具对应的刀补号 X、Z 中，按测量即可。

5）将刀具刀尖圆弧半径值可通过直接进入编辑运行方式输入到 Offset 工具补正/形状界面里相应刀具对应的刀补号。

6.3.8　加工注意事项

1）螺纹导程比较大，使得进给的F值非常大，加工时注意主轴转速要尽量选择得比较低，同时也防止主轴编码器发生过冲现象。

2）为了保证加工基准的一致性，在多把刀具对刀时，可以先用一把刀具加工出一个基准，其他各个刀具以此为基准进行对刀。

3）内孔车刀的选择要注意内孔的大小，不要使车刀的背面与工件发生干涉。

4）车内螺纹时，注意排屑和冷却，防止刀具发生崩刃现象导致螺纹切削不准确，发生乱牙现象。

6.4　任务评价与总结提高

6.4.1　任务评价

本任务的考核标准见表6-9，本任务在该课程考核成绩中的比例为10%。

表6-9　考核标准

序号	工作过程	主要内容	建议考核方式	评分标准	配分
1	资讯（10分）	任务相关知识查找	教师评价50% 相互评价50%	通过资讯查找相关知识学习，按任务知识能力掌握情况评分	15
2	决策计划（10分）	确定方案、编写计划	教师评价80% 相互评价20%	根据整体设计方案以及采用方法的合理性评分	20
3	实施（10分）	方法合理、计算快捷、准确率高	教师评价20% 自己评价30% 相互评价50%	根据计算的准确性，结合三方面评价评分	30
4	任务总结报告（60分）	记录实施过程、步骤	教师评价100%	根据基点和节点计算的任务分析、实施、总结过程记录情况，提出新建议等情况评分	15
5	职业素养、团队合作（10分）	工作积极主动性，组织协调与合作	教师评价30% 自己评价20% 相互评价50%	根据工作积极主动性、文明生产情况以及相互协作情况评分	20

成绩评分标准见表6-10。

成绩分现场得分与试件得分两部分，实操成绩为现场得分和试件得分之和，满分100分，其中现场得分最高50分，试件得分最高50分。现场得分成绩由现场老师按评分标准评定，试件得分成绩由老师根据试件检测结果，按评分标准评定。

表 6-10　评 分 标 准

工件编号				总得分		
项目与配分	序号	技术要求	配分	评分标准	检测记录	得分
工件加工评分（80%）	1	ϕ14mm×3mm	5	超差不得分		
	2	ϕ18mm 外锥	5	超差不得分		
	3	ϕ24mm 外圆	5	超差不得分		
	4	ϕ32mm 外圆	5	超差不得分		
	5	ϕ24mm 外圆	5	超差不得分		
	6	M18×1.5	10	超差不得分		
	7	R40mm	5	超差不得分		
	8	SR60mm	5	超差不得分		
	9	SR8mm	5	超差不得分		
	10	18mm	5	超差不得分		
	11	24mm	5	超差不得分		
	12	65mm	5	超差不得分		
	13	90mm	5	超差不得分		
	14	180mm	5	超差不得分		
	15	倒角	5	超差不得分		
程序与工艺（10%）	16	程序正确合理	5	不合理每处扣 2 分		
	17	加工工艺卡	5	不合理每处扣 2 分		
机床操作（10%）	18	机床操作规范	5	出错一次扣 2 分		
	19	工件、刀具装夹	5	出错一次扣 2 分		
安全文明生产（倒扣分）	20	安全操作	倒扣	发生安全事故停止或酌情扣 5～30 分		

6.4.2　任务总结

通过本任务的学习，了解数控机床刀具的选择要求和方法、游标卡尺的读数原理和使用方法、切削液的作用和选用方法，掌握零件的编程步骤及方法、机床的操作规程及加工注意事项。

6.4.3　练习与提高

一、简答题

1. 简述数控机床刀具选择的基本要求。
2. 简述分度值为 0.02mm 的游标卡尺的读数原理。
3. 简述游标卡尺的使用方法。
4. 简述切削液的作用及选用方法。

二、零件的编程与加工题

1. 如图 6-35 所示的零件，毛坯材料为 45 钢，毛坯尺寸为 ϕ60mm×155mm。

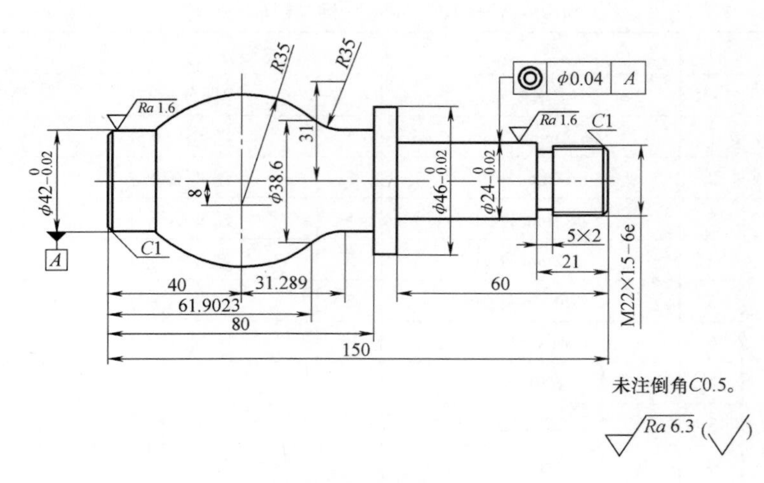

图 6-35　零件图

2. 如图 6-36 所示的零件，毛坯材料为 45 钢，毛坯尺寸为 ϕ55mm × 105mm。

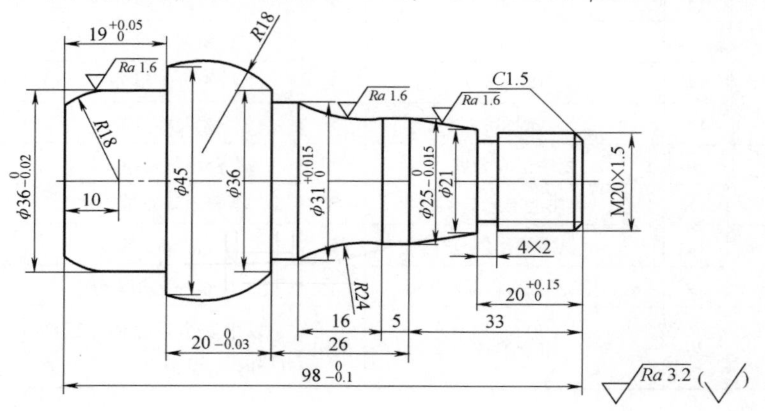

图 6-36　零件图

3. 如图 6-37 所示的零件，毛坯材料为 45 钢，毛坯尺寸为 ϕ50mm × 105mm。

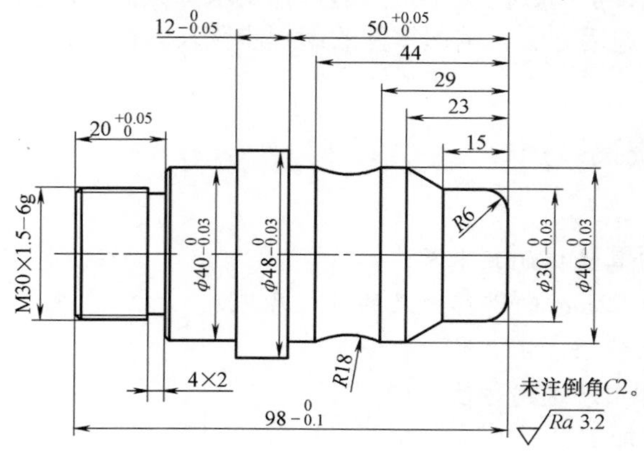

图 6-37　零件图

6 PROJECT

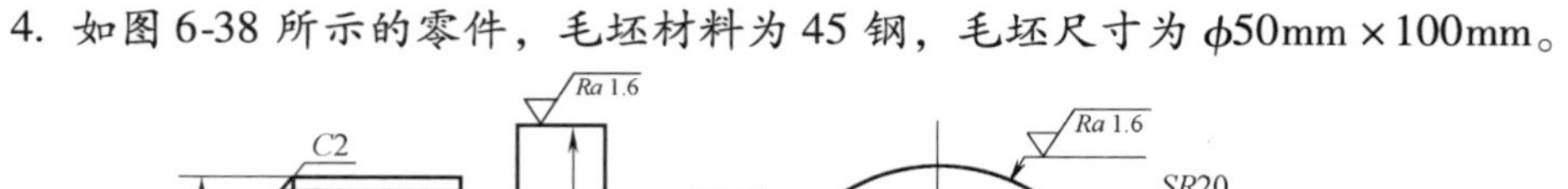

4. 如图 6-38 所示的零件，毛坯材料为 45 钢，毛坯尺寸为 ϕ50mm × 100mm。

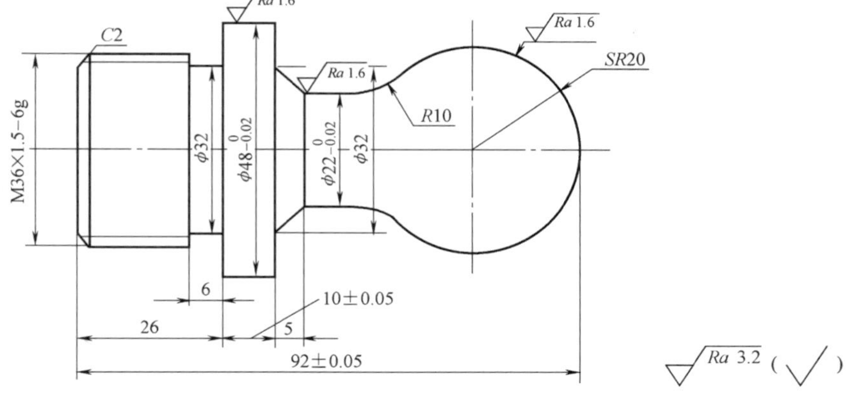

图 6-38　零件图

5. 如图 6-39 所示的零件，毛坯材料为 45 钢，毛坯尺寸为 ϕ50mm × 105mm。

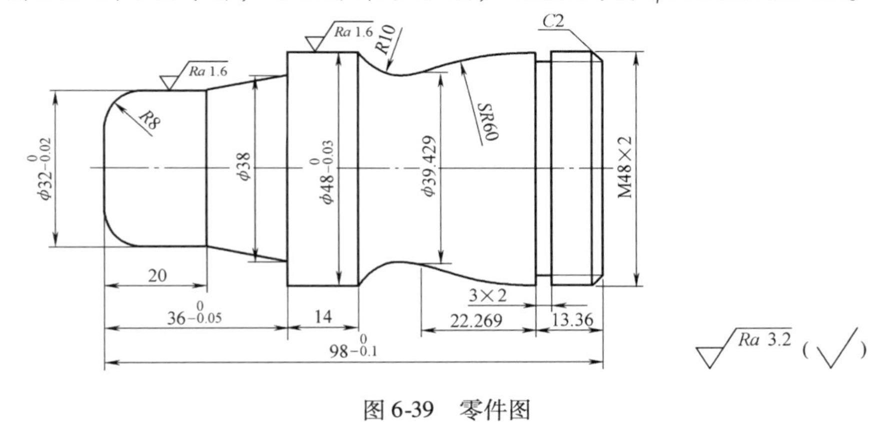

图 6-39　零件图

任务7 复杂零件的数控车削加工

7.1 任务描述及目标

加工图 7-1 所示的薄壁零件，毛坯尺寸为 $\phi45\text{mm}\times62\text{mm}$，材料为 45 钢，试编写其数控车加工程序并进行加工。图 7-2 所示为零件的实体图。

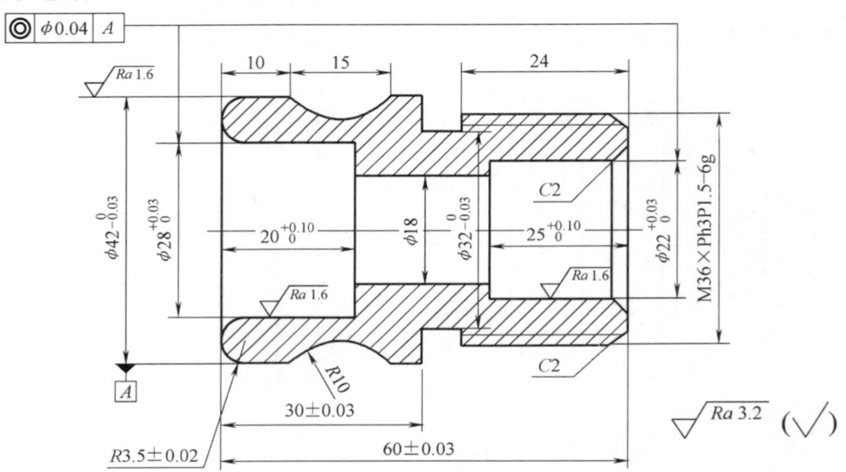

图 7-1 薄壁零件

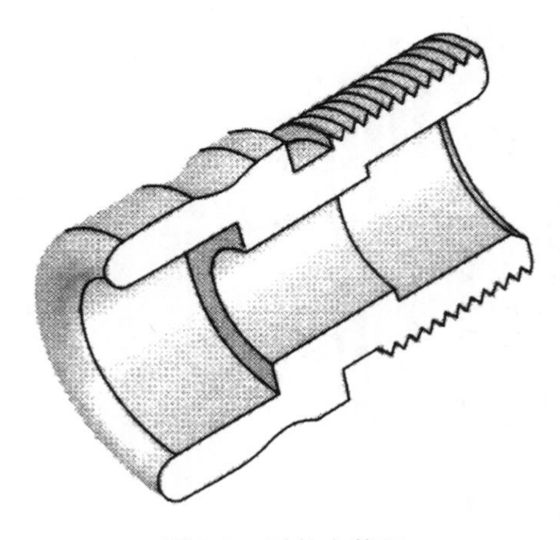

图 7-2 零件实体图

学生通过对较复杂零件的编程加工，了解复杂零件的结构特点、薄壁零件的加工工艺特点；正确制订薄壁零件的加工工艺，编制零件的加工程序，并加工出该薄壁零件。

7.2　任务资讯

7.2.1　工艺知识

1. 薄壁工件的加工特点

车薄壁工件时，由于工件的刚性差，在车削过程中，可能产生以下现象。

(1) 夹紧力的作用下产生变形　因工件壁薄，在夹紧力的作用下容易产生变形，从而影响工件的尺寸精度和形状精度。当采用图7-3a所示方式夹紧工件加工内孔时，在夹紧力的作用下，工件会略微变成三边形，但车孔后得到的是一个圆柱孔。当松开卡爪，取下工件后，由于弹性恢复，外圆恢复成圆柱形，而内孔则变成图7-3b所示的弧形三边形。若用内径千分尺测量时，各个方向直径 D 相等，但已变形，不是内圆柱面了，这种现相称为等直径变形。

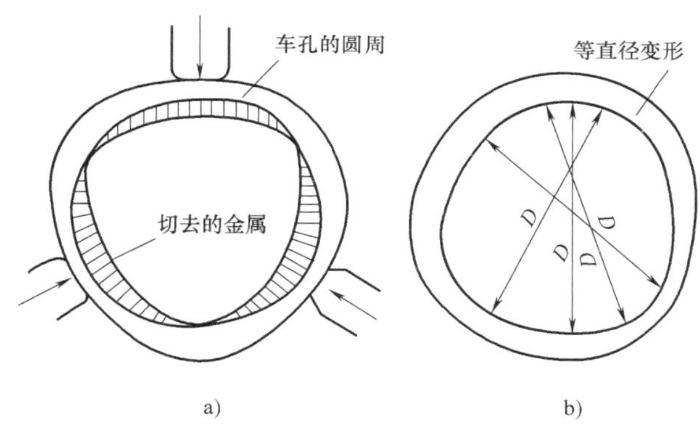

图7-3　薄壁工件的夹紧变形

(2) 切削热引起工件热变形　因工件较薄，切削热会引起工件热变形，从而使工件尺寸难于控制。对于线膨胀系数较大的金属薄壁工件，如果在一次安装中连续完成半精车和精车，由切削热引起工件的热变形会对其尺寸精度产生极大影响，有时甚至会使工件卡死在夹具上。

(3) 产生振动和变形　在切削力（特别是径向切削力）的作用下，容易产生振动和变形，影响工件的尺寸精度、形状精度、位置精度和表面粗糙度。

2. 防止和减少薄壁工件变形的方法

(1) 工件分粗、精车阶段　粗车时，由于切削余量较大，夹紧力稍大些，变形也相应大些；精车时，夹紧力可稍小些，一方面夹紧变形小，另一方面还可以消除粗车时因切削力过大而产生的变形。

(2) 合理选用刀具的几何参数　精车薄壁工件时，刀柄的刚度要求高，车刀的修光刃不宜过长（一般取0.2～0.3mm），刃口要锋利。

(3) 增加装夹接触面　采用开缝套筒（见图7-4）或一些特制的软卡爪，使接触面增大，夹紧力均布在工件上，从而使工件夹紧时不易产生变形。

（4）应采用轴向夹紧夹具　车薄壁工件时，尽量不使用图7-5a所示的径向夹紧，而优先选用图7-5b所示的轴向夹紧方法。图7-5b中，工件靠轴向夹紧套（螺纹套）的端面实现轴向夹紧，由于夹紧力 $\boldsymbol{F}$ 沿工件轴向分布，而工件轴向刚度大，不易产生夹紧变形。

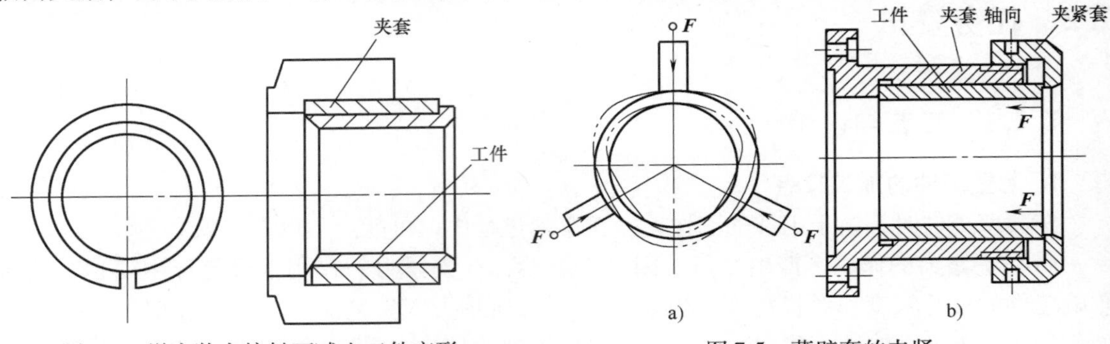

图7-4　增大装夹接触面减少工件变形

图7-5　薄壁套的夹紧

（5）增加工艺肋　有些薄壁工件在其装夹部位特制几根工艺肋以增强刚性，使夹紧力作用在工艺肋上，以减少工件的变形。加工完毕后，再去掉工艺肋。

（6）充分浇注切削液　通过充分浇注切削液，降低切削温度，减少工件热变形。

3. 精加工余量的确定

在数控加工过程中，精加工余量不能太大，也不能太小。如果太大，则精加工过程中起不到精加工的效果；如果精加工余量留得太少，则不能纠正上道工序的加工误差。确定精加工余量的方法主要有经验估算法、查表修正法、分析计算法等几种，数控车床上通常采用经验估算法或查表修正法确定精加工余量，内、外轮廓面的精加工余量一般取0.3～0.5mm。

4. 自定心卡盘的装夹与找正

以上夹具中，最常用的夹具是自定心卡盘。在工件加工过程中采用调头装夹时，通常需对工件进行找正，其找正方法如图7-6所示，将百分表固定在工作台面上，测头触压在圆柱侧素线的上方，然后轻轻手动转动卡盘，根据百分表的读数用铜棒轻敲工件进行调整，当主轴再次旋转的过程中百分表读数不变时，表示工件装夹表面的轴线与主轴轴线同轴。

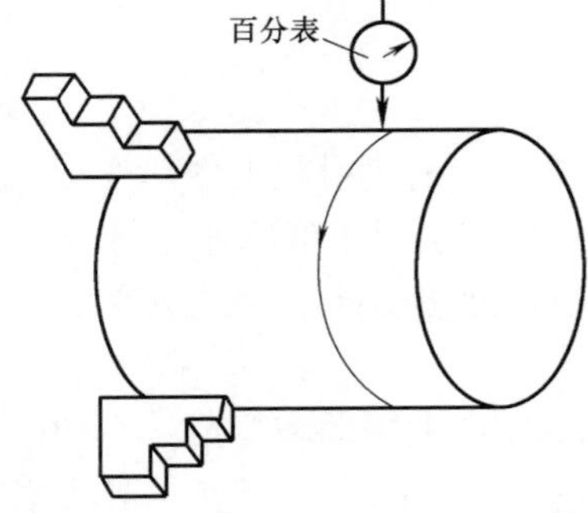

图7-6　在自定心卡盘上装夹与找正

5. 车螺纹前直径尺寸的确定

车外螺纹时，由于受车刀挤压会使螺纹大径尺寸胀大，所以车螺纹前大径一般应车得比基本尺寸小0.2～0.4mm（约0.13P），车好螺纹后牙顶处有0.125P（P为螺距）的宽度。同理，车削普通内螺纹时，内孔直径会缩小，所以车削内螺纹前的孔径要比内螺纹小径略大些，可采用下列近似公式计算

车削外螺纹　$D_{底}=D_{小}\approx d-1.3P$

$D_{顶}=D_{大}\approx d-(0.2\sim0.4)\ \text{mm}$

车削内螺纹　$D_{孔}=D_{顶}\approx d-P$　（塑性金属）

$D_{孔}=D_{顶}\approx D-(1.05\sim1)P$　（脆性金属）

$$D_{底} = D_{大} = d$$

式中　$D_{底}$——螺纹底径；

$D_{顶}$——螺纹顶径；

$D_{孔}$——车螺纹前的孔径；

d——螺纹公称直径；

P——螺距。

6. 三角形螺纹车刀及其装夹方法

机夹式螺纹车刀如图 7-7 所示，分为外螺纹车刀和内螺纹车刀两种。

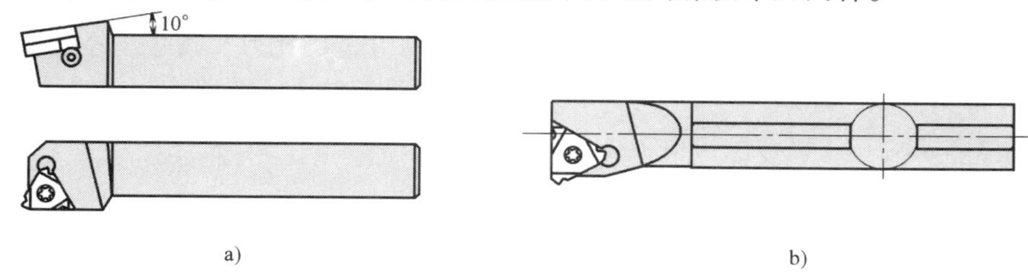

图 7-7　螺纹车刀

a）外螺纹车刀　b）内螺纹车刀

装夹外螺纹车刀时，刀尖位置一般应对准工件中心（可根据尾座顶尖高度检查）。车刀刀尖角的对称中心线必须与工件轴线垂直，装刀时可用样板来对刀，如图 7-8a 所示，刀头伸出不要过长，一般为刀杆厚度的 1.5 倍左右。

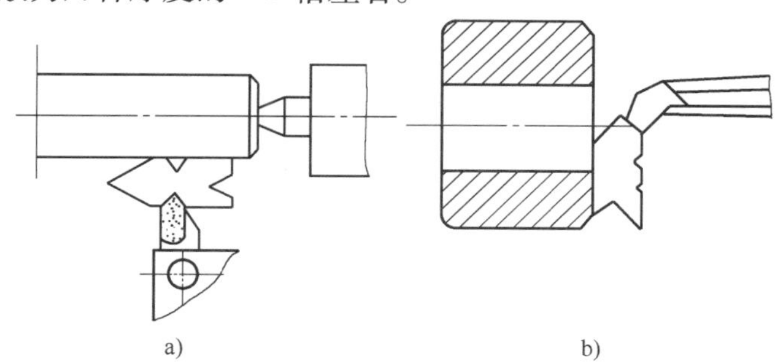

图 7-8　螺纹车刀的装夹

装夹内螺纹车刀时，必须严格按样板找正刀尖角，如图 7-8b 所示，刀杆伸出长度稍大于螺纹长度，刀装好后应在孔内移动刀架至终点以检查是否有碰撞。

7. 常用螺纹车削方法

数控车床上常用的螺纹切削方法如图 7-9 所示，主要有直进法、斜进法和交错切削法等几种。

（1）直进法　如图 7-9a 所示，车螺纹时，螺纹刀刀尖及两侧切削刃都参加切削，每次进刀只做径向进给，随着螺纹深度的增加，进刀量相应减小，否则容易产生“扎刀”现象。这种切削方法可以得到比较正确的牙型，适用于螺距小于 2mm 和脆性材料的螺纹车削。

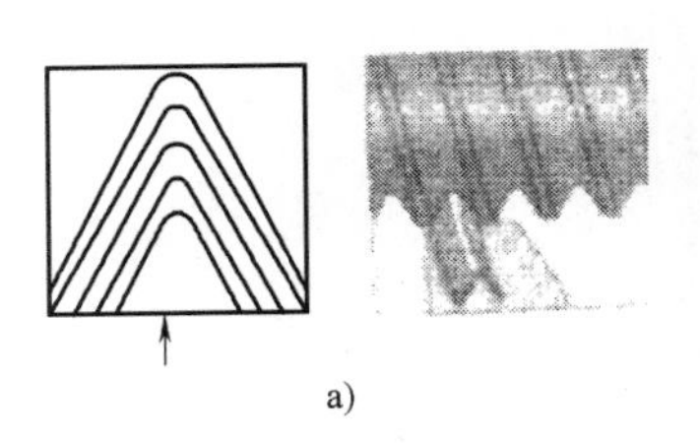
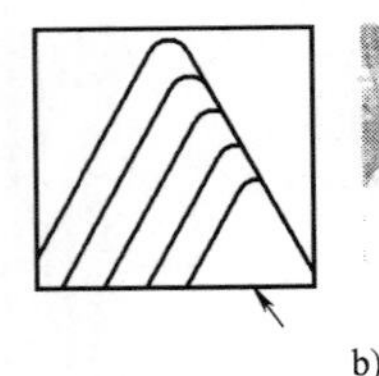
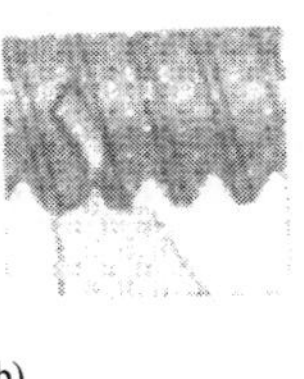
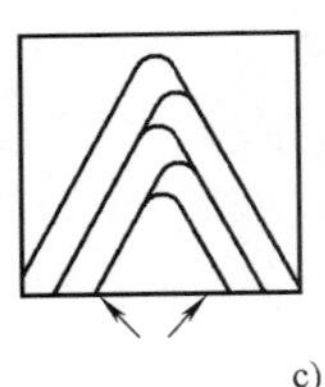
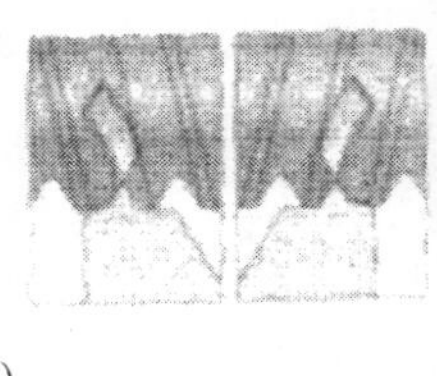

图 7-9　螺纹的数控车削方法

（2）斜进法　如图 7-9b 所示，螺纹车刀沿着与牙型一侧平行的方向斜向进刀，至牙底处。采用这种方法加工螺纹时，螺纹车刀始终只有一个侧切削刃参加切削，从而使排屑比较顺利，刀尖的受力和受热情况有所改善，在车削中不易引起“扎刀”现象。

（3）交错切削法　如图 7-9c 所示，螺纹车刀分别沿着与左、右牙型一侧平行的方向交错进刀，直至牙底。

8. 车内孔技术

（1）车内孔的关键技术　车孔是常用的孔加工方法之一，可用作粗加工，也可用作精加工。车孔尺寸公差等级一般可达 IT7 ~ IT8，表面粗糙度值可达 $Ra1.6 \sim 3.2\mu m$。车孔的关键技术是解决内孔车刀的刚性问题和内孔车削过程中的排屑问题。

为了增加车削刚性，防止产生振动，要尽量选择粗的刀杆，装夹时刀杆伸出长度尽可能短，只要略大于孔深即可。刀尖要对准工件中心，刀杆与轴线平行。精车内孔时，应保持切削刃锋利，否则容易产生让刀，把孔车成锥形。

内孔加工过程中，主要是通过控制切屑流出方向来解决排屑问题。精车孔时要求切屑流向待加工表面（前排屑），前排屑主要是采用正刃倾角的内孔车刀。加工不通孔时，应采用负的刃倾角，使切屑从孔口排出。

（2）内孔车削刀具　根据不同的加工情况，内孔车刀可分为通孔车刀和不通孔车刀两种。为减小径向切削力，防止振动，通孔车刀如图 7-10a 所示，其主偏角一般取 60° ~75°，副偏角取 15° ~30°。不通孔车刀如图 7-10b 所示，主要用于车不通孔或台阶孔，它的主偏角取 90° ~93°，刀尖在刀杆的最前端。

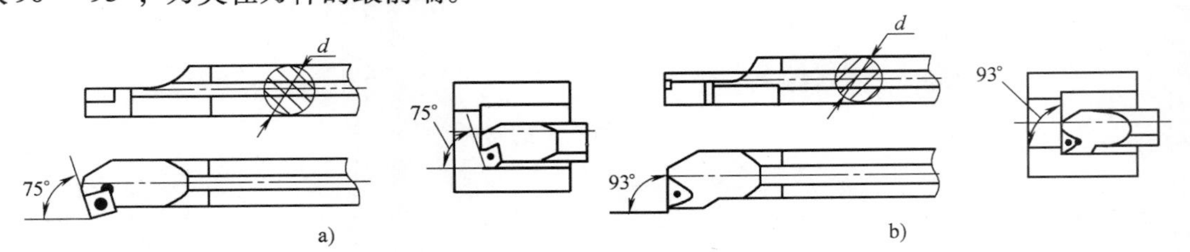

图 7-10　机夹式内孔车刀

（3）内孔车刀的安装　安装内孔车刀时应注意以下几个问题：

1）刀尖应与工件中心等高或稍高。如果装得低于中心，由于切削抗力的作用，容易将刀柄压低而产生“扎刀”现象，并可造成孔径扩大。

2）刀柄伸出刀架不宜过长，一般比被加工孔长 5 ~6mm。

3）刀柄基本平行于工件轴线，否则在车削到一定深度时刀柄后半部容易碰到工件孔口。

4）不通孔车刀装夹时，内偏刀的主切削刃应与孔底平面成3°～5°的角度，并且在车平面时要求横向有足够的退刀余地。

7.2.2　常用量具的读数原理及使用方法

1. 百分表

百分表（分度值为0.01mm）是指钟表式百分表，它是用来测量机械零件各种几何形状的偏差和表面相互位置偏差的量具，也可用来直接测量工件的长度。

（1）百分表的传动原理及结构　一般百分表的传动原理如图7-11所示。量杆1上的齿条与齿轮2相啮合。齿轮2与齿轮3固定在同一小轴上。当量杆移动时，齿轮2与齿轮3一起转动，齿轮3又与装有指针5的齿轮4相啮合，因此量杆的移动可使指针在表盘上摆动。齿轮7在细丝弹簧6的作用下，也与小齿轮4相啮合，用以消除啮合松动。弹簧8使量杆保持在一定位置上，测量时可产生一定的测量力。图7-12所示为这种百分表的传动结构图。

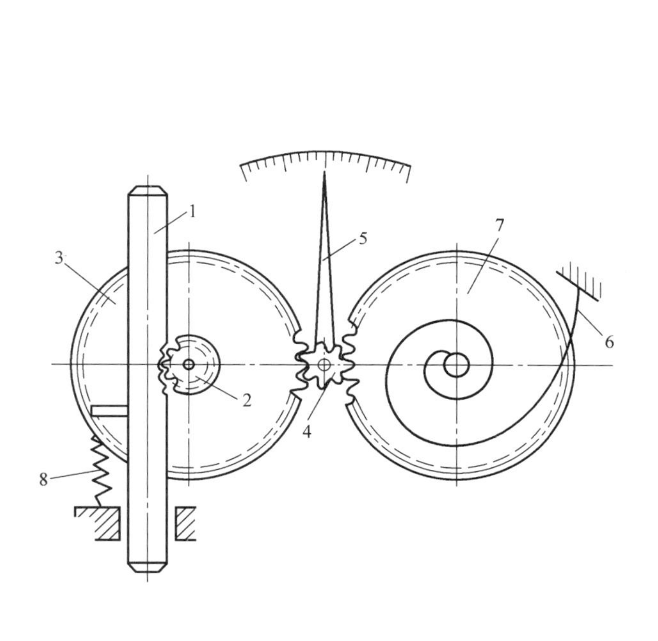

图7-11　百分表的传动原理

1—量杆　2、3、4、7—齿轮

5—指针　6—细丝弹簧　8—弹簧

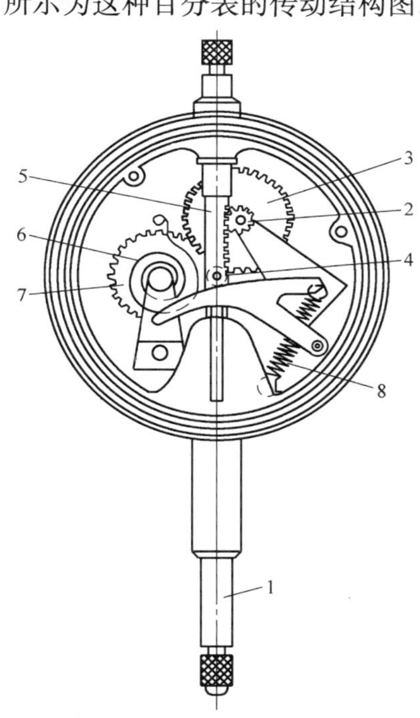

图7-12　百分表的传动结构

1—量杆　2、3、4、7—齿轮

5—指针　6—细丝弹簧　8—弹簧

在百分表的表盘圆周上做100等份的刻度，如果指针转动1周而量杆的移动为1mm时，表盘每格的读数值即为0.01mm。普通型百分表的测量范围（量杆的最低测量位置到最高测量位置的距离）一般有0～3mm、0～5mm、0～10mm三种。

（2）百分表的操作及使用

1）百分表的装夹固定和调整“0”位。

①使用百分表时，应将它固定在可靠的表架上。可用表架上的套圈夹紧（图7-13a），也可用百分表后盖上的耳环固定（图7-13b）。如果被测量工件的数量较多，应将百分表固

定在平台式表架上（图 7-14）。为了使百分表能够在任何场合下都能顺利地进行测量（如在机床上找正装夹工件或调整机床），可将百分表装在万能百分表架上（图 7-15）或磁性表座上（图 7-16）。表架上的万向节装置，可使百分表处于任何方向和任何位置上，以便于测量。尤其是磁性表座，它具有磁铁吸力，可固定在任何空间位置的平面上或圆柱体上，应用更为广泛。

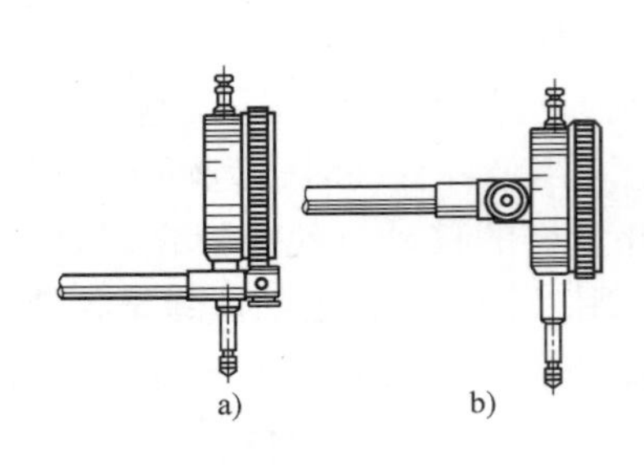

图 7-13　百分表千分表的固定

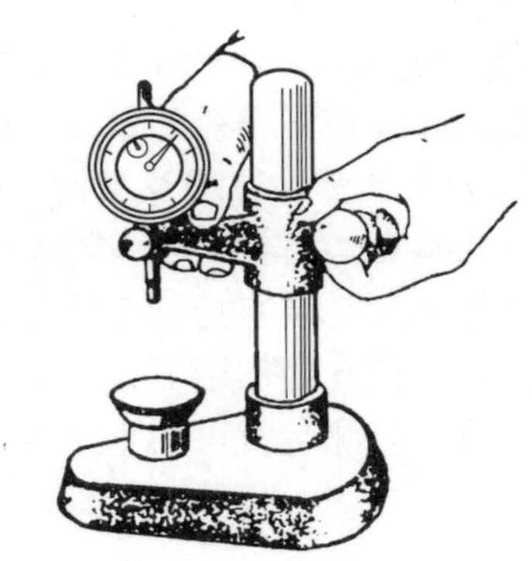

图 7-14　百分表固定在台式表架上

图 7-15　百分表固定在万能表架上

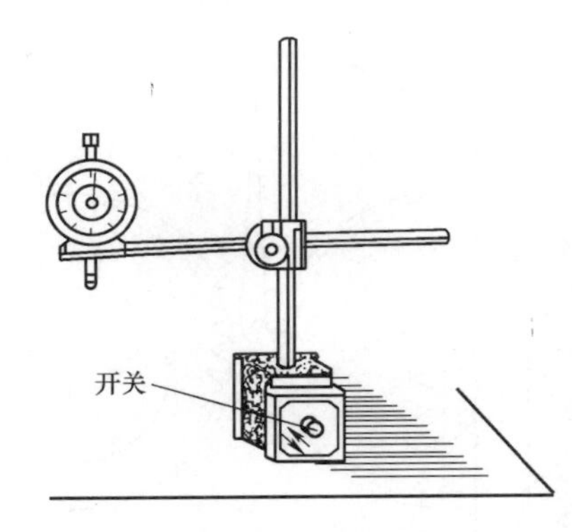

图 7-16　磁性表座

②使用百分表前，应将平板或平台的平面、表架的底面以及被测工件的表面擦净。百分表的量杆轴线应与被测工件表面垂直。

绝对测量时，把百分表下落到使测头与平板接触和小指针的指示数值为 1 ~ 2mm 处，以保证测头对平板有一定的压力，然后拧紧表架的螺钉，把百分表固定在这个位置上。再检验量杆，经过二、三次抬起和下落到测头抵住平板时，观察百分表指示数值的稳定性。所谓“示值稳定性”，就是百分表的指针每次都应指在刻度盘的同一刻度上。如果示值稳定，这时转动表盘，使大指针对正“0”位，再抬起和下落量杆，重新观察百分表的示值稳定性（测头与平板接触时，大指针应回到“0”位）。调好“0”位后，即可进行绝对测量（图 7-17）。

比较测量（相对测量）时，把与被测工件名义尺寸相同的量块组放在平板上，使百分表的测头轴线垂直于量块的中心，下落百分表，使测头与量块接触，靠接触压力使小指针的指示数值达到 1 ~ 2mm，以保证测头对量块具有一定的压力。拧紧表架的螺钉，把百分表固定在这个位置上，再检验百分表对量块的示值稳定性。检查后，转动表盘，使大指针对正“0”位，再检验百分表对“0”位的示值稳定性。调好“0”位后，慢慢抬起量杆，移去量块组，即可进行相对测量（图 7-18）。

图 7-17　百分表对平板调整“0”位

图 7-18　相对测量用量块组调整百分表的“0”位

2）百分表测量工件。

①绝对测量时，将在平板上调好“0”位的百分表量杆轻轻抬起，把被测工件放在量头的下面，慢慢放下量杆，使测头与被测量表面相接触，记下指针的指示数值，再轻轻抬起和放下量杆，试一下大指针的示值是否稳定。如果稳定，指针所指的读数值即是被测工件的尺寸（必须减去调整“0”位时小指针的指示数值）。

②相对测量时，将用量块组调好“0”位的百分表量杆轻轻抬起，放入被测工件，慢慢放下量杆，使测头与被测表面相接触，并试一下指针的示值稳定性。如果稳定，即可记下大指针的指示数值，连同量块组的尺寸，即是被测工件的尺寸（图 7-19）。

读百分表指针的指示数值时，应将视线垂直于刻度盘的表面，不许从侧面观察指针读数。如果指针指在两刻度线之间，则可凭视力估计刻度的小数值。百分表除上述测量工件的尺寸外，还可做几何形状、相对位置偏差的检查。图 7-20 所示为检查安装在两专用顶尖间工件的径向圆跳动误差的情况。

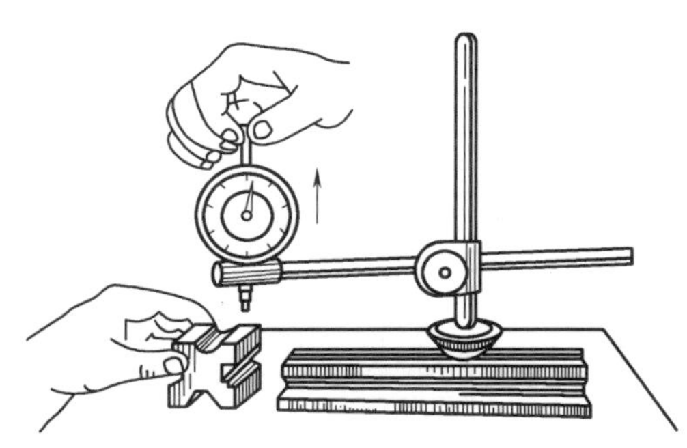

图 7-19　用相对测量工件的方法

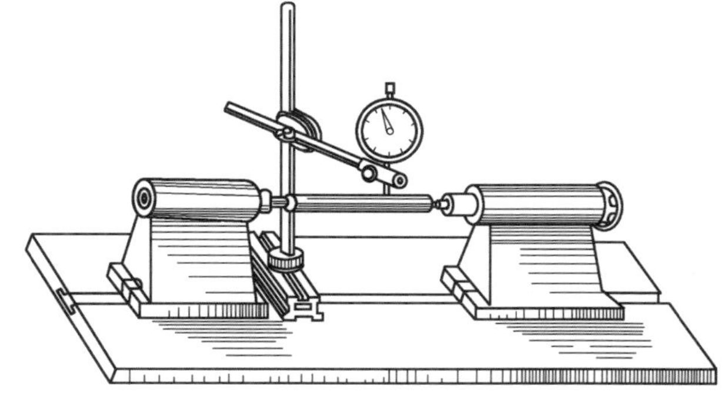

图 7-20　在专用两顶针间检查工件径向跳动的方法

（3）使用百分表时应注意的事项

1）使用前，将百分表座底面、平板、工件表面擦净，保持清洁。

2）百分表为精密量具，不得用来测量表面粗糙或显著凸凹不平的工件。

3）避免使百分表受振动，不得敲打表的任何部位，或使测头突然撞落到被测工件上。

4）测量时，不可使量杆移动的距离太大，超出它的测量范围，损坏表内的零件。

5）不可拆卸表的后盖，以免灰尘或潮气侵入。绝对禁止水、油或其他液体侵入表内。

6）不用的百分表，量杆应自由放松，使表处于自由状态。表的内部机件不得受到任何力的作用，以保持它的精度。

7）百分表用完后，必须用干净的布或软纸擦净，放在盒内。除长期封存以外，百分表的测量杆上不准涂任何油脂，以免量杆和套筒黏结，造成动作不灵，同时油脂容易黏结灰尘，使传动系统中的精密机件受到磨损。

2. 内径百分表

内径百分表是用来测量孔径的，其中应用最广泛的为两点接触式内径百分表。这种百分表由表架和表头构成。表头为普通百分表的结构，虽与普通表架不完全相同，但传动原理是一致的。

图7-21a所示为内径百分表的结构；图7-21b所示为常用内径百分表的外形及可换插头图。在三通管1的一端装有活动量杆2，另一端装有可换插头3。与三通管相连的管子4和与末端带插口的管子5用来装置百分表。量杆的移动使传动杠杆7回转，杠杆的回转又使活动杆6在管子内运动。定心桥8装在三通管上，在弹簧9的作用下压向外方，测量时借两爪定位。为了扩大内径百分表的测量范围，附有成套的可换插头。

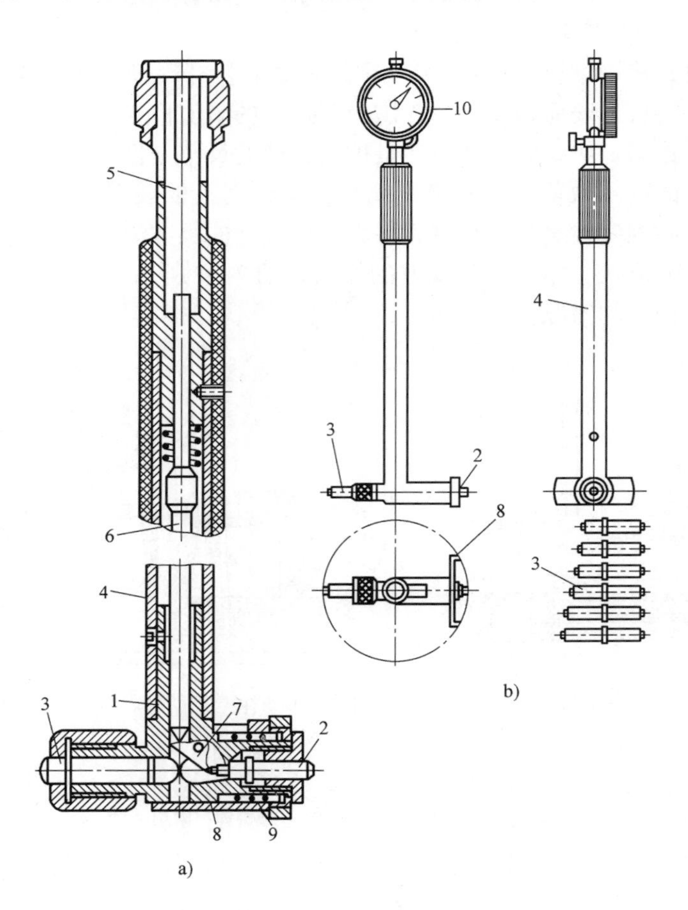

图7-21 内径百分表

1—三通管 2—活动量杆 3—可换插头 4、5—管子 6—活动杆 7—传动杠杆 8—定心桥 9—弹簧 10—表盘

具有定心桥装置的内径百分表，测量孔径时能自动地使活动量杆的中心线经过孔的中心线，把量杆与可换插头调整到孔的直径位置上。

测量前，根据被测量尺寸选取相应尺寸的插头，装在表架上，然后利用标准环或外径百分尺来调整内径百分表的“0”位。

调整内径百分表“0”位时，先按几次活动杆，试一下表针的运动情况和示值稳定性，再按压定心桥，将活动量杆放入标准环内，然后放可换插头（量杆与环壁相垂直），使量杆稍做摆动，找出最小值（即表针上的拐点），如图7-22所示。转动百分表的刻度盘，使“0”线与拐点相重合。再摆动几次检查“0”位。“0”位对好后，从标准环内取出内径百分表。

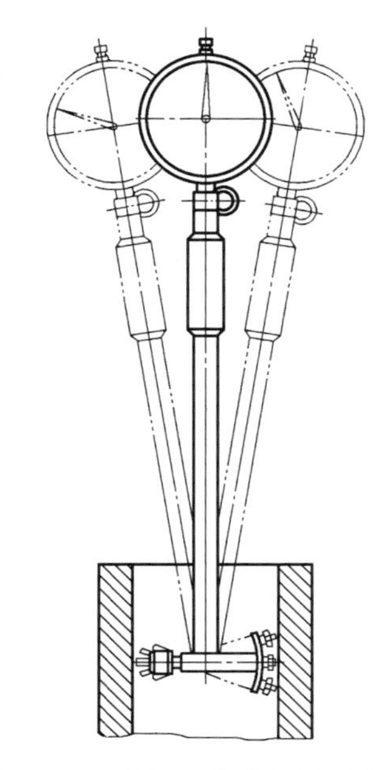

图7-22　内径百分表的测量方法

测量时，操作方法与对“0”位相同。读数时，表针的指示数值就是被测孔径与标准环孔径的差值。如果指针正好指在“0”处，说明被测孔径与标准环孔径的尺寸相同。应该注意：如果表针顺时针方向离开“0”位，表示被测孔径小于标准环的孔径；如果表针逆时针方向离开“0”位，表示被测孔径大于标准环的孔径。

使用内径百分表时，除参照使用普通百分表应注意的有关事项外，还应注意以下几点：

1）可换插头和活动量杆的测量端部为球形测量面，如已磨成平面，则不能继续使用。

2）内径百分表用完后，取下可换插头，擦净，在测头上涂防护油，放在盒内。

7.3　任务实施

7.3.1　加工工艺分析

1. 零件图样分析

（1）尺寸精度　零件中精度要求较高的尺寸主要有：外圆 $\phi42_{-0.03}^{\ 0}$mm、$\phi32_{-0.03}^{\ 0}$mm；内孔 $\phi28_{\ 0}^{+0.03}$mm、$\phi22_{\ 0}^{+0.03}$mm；长度(60 ±0.03)mm、$20_{\ 0}^{+0.10}$mm、$25_{\ 0}^{+0.10}$mm；螺纹的中径等。

（2）几何精度　工件中主要的几何精度是内孔 $\phi22$mm、$\phi28$mm 轴线对 $\phi42$mm 基准轴线 A 的同轴度公差为 $\phi0.04$mm。

（3）表面粗糙度　外圆内孔的表面粗糙度值要求为 $Ra1.6\mu m$，螺纹、端面、切槽等处的表面粗糙度值为 $Ra3.2\mu m$。

2. 加工工艺分析

（1）确定编程原点　由于零件在长度方向的要求较低，根据编程原点的确定原则，该零件的编程原点取在加工完成后零件的左、右端面与主轴轴线相交的交点上。

（2）制订加工方案及加工路线　采用两次装夹后完成粗、精加工的加工方案，先加工左端内、外形，完成粗、精加工后，调头加工另一端。加工过程中尽可能采用沿轴向切削的方式进行加工，以提高加工过程中工件与刀具的刚性。

（3）工件的定位及装夹　加工工件两端时，均采用自定心卡盘进行定位与装夹。工件装夹时的夹紧力要适中，既要防止工件的变形与夹伤，又要防止工件在加工过程中产生松动。工件装夹过程中，应对工件进行找正，以保证工件轴线与主轴轴线同轴。

（4）刀具的选用　根据实际条件，可选用整体式或机夹式车刀，四种刀具的刀片材料均选用硬质合金。此处选择外圆车刀、内孔车刀、外切槽刀和外三角形螺纹车刀进行加工。

3. 编制加工工序卡（见表7-1）

表7-1　加工工序卡

工序号	工序内容	刀具号	刀具名称	程序名称	切削用量			使用设备
					n /(r/min)	f /(mm/r)	a_p /mm	
1	工步一　手动钻孔		麻花钻		300	0.1	9	数控车床
	工步二　手动加工左端面	T01	外圆车刀		800	0.15	1	
	工步三　粗加工左端外轮廓			%0001	800	0.2	1.5	
	工步四　精加工左端外轮廓				1500	0.1	0.5	
	工步五　粗加工左端内轮廓	T04	内孔车刀		600	0.15	1	
	工步六　精加工左端内轮廓				1200	0.1	0.2	
2	工步一　调头，车端面，取总长	T01	外圆车刀	%0002	800	0.15	1	
	工步二　粗加工右端外轮廓				800	0.2	1.5	
	工步三　精加工右端外轮廓				1500	0.1	0.5	
	工步四　加工外圆退刀槽	T02	切槽车刀		600	0.08	3	
	工步五　粗、精加工外螺纹	T03	外螺纹车刀		600	1.5		
	工步六　粗加工右端内轮廓	T04	内孔车刀		600	0.15	1	
	工步七　精加工右端内轮廓				1200	0.1	0.2	

7.3.2　华中世纪星程序编制

1. 工序一加工程序

加工程序	程序说明
%0001	程序名
M03　S800;	起动主轴正转，转速为800r/min
G95　G97　G40;	机床初始化
T0101;	确定工件坐标系
G00　X47　Z2;	移动刀具至循环起刀点

加工程序	程序说明
G71　U1.5　R0.5　P1　Q2　X1　Z0　F0.2；	采用G71粗加工外轮廓
G00　X100　Z100；	退刀至安全点
M05；	停止主轴
M00；	程序暂停，检测工件
M03　S1500；	起动主轴正转，转速为1500r/min
G95　T0101；	确定工件坐标系，生效刀具磨损
G00　X47　Z2；	移动刀具至循环起刀点
N1　G00　X35；	精加工程序首段
G01　Z0　F0.1；	
G03　X42　Z-3.5　R3.5；	
G01　Z-10；	
G02　W-15　R10；	
G01　Z-32；	
N2　X47；	精加工程序尾段
G00　X100　Z100；	移动刀具至安全点换刀
T0404　S600；	调4号刀、生效4号刀具偏置、调整主轴转速为600r/min
G00　X16　Z2；	移动刀具至循环起刀点
G71　U1　R0.5　P3　Q4　X-0.4　Z0　F0.15；	采用G71粗加工内轮廓
G00　X100　Z100；	退刀至安全点
M05；	停止主轴
M00；	程序暂停，检测工件
M03　S1200；	起动主轴正转，转速为1200r/min
G95　T0404；	确定工件坐标系，生效刀具磨损
G00　X16　Z2；	移动刀具至循环起刀点
N3　G00　X35；	精加工程序首段
G01　Z0　F0.1；	
G02　X28　Z-3.5　R3.5；	
G01　Z-20；	
N4　X17；	精加工程序尾段
G00　Z100；	
X100；	
M05；	主轴停止
M30；	程序结束

2. 工序二加工程序

加工程序	程序说明
%0002	程序名
M03　S800；	起动主轴正转，转速为800r/min

```
G95 G97 G40;                                   机床初始化
T0101;                                         确定工件坐标系
G00 X47 Z2;                                    移动刀具至循环起刀点
G71 U1.5 R0.5 P1 Q2 X1 Z0 F0.2;                采用G71粗加工外轮廓
G00 X100 Z100;                                 退刀至安全点
M05;                                           停止主轴
M00;                                           程序暂停，检测工件
M03 S1500;                                     起动主轴正转，转速为1500r/min
G95 T0101;                                     确定工件坐标系，生效刀具磨损
G00 X47 Z2;                                    移动刀具至循环起刀点
N1 G00 X31.85;                                 精加工程序首段
G01 Z0 F0.1;
X35.85 Z-2;
G01 Z-30;
N2 X47;                                        精加工程序尾段
G00 X100 Z100;                                 移动刀具至安全点换刀
T0202 S600;                                    调2号刀、生效2号刀具偏置、调整主轴转速
G00 X38 Z-30;                                  移动刀具至进刀点
G01 X32 F0.08;                                 切槽
X38 F0.5;
Z-27;
G01 X32 F0.08;
X38 F0.5;
G00 X100 Z100;                                 移动刀具至安全点换刀
T0303;                                         调3号刀、生效3号刀具偏置、调整主轴转速
G00 X38 Z6;                                    移动刀具至循环起刀点
G82 X35.2 Z-27 C2 P180 F3;                     粗、精加工螺纹
X34.6 Z-27;
X34.2 Z-27;
X34.05 Z-27;
G00 X100 Z100;                                 移动刀具至安全点换刀
T0404 S600;                                    调4号刀、生效4号刀具偏置、调整主轴转速
G00 X16 Z2;                                    移动刀具至循环起刀点
G71 U1 R0.5 P3 Q4 X-0.4 Z0 F0.15;
                                               采用G71粗加工内轮廓
G00 X100 Z100;                                 退刀至安全点
```

M05;	停止主轴
M00;	程序暂停，检测工件
M03　S1200;	起动主轴正转，转速为1200r/min
G95　T0404;	确定工件坐标系，生效刀具磨损
G00　X16　Z2;	移动刀具至循环起刀点
N3　G00　X26;	精加工程序首段
G01　Z0　F0.1;	
X22　Z-2;	
G01　Z-25;	
N4　X17;	精加工程序尾段
G00　Z100;	
X100;	
M05;	主轴停止
M30;	程序结束

7.3.3　FANUC 0i-TD 程序编制

1. 工序一加工程序

加工程序	程序说明
O0001	程序名
M03　S800;	起动主轴正转，转速为800r/min
G99　G97　G40;	机床初始化
T0101;	确定工件坐标系
G00　X47　Z2;	移动刀具至循环起刀点
G71　U1.5　R0.5;	采用G71粗加工外轮廓
G71　P1　Q2　U1　W0　F0.3;	
N1　G00　X35;	精加工程序首段
G01　Z0　F0.1;	
G03　X42　Z-3.5　R3.5;	
G01　Z-10;	
G02　W-15　R10;	
G01　Z-32;	
N2　X47;	精加工程序尾段
G00　X100　Z100;	退刀至安全点
M05;	停止主轴
M00;	程序暂停，检测工件
M03　S1500;	起动主轴正转，转速为1500r/min
T0101;	确定工件坐标系，生效刀具磨损
G00　X47　Z2;	移动刀具至循环起刀点
G70　P1　Q2;	精加工轮廓

加工程序	程序说明
G00　X100　Z100;	移动刀具至安全点换刀
T0404　S600;	调4号刀、生效4号刀具偏置、调整主轴转速
G00　X16　Z2;	移动刀具至循环起刀点
G71　U1　R0.5;	采用G71粗加工内轮廓
G71　P3　Q4　U-0.4　W0　F0.15;	
N3　G00　X35;	精加工程序首段
G01　Z0　F0.1;	
G02　X28　Z-3.5　R3.5;	
G01　Z-20;	
N4　X17;	精加工程序尾段
G00　X100　Z100;	退刀至安全点
M05;	停止主轴
M00;	程序暂停，检测工件
M03　S1200;	起动主轴正转，转速为1200r/min
T0404;	确定工件坐标系，生效刀具磨损
G00　X16　Z2;	移动刀具至循环起刀点
G70　P3　Q4;	精加工轮廓
G00　Z100;	
X100;	
M05;	主轴停止
M30;	程序结束

2. 工序二加工程序

加工程序	程序说明
O0002	程序名
M03　S800;	起动主轴正转，转速为800r/min
G99　G97　G40;	机床初始化
T0101;	确定工件坐标系
G00　X47　Z2;	移动刀具至循环起刀点
G71　U1.5　R0.5;	采用G71粗加工外轮廓
G71　P1　Q2　U1　W0　F0.2;	
N1　G00　X31.85;	精加工程序首段
G01　Z0　F0.1;	
X35.85　Z-2;	
G01　Z-30;	
N2　X47;	精加工程序尾段
G00　X100　Z100;	退刀至安全点
M05;	停止主轴
M00;	程序暂停，检测工件

M03　S1500；	起动主轴正转，转速为1500r/min
G95　T0101；	确定工件坐标系，生效刀具磨损
G00　X47　Z2；	移动刀具至循环起刀点
G70　P1　Q2；	
G00　X100　Z100；	移动刀具至安全点换刀
T0202　S600；	调2号刀、生效2号刀具偏置、调整主轴转速
G00　X38　Z－30；	移动刀具至进刀点
G01　X32　F0.08；	切槽
X38　F0.5；	
Z－27；	
G01　X32　F0.08；	
X38　F0.5；	
G00　X100　Z100；	移动刀具至安全点换刀
T0303　S1000；	调3号刀、生效3号刀具偏置、调整主轴转速
G00　X38　Z6；	移动刀具至循环起刀点
G92　X35.2　Z－27　F3；	粗、精加工螺纹
X34.6　Z－27；	
X34.2　Z－27；	
X34.05　Z－27；	
G00　X38　Z4.5；	移动刀具至循环起刀点（第二条螺旋线）
G92　X35.2　Z－27　F3；	粗、精加工螺纹
X34.6　Z－27；	
X34.2　Z－27；	
X34.05　Z－27；	
G00　X100　Z100；	移动刀具至安全点换刀
T0404　S600；	调4号刀、生效4号刀具偏置、调整主轴转速
G00　X16　Z2；	移动刀具至循环起刀点
G71　U1　R0.5；	采用G71粗加工内轮廓
G71　P3　Q4　U－0.4　W0　F0.15；	
N3　G00　X26；	精加工程序首段
G01　Z0　F0.1；	
X22　Z－2；	
G01　Z－25；	
N4　X17；	精加工程序尾段
G00　X100　Z100；	退刀至安全点

```
M05;                停止主轴
M00;                程序暂停，检测工件
M03  S1200;         起动主轴正转，转速为1200r/min
T0404;              确定工件坐标系，生效刀具磨损
G00  X16  Z2;       移动刀具至循环起刀点
G70  P3  Q4;
G00  Z100;
X100;
M05;                主轴停止
M30;                程序结束
```

7.3.4　华中世纪星加工操作

（1）装刀　根据要求，准备好要用的刀具，机夹式刀具要认真检查刀片与刀体安装是否正确，螺母是否拧牢固。按照刀具号分别将相对应的刀具安装到刀盘中。安装刀具时，通过调整垫刀片的高度，保证刀具刀尖的高度和工件回转中心等高，然后将刀具压紧。

注意，安装刀具时，刀盘中刀具的刀号与程序中的刀号必须一致，否则，程序调用刀具时，将会发生碰撞危险，造成工件报废，机床受损，甚至人身事故。

（2）对刀　试切法对刀是用所选的刀具试切零件的外圆和端面，经过测量和计算得到零件端面中心点的坐标值（以卡盘底面中心为机床坐标系原点）。刀具参考点在 X 轴方向的距离为 X_T，在 Z 轴方向的距离为 Z_T。装好刀具后，单击操作面板中"手动"按钮，切换到"手动"方式；利用操作面板上的按钮 -X、+X、-Z、+Z，使刀具移动到可切削零件的大致位置，如图7-23所示。

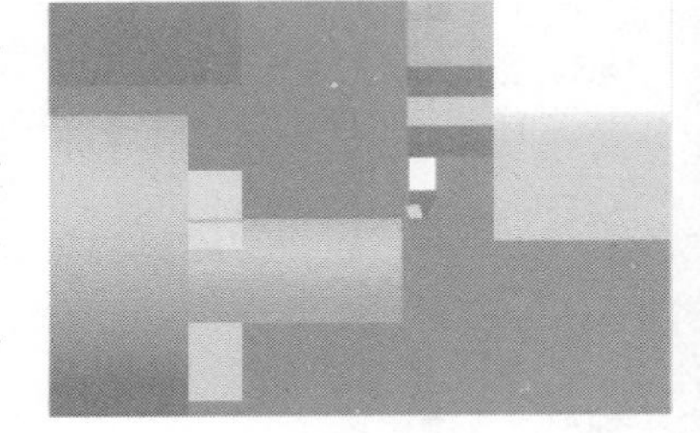

图7-23　刀具移动

单击操作面板上"主轴反转"或"主轴正转"按钮，使主轴转动；单击 -Z 按钮，移动 Z 轴，用所选刀具试切工件外圆，如图7-24所示。读出CRT界面上显示的机床的 X 向坐标，记为 X_1。单击 +Z 按钮，将刀具退至图7-25所示位置，单击 -X 按钮，试切工件端面。记下CRT界面上显示的机床的 Z 向坐标，记为 Z_1。单击操作面板上的"主轴停止"按钮，使主轴停止转动，X 向坐标值减去"测量"中读取的 X 值，再加上机床坐标系原点到刀具参考点在 X 方向的距离，即 $X_1+X_2+X_T$，记为 X；Z_1 加上机床坐标系原点到刀具参考点在 Z 方向的距离，即 Z_1+Z_T，记为 Z。（X，Z）即为工件坐标系原点在机床坐标系中的坐标值。把（X，Z）值输入表7-2中X偏置、Z偏置即可。

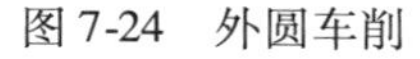

图 7-24　外圆车削

图 7-25　端面车削

表 7-2　刀具偏置表

刀偏号	X偏置	Z偏置	X磨损	Z磨损	试切直径	试切长度
	0.000	0.000	0.000	0.000	0.000	0.000
#XX1	0.000	0.000	0.000	0.000	0.000	0.000
#XX2	0.000	0.000	0.000	0.000	0.000	0.000
#XX3	0.000	0.000	0.000	0.000	0.000	0.000
#XX4	0.000	0.000	0.000	0.000	0.000	0.000
#XX5	0.000	0.000	0.000	0.000	0.000	0.000
#XX6	0.000	0.000	0.000	0.000	0.000	0.000
#XX7	0.000	0.000	0.000	0.000	0.000	0.000
#XX8	0.000	0.000	0.000	0.000	0.000	0.000
#XX9	0.000	0.000	0.000	0.000	0.000	0.000
#XX10	0.000	0.000	0.000	0.000	0.000	0.000
#XX11	0.000	0.000	0.000	0.000	0.000	0.000
#XX12	0.000	0.000	0.000	0.000	0.000	0.000

7.3.5　FANUC 0i-TD 加工操作

1. FANUC 对刀

通过对刀将刀偏值写入参数从而获得工件坐标系。这种方法操作简单，可靠性好，通过刀偏与机械坐标系紧密地联系在一起，只要不断电、不改变刀偏值，工件坐标系就会存在且不会变，即使断电，重启后回参考点，工件坐标系还在原来的位置。

2. 具体步骤

1）用外圆车刀先试车一外圆端面，输入 Offset 工具补正/形状界面的几何形状 Z0，如图 7-26 所示，单击测量键即可。

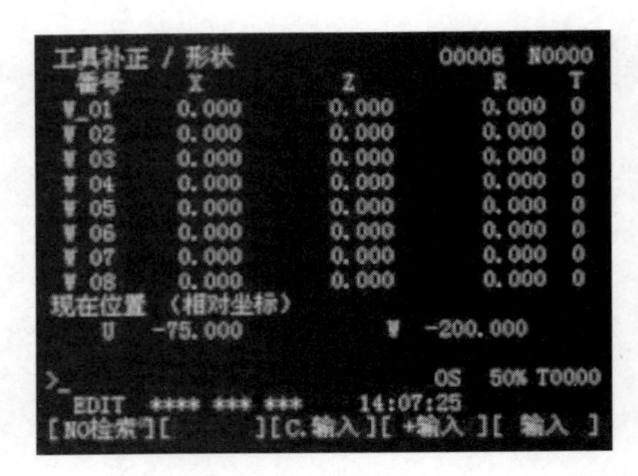

图 7-26 Offset 工具补正/形状界面

2）用外圆车刀先试车一外圆（见图 7-27），输入 Offset 工具补正/形状界面的几何形状 X（测量值），单击测量键即可。

图 7-27 外圆车削

3）将其他刀具分别尽可能接近试切过的外圆面和端面，把第一把刀的 *X* 方向测量值和 Z0 直接键入到 Offset 工具补正/形状界面里相应刀具对应的刀补号 X、Z 中，单击测量键即可。

4）刀具刀尖圆弧半径值可通过直接进入编辑运行方式输入到 Offset 工具补正/形状界面里相应刀具对应的刀补号 R 中。

7.3.6 加工注意事项

1）工件的安装。

2）刀具的安装。

3）程序的检验。

4）机床的正确操作。

5）机床加工中倍率的控制。

6）零件尺寸的保证。

7.4 任务评价与总结提高

7.4.1 任务评价

本任务的考核标准见表 7-3，本任务在该课程考核成绩中的比例为 10%。

表7-3 考核标准

序号	工作过程	主要内容	建议考核方式	评分标准	配分
1	资讯(10分)	任务相关知识查找	教师评价50% 相互评价50%	通过资讯查找相关知识学习,按任务知识能力掌握情况评分	15
2	决策计划(10分)	确定方案、编写计划	教师评价80% 相互评价20%	根据整体设计方案以及采用方法的合理性评分	20
3	实施(10分)	方法合理、计算快捷、准确率高	教师评价20% 自己评价30% 相互评价50%	根据计算的准确性,结合三方面评价评分	30
4	任务总结报告(60分)	记录实施过程、步骤	教师评价100%	根据基点和节点计算的任务分析、实施、总结过程记录情况,提出新建议等情况评分	15
5	职业素养、团队合作(10分)	工作积极主动性,组织协调与合作	教师评价30% 自己评价20% 相互评价50%	根据工作积极主动性,文明生产情况以及相互协作情况评分	20

成绩评分标准见表7-4。

表7-4 评分标准

工件编号				总得分		
项目与配分	序号	技术要求	配分	评分标准	检测记录	得分
工件加工评分(80%) 外形轮廓	1	$\phi42_{-0.03}^{0}$ mm	5	超差0.01扣2分		
	2	$\phi32_{-0.03}^{0}$ mm	5	超差0.01扣2分		
	3	$R(3.5\pm0.02)$ mm	5	超差0.01扣2分		
	4	(30 ± 0.03) mm	5	超差0.02扣2分		
	5	(60 ± 0.03) mm	5	超差0.02扣2分		
	6	M36×Ph3P1.5-6g	6	超差全扣		
	7	$R10$mm	2	超差全扣		
	8	同轴度公差$\phi0.04$mm	3	超差0.01扣1分		
	9	$Ra1.6\mu m$	2	每错一处扣1分		
	10	$Ra3.2\mu m$	3	每错一处扣1分		
内轮廓	11	$\phi28_{0}^{+0.03}$ mm、$Ra1.6\mu m$	5/2	超差0.01扣2分		
	12	$20_{0}^{+0.10}$ mm、$Ra3.2\mu m$	5/1	超差0.02扣2分		
	13	$\phi22_{0}^{+0.03}$ mm、$Ra1.6\mu m$	5/2	超差0.01扣2分		
	14	$\phi25_{0}^{+0.10}$ mm、$Ra3.2\mu m$	5/1	超差0.02扣2分		
	15	同轴度公差$\phi0.04$mm	3	超差0.01扣1分		
其他	16	一般尺寸及倒角	6	每错一处扣1分		

（续）

项目与配分	序号	技术要求	配分	评分标准	检测记录	得分
程序与工艺（10%）	17	程序正确合理	5	不合理每处扣2分		
	18	加工工艺卡	5	不合理每处扣2分		
机床操作（10%）	19	机床操作规范	5	出错一次扣2分		
	20	工件、刀具装夹	5	出错一次扣2分		
安全文明生产（倒扣分）	21	安全操作	倒扣	安全事故停止或酌情扣5~30分		

成绩分现场得分与试件得分两部分，实操成绩为现场得分和试件得分之和，满分100分，其中现场得分最高50分，试件得分最高50分。现场得分成绩由现场老师按评分标准评定，试件得分成绩由老师根据试件检测结果，按评分标准评定。

7.4.2　任务总结

合理的零件图样分析是高质量完成工件加工的前提，零件图样分析的主要内容有尺寸精度分析、几何精度分析、表面粗糙度分析等内容。

正确的工艺分析也是高质量完成工件加工的关键，工艺分析的主要内容有编程原点的确定、加工方案及加工路线的制订、工件的定位及装夹、刀具的选用等内容。

7.4.3　练习与提高

一、简答题

1. 简述薄壁工件的特点。
2. 简述防止和减少薄壁工件变形的方法。
3. 简述三角形螺纹车削刀具选择及其装夹方法。
4. 简述常用螺纹车削方法。

二、零件的编程与加工试题

1. 如图7-28所示的零件，毛坯材料为45钢，毛坯尺寸为ϕ60mm×85mm。
2. 如图7-29所示的零件，毛坯材料为45钢，毛坯尺寸为ϕ45mm×80mm。
3. 如图7-30所示的零件，毛坯材料为45钢，毛坯尺寸为ϕ60mm×105mm。
4. 如图7-31所示的零件，毛坯材料为45钢，毛坯尺寸为ϕ50mm×95mm。
5. 如图7-32所示的零件，毛坯材料为45钢，毛坯尺寸为ϕ50mm×125mm。

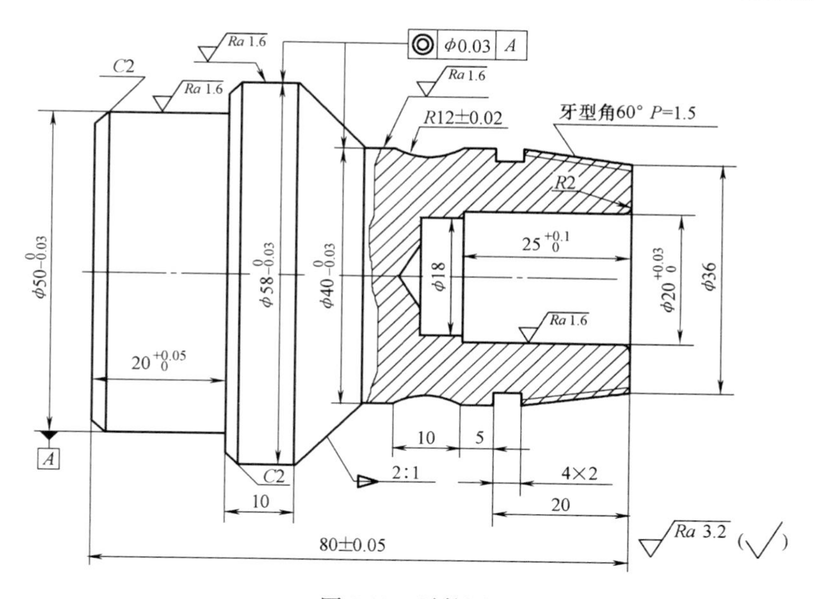

图 7-28 零件图

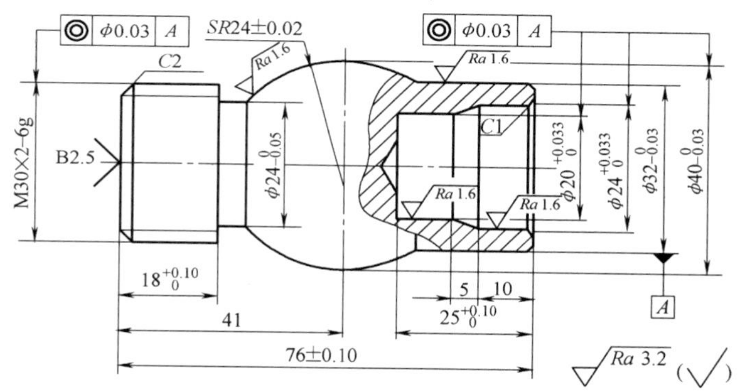

图 7-29 零件图

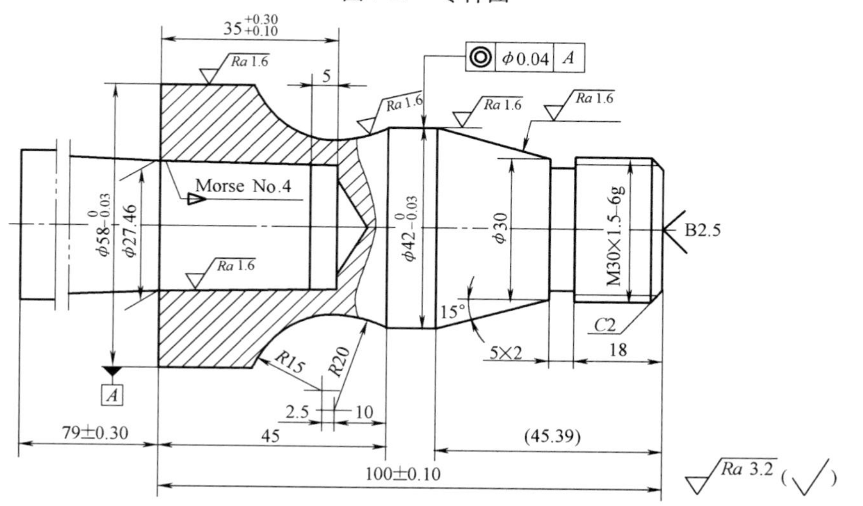

技术要求：内锥面用涂色法进行检验，接触面积大于60%。

图 7-30 零件图

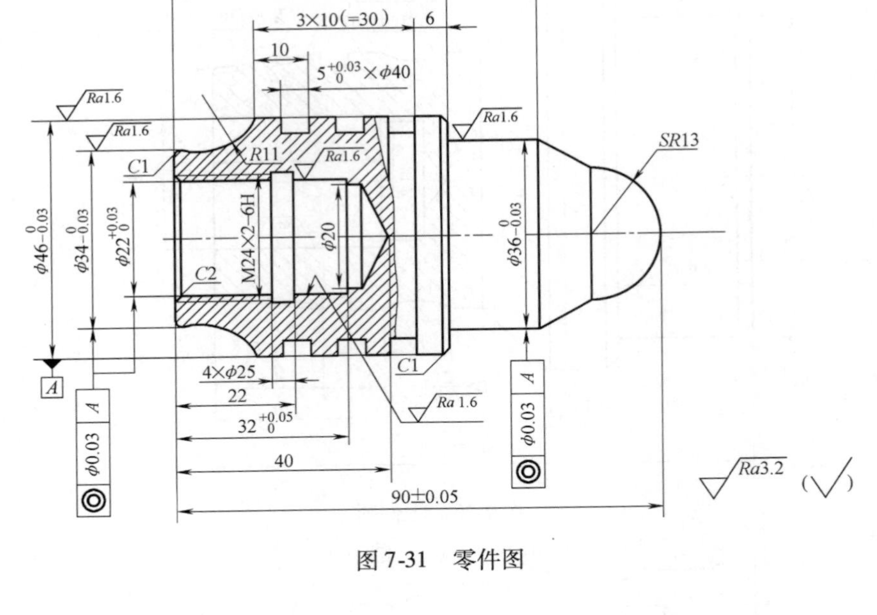

图 7-31　零件图

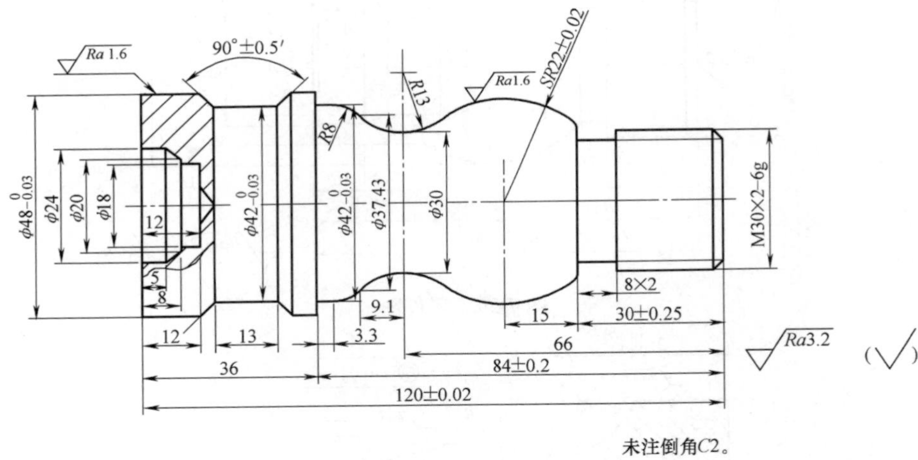

未注倒角C2。

图 7-32　零件图

任务8 配合零件的数控车削加工

8.1 任务描述及目标

加工图 8-1 所示两个零件，毛坯尺寸分别为 ϕ60mm × 120mm、ϕ60mm × 60mm，材料为 45 钢，试编写其数控车加工程序并进行加工。

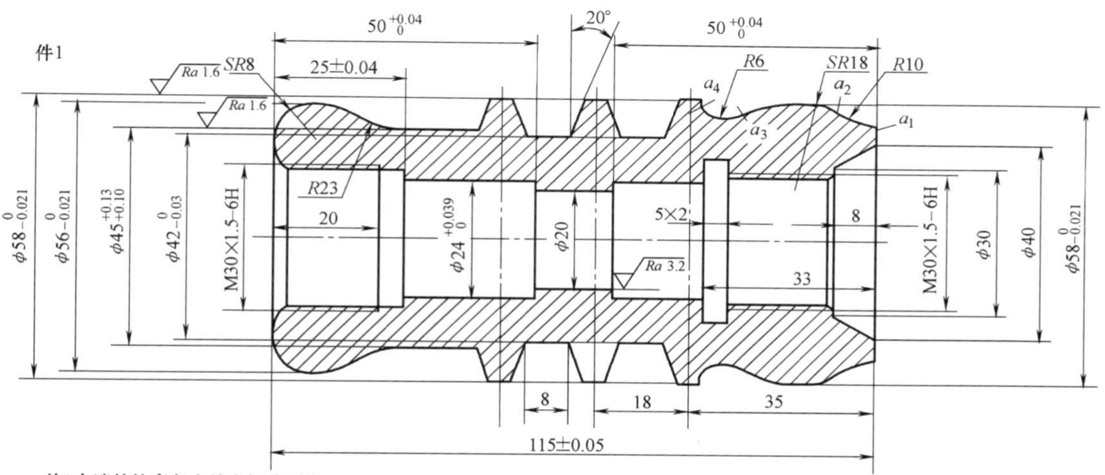

件1右端外轮廓各点的坐标分别为:

a_1(47.828, 0); a_2(51.42, −4.94); a_3(52, −25.26); a_4(56, −33.41)。

a)

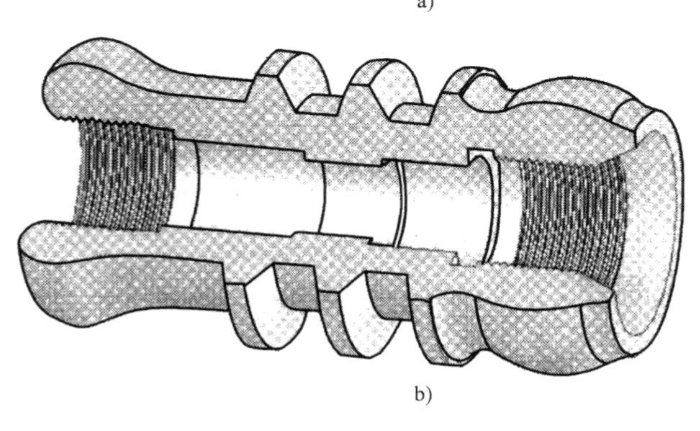

b)

图 8-1 配合零件图

a）件 1 零件图 b）件 1 实体图

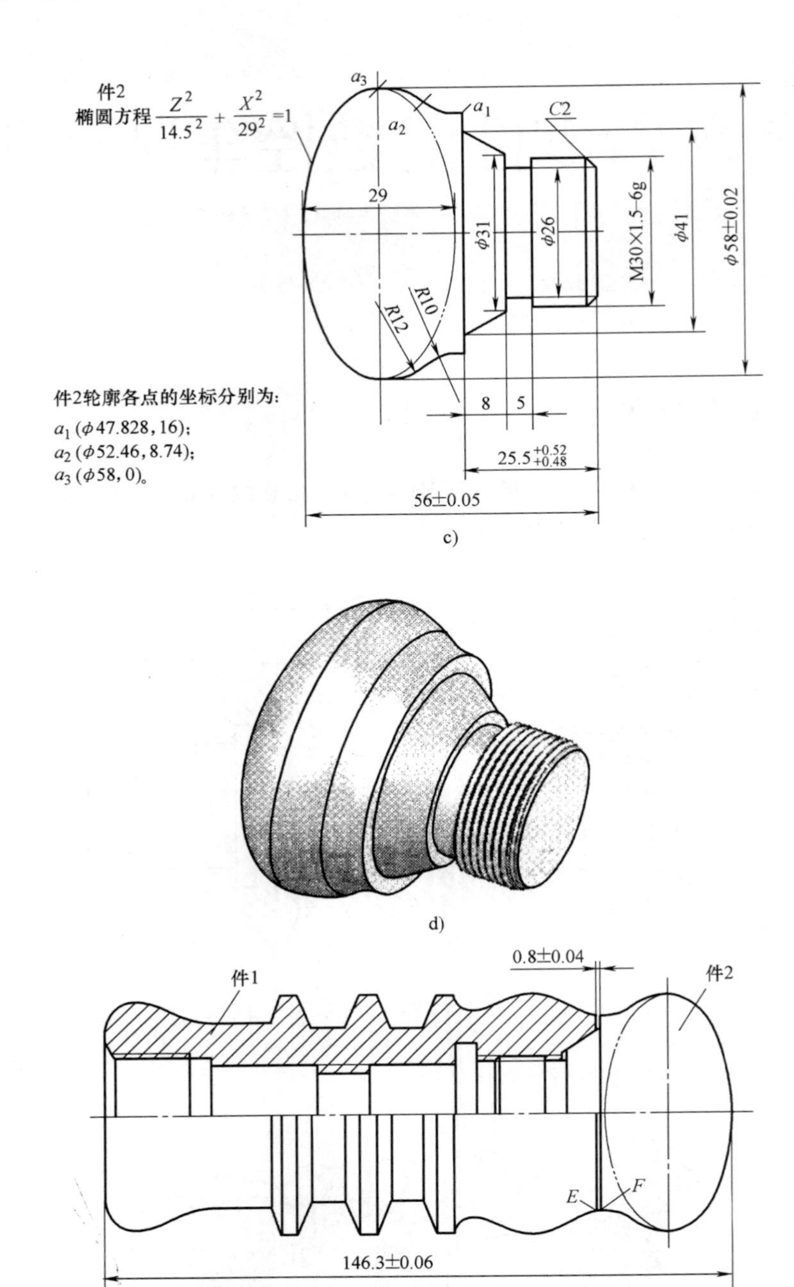

图 8-1　配合零件图（续）

c）件 2 零件图　d）件 2 实体图　e）配合件图

学生通过配合件的加工，了解配合零件的结构特点、加工工艺特点，能够正确编制配合零件的加工工艺，能够正确编制配合零件的加工程序，正确加工出零件并保证配合精度。

8.2 任务资讯

8.2.1 编程的相关知识

1. 变量的种类

变量分为局部变量、公共变量（全局变量）和系统变量三种。局部变量（#1～#33）是在宏程序中局部使用的变量。当宏程序 P 调用宏程序 Q 而且都有变量#1 时，由于变量#1 服务于不同的局部，所以 P 中的#1 与 Q 中的#1 不是同一个变量，因此可以赋予不同的值，且互不影响。公共变量（#100～#199、#500～#999）贯穿于整个程序过程。同样，当宏程序 M 调用宏程序 N 而且都有变量#100 时，由于#100 是全局变量，所以 M 中的#100 与 N 中的#100是同一个变量。系统变量是指有固定用途的变量，它的值决定系统的状态。系统变量包括刀具偏置值变量、接口输入与接口输出信号变量及位置信号变量等。宏程序编程中通常使用局部变量和公共变量。

2. 椭圆的近似画法

由于 G71 指令内部不能采用宏程序进行编程，因此粗加工过程中常用圆弧来代替非圆曲线，采用圆弧代替椭圆的近似画法如图 8-2 所示，其操作步骤如下：

1）画出长轴 *AB* 和短轴 *CD*，连接 *AC* 并在 *AC* 上截取 *AF*，使其等于 *AO* 与 *CO* 之差 *CE*。

2）作 *AF* 的垂直平分线，使其分别交 *AB* 和 *CD* 于 O_1 和 O_2 点。

3）分别以 O_1 和 O_2 为圆心，O_1A 和 O_2C 为半径作出圆弧 *AG* 和 *CG*，该圆弧即为四分之一的椭圆。

4）用同样的方法画出整个椭圆。

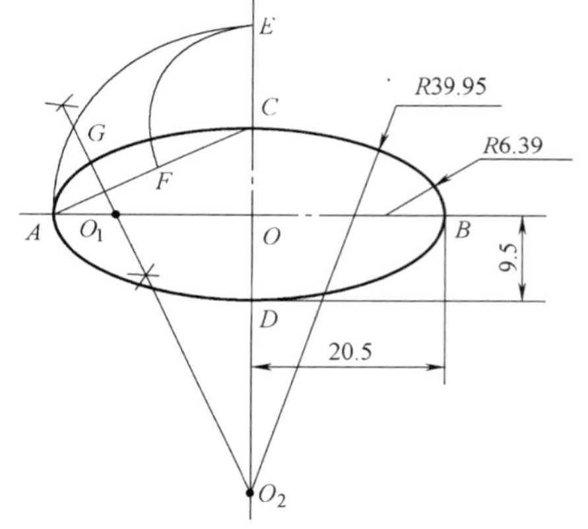

图 8-2 四心近似画椭圆

为了保证加工后的精加工余量，将长轴半径设为 20.5mm，短轴半径设为 9.5mm。采用四心近似画椭圆的方法画出的圆弧，圆弧 *AG* 的半径为 *R*6.39mm，圆弧 *CG* 的半径为 *R*39.95mm。*G* 点相对于 *O* 点的坐标为（−16.8,5.8）。

3. 椭圆曲线的编程思路

将工件中的非圆曲线分成 200 条线段后，用直线进行拟合，每段直线在 *Z* 轴方向的间距为 0.1mm。如图 8-3 所示，根据曲线公式，以 *Z* 坐标作为自变量，*X* 坐标作为因变量，*Z* 坐标每次递减 0.1mm，计算出对应的 *X* 坐标值。

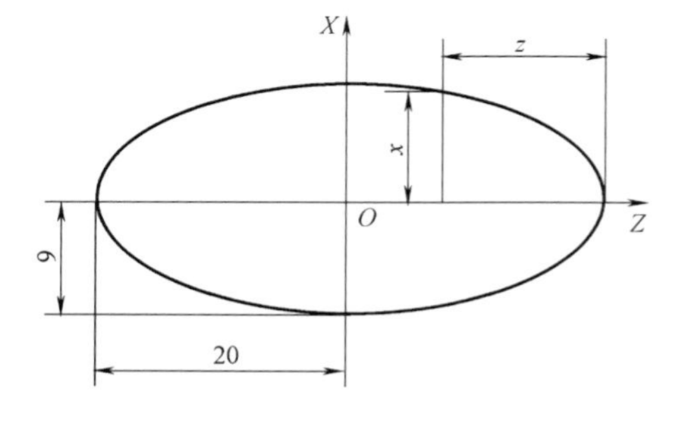

$$x=\frac{9}{20}\sqrt{20^2-z^2}$$

图 8-3 椭圆的变量计算

8.2.2 工艺知识

1. 编程出错原因分析及错误程序检查方法

在编程过程中，出现程序错误的原因是多方面的，主要是由编程过程中的粗心大意、对图样不熟悉、对系统指令不熟悉、工件坐标系原点设置不正确、基点和节点计算误差大或计算不正确、出现手工输入错误等因素造成的。实际上，以上这些因素均为主观因素，在实际操作过程中是可以避免的。

当程序运行过程中，数控系统通常能同时处理四条语句，即正在执行的程序段、前一程序段和预读其后的两个程序段。因此，当系统出现程序错误报警时，通常只需检查这四个程序段即可。

2. 数控机床的返回参考点操作

对于大多数数控机床，开机第一步总是进行返回机床参考点（即所谓的机床回零）操作。开机回参考点的目的就是建立机床坐标系，并确定机床坐标系的原点。该坐标系一经建立，只要机床不断电，将永远保持不变，并且不能通过编程对它进行修改。

数控机床的返回参考点可通过手动方式和编程方式来实现。开机回零操作即为手动返回参考点操作，而编程方式则可通过指令 G28 U0 W0（刀具从当前位置自动返回参考点）。

在操作机床过程中，出现以下情况之一时，系统会失去对机床参考点的记忆，必须重新进行返回参考点的操作。

1） 机床超程报警解除后。

2） 机床解除急停状态后。

3） 机床关机重新接通电源后。

4） 部分机床执行机床锁住调试程序操作后。

3. 数控车床设定工件坐标系的方法

数控车床设定坐标系的方法主要有三种，即以 G54 ~ G59 来指定工件坐标系，以刀具长度补偿（注意 X 和 Z 方向上均有长度补偿）来指定工件坐标系和以刀尖当前点来指定工件坐标系。

采用 G54 ~ G59 指令来设定工件坐标时，以刀架上的第一把刀作为基准刀具，其余刀具与基准刀具的长度差值通过各自的刀具长度补偿值来补偿。采用这种方法设定工件坐标系时，每一把刀具的刀具长度补偿值测量较为麻烦，而且基准刀具的对刀误差同时会影响其他刀具的对刀误差。

直接以刀具长度补偿值来设定工件坐标系时，通过指令 T××××实现。采用这种方法设定工件坐标系时，首先假想一把基准刀具，该刀具位于机床原点，将其余刀具均与基准刀具做比较，即分别进行独立对刀，将各自的对刀值输入各自的刀具长度补偿中。采用这种方法进行对刀时，对刀简便，且每一把刀具的对刀误差不会影响其他刀具，因此在加工中建议采用这种方法来设定工件坐标系。

以刀尖当前点来指定工件坐标系时，通过指令 G50 X__ Z__或 G92 X__ Z__来实现。采用这种方法设定的工件坐标系，关机后即消失。因此，这种设定坐标系的方法一般不在加工中采用。

8.3　任务实施

8.3.1　加工工艺分析

1. 分析加工方案

1）加工件2右侧外轮廓，保证螺纹及圆锥面的各项精度。

2）采用一夹一顶的装夹方式加工件1左端外轮廓（包括梯形槽），保证各项尺寸精度。

3）松开顶尖，加工件1左端内轮廓，加工时注意选用较小的背吃刀量。

4）调头以梯形槽的外圆表面装夹（注意用铜皮包裹外圆表面，以防夹伤），加工件1右端内轮廓，用件2试配，保证螺纹配合及圆锥配合精度，同时保证配合后的长度尺寸(0.8±0.04)mm。

5）组合加工件1右端外轮廓及件2圆弧外轮廓。

6）拆下工件，去毛倒棱并进行自检。

2. 刀具及切削用量的选择（见表8-1）

表8-1　刀具及切削用量选择

刀具号	刀具名称	加工内容	切削用量		
			a_p/mm	f/(mm/r)	n/(r/min)
T01	端面车刀	车端面	1	0.2	1200
T02	93°外圆尖刀	粗加工外轮廓	1.5	0.3	800
		精加工外轮廓	0.5	0.1	1500
T03	切槽车刀	切削退刀槽	4	0.08	600
T04	外螺纹车刀	加工普通外螺纹		1.5	600
T05	内孔车刀	粗加工内轮廓	1	0.2	600
		精加工内轮廓	0.3	0.1	1200
T06	内沟槽车刀	切削内孔退刀槽	3	0.08	600
T07	内螺纹车刀	加工普通内螺纹		1.5	600

8.3.2　华中世纪星程序编制

1. 工序一加工程序

```
%0001                                        程序名
M03  S800;                                   起动主轴
G95  G97  G40;                               机床初始化
T0202;                                       调用2号刀并生效2号刀具偏置
G00  X62  Z2;                                移动刀具至循环起刀点
G71  U1.5  R0.5  P1  Q2  X1  Z0  F0.3;       采用G71粗加工外轮廓
G00  X100  Z100;                             退刀至安全点
M05;                                         停止主轴
M00;                                         程序暂停，检测工件
```

程序	说明
M03 S1500;	起动主轴
G95 T0202;	确定工件坐标系，生效刀具偏置
G00 X62 Z2;	移动刀具至循环起刀点
N1 G00 X25.8;	精加工程序首段
G01 Z0 F0.1;	
X29.8 Z-2;	
Z-17.5;	
X31;	
X41 Z-25.5;	
N2 X62;	精加工程序尾段
G00 X100 Z100;	移动刀具至安全点换刀
T0303 S600;	调3号刀、生效3号刀具偏置、调整主轴转速
G00 X33 Z-17.5;	移动刀具至进刀点
G01 X26 F0.08;	切槽
X33 F0.5;	
W1;	
G01 X26 F0.08;	
X33 F0.5;	
G00 X100 Z100;	移动刀具至安全点换刀
T0404;	调4号刀、生效4号刀具偏置、调整主轴转速
G00 X32 Z3;	移动刀具至循环起刀点
G82 X29.2 Z-15 F1.5;	粗、精加工螺纹
X28.6 Z-15;	
X28.2 Z-15;	
X28.04 Z-15;	
G00 X100 Z100;	退刀至安全点
M05;	主轴停止
M30;	程序结束

2. 工序二加工程序

程序	说明
%0002	程序名
M03 S800;	起动主轴
G95 G97 G40;	机床初始化
T0202;	确定工件坐标系
G00 X62 Z2;	移动刀具至循环起刀点
G73 U8 W8 R4 P1 Q2 X1 Z0 F0.3;	采用G73粗加工外轮廓
G00 X100 Z100;	退刀至安全点
M05;	停止主轴

```
M00;                         程序暂停，检测工件
M03  S1500;                  起动主轴
G95  T0202;                  生效刀具磨损
G00  X62  Z2;                移动刀具至循环起刀点
N1  G00  X40;                精加工程序首段
G01  Z0  F0.1;
G03  X54.64  Z-12.9  R8;
G02  X45  Z-26.99  R23;
G01  Z-39.55;
X58  Z-41.91;
G01  Z-82;
N2  X62;                     精加工程序尾段
G00  X100  Z100;             移动刀具至安全点换刀
T0303  S600;                 调3号刀、生效3号刀具偏置、调
                             整主轴转速
G00  X60  Z-52;              移动刀具至进刀点
G01  X42  F0.08;             切梯形槽
X60  F0.5;
Z-56;
G01  X42  F0.08;
X60  F0.5;
Z-59.91;
X58  F0.08;
X42  Z-56;
X60  F0.5;
Z-49.09;
X58  F0.08;
X42  Z-52;
X60  F0.5;
Z-70;
G01  X42  F0.08;
X60  F0.5;
Z-74;
G01  X42  F0.08;
X60  F0.5;
Z-77.91;
X58  F0.08;
X42  Z-74;
X60  F0.5;
```

```
Z-67.09;
X58  F0.08;
X42  Z-70;
X60  F0.5;
G00  X100  Z100;                              退刀至安全点
M05;                                          主轴停止
M30;                                          程序结束
```

3. 工序三加工程序

```
%0003                                         程序名
M03  S600;                                    起动主轴
G95  G97  G40;                                机床初始化
T0505;                                        调用5号刀并生效5号刀具偏置
G00  X19  Z2;                                 移动刀具至循环起刀点
G71  U1  R0.5  P1  Q2  X-0.4  Z0  F0.2;       采用G71粗加工内轮廓
G00  X100  Z100;                              退刀至安全点
M05;                                          停止主轴
M00;                                          程序暂停，检测工件
M03  S1200;                                   起动主轴
G95  T0505;                                   确定工件坐标系，生效刀具偏置
G00  X19  Z2;                                 移动刀具至循环起刀点
N1  G00  X40;                                 精加工程序首段
G01  Z0  F0.1;
G02  X28.5  Z-3.71  R8;
G01  Z-25;
X24;
Z-50;
N2  X18;                                      精加工程序尾段
G00  Z100;                                    退刀至安全点
X100;
T0707  S600;                                  调7号刀，生效7号刀具偏置，调
                                              整主轴转速
G00  X28  Z4;
G82  X29  Z-20  R1.5  E-1  F1.5;
X29.4  Z-20;
X29.7  Z-20;
X29.9  Z-20;
X30  Z-20;
G00  X100  Z100;
M05;                                          主轴停止
```

M30;　　程序结束

4. 工序四加工程序

程序	说明
%0004	程序名
M03 S600;	起动主轴
G95 G97 G40;	机床初始化
T0505;	确定工件坐标系
G00 X19 Z2;	移动刀具至循环起刀点
G71 U1 R0.5 P1 Q2 X-0.4 Z0 F0.2;	采用G71粗加工内轮廓
G00 X100 Z100;	退刀至安全点
M05;	停止主轴
M00;	程序暂停，检测工件
M03 S1200;	起动主轴
G95 T0505;	确定工件坐标系,生效刀具偏置
G00 X19 Z2;	移动刀具至循环起刀点
N1 G00 X40;	精加工程序首段
G01 Z0 F0.1;	
X30 Z-8;	
X28.5 C1;	
Z-33;	
X24;	
Z-50;	
N2 X18;	精加工程序尾段
G00 Z100;	退刀至安全点
X100;	
T0606 S600;	调用6号刀具，生效6号刀具偏置，调整主轴转速
G00 X28;	
Z-33;	
G01 X32.5 F0.08;	
X28;	
Z-31;	
X32.5;	
X28;	
G00 Z100;	
X100;	
T0707 S600;	调7号刀具、生效7号刀具偏置，调整主轴转速
G00 X28 Z3;	

8 PROJECT

```
G82 X29 Z-30 F1.5;                          粗、精加工内螺纹
X29.4 Z-30;
X29.7 Z-30;
X30 Z-30;
G00 X100 Z100;
M05;                                        主轴停止
M30;                                        程序结束
```

5. 工序五加工程序

```
%0005                                       程序名
M03 S800;                                   起动主轴
G95 G97 G40;                                机床初始化
T0202;                                      调用2号刀具，生效2号刀具偏置
G00 X62 Z2;                                 移动刀具至循环起刀点
G73 U5 W5 R3 P1 Q2 X1 Z0 F0.3;              采用G73粗加工外轮廓
G00 X100 Z100;                              退刀至安全点
M05;                                        停止主轴
M00;                                        程序暂停，检测工件
M03 S1500;                                  起动主轴
G95 T0202;                                  确定工件坐标系，生效刀具磨损
G00 X62 Z2;                                 移动刀具至循环起刀点
N1 G00 X0;                                  精加工程序首段
G01 Z0 F0.1;
#1=0;
WHILE [#1LE29];
G01 X[2*#1] Z[SQRT[1-#1*#1/29*29]*14.5*14.5-14.5];
#1=#1+0.1;
ENDW;
G03 X52.46 Z-8.74 R12;
G02 X47.828 Z-16 R10;
G01 Z-31.3;
X47.828;
G02 X51.42 W-4.94 R10;
G03 X52 W-20.32 R18;
G02 X56 W-8.15 R6;
N2 G01 X62;                                 精加工程序尾段
G00 X100 Z100;                              退刀至安全点
M05;                                        主轴停止
M30;                                        程序结束
```

8.3.3　FANUC 0i-TD 程序编制

1. 工序一加工程序

```
O0001                          程序名
M03  S800;                     起动主轴
G99  G97  G40;                 机床初始化
T0202;                         确定工件坐标系
G00  X62  Z2;                  移动刀具至循环起刀点
G71  U1.5  R0.5;               采用 G71 粗加工外轮廓
G71  P1  Q2  U1  W0  F0.3;
N1  G00  X25.8;                精加工程序首段
G01  Z0  F0.1;
X29.8  Z-2;
Z-17.5;
X31;
X41  Z-25.5;
N2  X62;                       精加工程序尾段
G00  X100  Z100;               退刀至安全点
M05;                           停止主轴
M00;                           程序暂停，检测工件
M03  S1500;                    起动主轴
G99  T0202;                    确定工件坐标系，生效刀具磨损
G00  X62  Z2;                  移动刀具至循环起刀点
G70  P1  Q2;                   精加工轮廓
G00  X100  Z100;               移动刀具至安全点换刀
T0303  S600;                   调 3 号刀、生效 3 号刀具偏置，调
                               整主轴转速
G00  X33  Z-17.5;              移动刀具至进刀点
G01  X26  F0.08;               切槽
X33  F0.5;
W2;
G01  X26  F0.08;
X33  F0.5;
G00  X100  Z100;               移动刀具至安全点换刀
T0404  S600;                   调 4 号刀、生效 4 号刀具偏置，调
                               整主轴转速
G00  X32  Z3;                  移动刀具至循环起刀点
G92  X29.2  Z-15  F1.5;        粗、精加工螺纹
X28.6;
```

X28.2;	
X28.04;	
G00 X100 Z100;	退刀至安全点
M05;	主轴停止
M30;	程序结束

2. 工序二加工程序

O0002	程序名
M03 S800;	起动主轴
G99 G97 G40;	机床初始化
T0202;	确定工件坐标系
G00 X62 Z2;	移动刀具至循环起刀点
G73 U8 W8 R4;	采用 G71 粗加工外轮廓
G73 P1 Q2 U1 W0 F0.3;	
N1 G00 X40;	精加工程序首段
G01 Z0 F0.1;	
G03 X54.64 Z-12.9 R8;	
G02 X45 Z-26.99 R23;	
G01 Z-39.55;	
X58 Z-41.91;	
G01 Z-82;	
N2 X62;	精加工程序尾段
G00 X100 Z100;	退刀至安全点
M05;	停止主轴
M00;	程序暂停，检测工件
M03 S1500;	起动主轴
T0202;	确定工件坐标系，生效刀具磨损
G00 X62 Z2;	移动刀具至循环起刀点
G70 P1 Q2;	精加工轮廓
G00 X100 Z100;	移动刀具至安全点换刀
T0303 S600;	调 3 号刀、生效 3 号刀具偏置，调整主轴转速
G00 X60 Z-52;	移动刀具至进刀点
G01 X42 F0.08;	切梯形槽
X60 F0.5;	
Z-56;	
G01 X42 F0.08;	
X60 F0.5;	
Z-59.91;	
X58 F0.08;	

```
X42  Z-56;
X60  F0.5;
Z-49.09;
X58  F0.08;
X42  Z-52;
X60  F0.5;
Z-70;
G01  X42  F0.08;
X60  F0.5;
Z-74;
G01  X42  F0.08;
X60  F0.5;
Z-77.91;
X58  F0.08;
X42  Z-74;
X60  F0.5;
Z-67.09;
X58  F0.08;
X42  Z-70;
X60  F0.5;
G00  X100  Z100;                      退刀至安全点
M05;                                  主轴停止
M30;                                  程序结束
```

3. 工序三加工程序

```
O0003                                 程序名
M03  S600;                            起动主轴
G99  G97  G40;                        机床初始化
T0505;                                确定工件坐标系
G00  X19  Z2;                         移动刀具至循环起刀点
G71  U1  R0.5;                        采用G71粗加工内轮廓
G71  P1  Q2  U-0.4  W0  F0.2;
N1  G00  X40;                         精加工程序首段
G01  Z0  F0.1;
G02  X28.5  Z-3.71  R8;
G01  Z-25;
X24;
Z-50;
N2  X18;                              精加工程序尾段
G00  X100  Z100;                      退刀至安全点
```

```
M05;                                      停止主轴
M00;                                      程序暂停，检测工件
M03  S1200;                               起动主轴
G95  T0505;                               确定工件坐标系，生效刀具磨损
G00  X19  Z2;                             移动刀具至循环起刀点
G70  P1  Q2;
G00  Z100;                                退刀至安全点
G00  Z100;
X100;
T0707  S600;                              调7号刀、生效7号刀具偏置，调
                                          整主轴转速
G00  X28  Z4;
G92  X29  Z-20  R1.5  E-1  F1.5;          粗、精加工内螺纹
X29.4  Z-20;
X29.7  Z-20;
X29.9  Z-20;
X30  Z-20;
G00  X100  Z100;
M05;                                      主轴停止
M30;                                      程序结束
```

4. 工序四加工程序

```
O0004                                     程序名
M03  S600;                                起动主轴
G99  G97  G40;                            机床初始化
T0505;                                    确定工件坐标系
G00  X19  Z2;                             移动刀具至循环起刀点
G71  U1  R0.5;                            采用G71粗加工内轮廓
G71  P1  Q2  U-0.4  W0  F0.2;
N1  G00  X40;                             精加工程序首段
G01  Z0  F0.1;
X30  Z-8;
X28.5  C1;
X24;
Z-33;
Z-50;
N2  X18;                                  精加工程序尾段
G00  X100  Z100;                          退刀至安全点
M05;                                      停止主轴
M00;                                      程序暂停，检测工件
```

8 PROJECT

```
M03  S1200;            起动主轴
G95  T0505;            确定工件坐标系，生效刀具磨损
G00  X19  Z2;          移动刀具至循环起刀点
G70  P1  Q2;
G00  Z100;             退刀至安全点
X100;
T0606  S600;           调6号刀、生效6号刀具偏置，调整主轴转速
G00  X28;
Z-33;
G01  X32.5  F0.08;
X28;
Z-31;
X32.5;
X28;
G00  Z100;
X100;
T0707  S600;           调7号刀、生效7号刀具偏置，调整主轴转速
G00  X28  Z3;
G92  X29  Z-30  F1.5;  粗、精加工内螺纹
X29.4;
X29.7;
X29.9;
X30;
G00  X100  Z100;
M05;                   主轴停止
M30;                   程序结束
```

5. 工序五加工程序

```
O0005                  程序名
M03  S800;             起动主轴
G99  G97  G40;         机床初始化
T0202;                 确定工件坐标系
G00  X62  Z2;          移动刀具至循环起刀点
G73  U5  W5  R3;       采用G73粗加工外轮廓
G73  P1  Q2  U1  W0  F0.3;
N1  G00  X0;           精加工程序首段
G01  Z0  F0.1;
#1=0;
```

```
WHILE [#1GE0] DO1;
G01  X[2*#1]  Z[SQRT[1-#1*#1/29*29]/14.5*14.5];
#1=#1+0.1;
END1;
G03  X52.46  Z-8.74  R12;
G02  X47.828  Z-16  R10;
G01  Z-31.3;
X47.828;
G02  X51.42  W-4.94  R8;
G03  X52  W-20.32  R18;
G02  X56  W-8.15  R6;
N2  G01  X62;                    精加工程序尾段
G00  X100  Z100;                 退刀至安全点
M05;                             停止主轴
M00;                             程序暂停，检测工件
M03  S1500;                      起动主轴
T0202;                           确定工件坐标系，生效刀具磨损
G00  X62  Z2;                    移动刀具至循环起刀点
G70  P1  Q2;                     精加工轮廓
G00  X100  Z100;                 退刀至安全点
M05;                             主轴停止
M30;                             程序结束
```

8.3.4　华中世纪星加工操作

1. 装刀

据要求，准备好要用的刀具，机夹式刀具要认真检查刀片与刀体安装是否正确，螺母是否拧牢固。按照刀具号分别将相对应的刀具安装到刀盘中。安装刀具时，通过调整垫刀片的高度，保证刀具刀尖的高度和工件回转中心等高，然后将刀具压紧。

注意，安装刀具时，刀盘中刀具的刀号与程序中的刀号必须一致，否则，程序调用刀具时，将会发生碰撞危险，造成工件报废，机床受损，甚至人身事故。

2. 对刀

试切法对刀是用所选的刀具试切零件的外圆和端面，经过测量和计算得到零件端面中心点的坐标值（以卡盘底面中心为机床坐标系原点）。刀具参考点在 X 轴方向的距离为 X_T，在 Z 轴方向的距离为 Z_T。

装好刀具后，单击操作面板中 手动 按钮，切换到“手动”方式；利用操作面板上的按钮 -X +X、-Z +Z，使刀具移动到可切削零件的大致位置，如图 8-4 所示。

图 8-4　刀具移动

单击操作面板上主轴反转或主轴正转按钮，使主轴转动；单击 -Z 按钮，移动 Z 轴，用所选刀具试切工件外圆，如图 8-5 所示。读出 CRT 界面上显示的机床的 X 向坐标，记为 X_1。单击 +Z 按钮，将刀具退至图 8-6 所示位置，单击 -X 按钮，试切工件端面。记下 CRT 界面上显示的机床的 Z 向坐标，记为 Z_1。单击操作面板上的主轴停止，使主轴停止转动，X 向坐标值减去“测量”中读取的 X 向值，再加上机床坐标系原点到刀具参考点在 X 方向的距离，即 $X_1 + X_2 + X_T$，记为 X；Z_1 加上机床坐标系原点到刀具参考点在 Z 方向的距离，即 $Z_1 + Z_T$，记为 Z。

图 8-5　外圆车削

图 8-6　端面车削

（X，Z）即为工件坐标系原点在机床坐标系中的坐标值。把（X，Z）值输入表 8-2 中 X 偏置、Z 偏置即可。

表 8-2　刀具偏置表

刀编号	X偏置	Z偏置	X磨损	Z磨损	试切直径	试切长度
	0.000	0.000	0.000	0.000	0.000	0.000
#XX1	0.000	0.000	0.000	0.000	0.000	0.000
#XX2	0.000	0.000	0.000	0.000	0.000	0.000
#XX3	0.000	0.000	0.000	0.000	0.000	0.000
#XX4	0.000	0.000	0.000	0.000	0.000	0.000
#XX5	0.000	0.000	0.000	0.000	0.000	0.000
#XX6	0.000	0.000	0.000	0.000	0.000	0.000
#XX7	0.000	0.000	0.000	0.000	0.000	0.000
#XX8	0.000	0.000	0.000	0.000	0.000	0.000
#XX9	0.000	0.000	0.000	0.000	0.000	0.000
#XX10	0.000	0.000	0.000	0.000	0.000	0.000
#XX11	0.000	0.000	0.000	0.000	0.000	0.000
#XX12	0.000	0.000	0.000	0.000	0.000	0.000

8.3.5　FANUC 0i-TD 加工操作

1. FANUC 对刀

通过对刀将刀偏值写入参数从而获得工件坐标系。这种方法操作简单，可靠性好，它通过刀偏与机械坐标系紧密地联系在一起，只要不断电、不改变刀偏值，工件坐标系就会存在且不会变，即使断电，重启后回参考点，工件坐标系还在原来的位置。

2. 具体步骤

1）用外圆车刀先试车一外圆端面，输入 Offset 工具补正/形状界面（见图 8-7）的几何形状 Z0，单击测量键即可。

2）用外圆车刀先试车一外圆（见图 8-8），输入 Offset 工具补正/形状界面的几何形状 X（测量值），单击测量键即可。

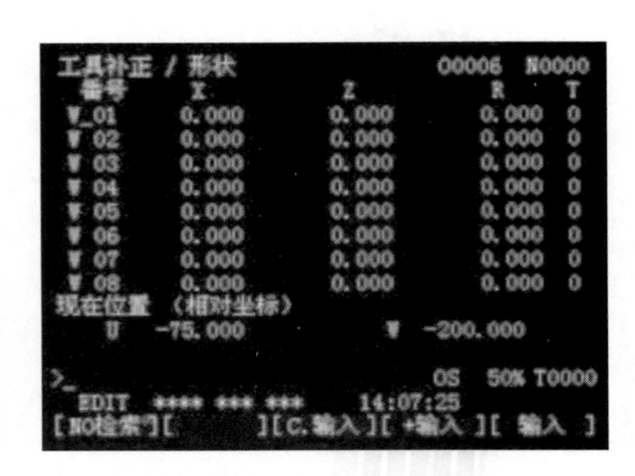

图 8-7　Offset 工具补正/形状界面

图 8-8　外圆车削

3）将其他刀具分别尽可能接近试切过的外圆面和端面，把第一把刀的 X 方向测量值和 Z0 直接键入到 Offset 工具补正/形状界面里相应刀具对应的刀补号 X、Z 中，单击测量键即可。

4）刀具刀尖圆弧半径值可通过直接进入编辑运行方式输入到 Offset 工具补正/形状界面里相应刀具对应的刀补号 R 中。

8.3.6　加工注意事项

1）工件的安装。

2）刀具的安装。

3）程序的检验。

4）机床的正确操作。

5）机床加工中倍率的控制。

6）零件尺寸的保证。

8.4　任务评价与总结提高

8.4.1　任务评价

本任务的考核标准见表8-3本任务在该课程考核成绩中的比例为5%。

表8-3　考核标准

序号	工作过程	主要内容	建议考核方式	评分标准	配分
1	资讯(10分)	任务相关知识查找	教师评价50% 相互评价50%	通过资讯查找相关知识学习,按任务知识能力掌握情况评分	15
2	决策计划(10分)	确定方案、编写计划	教师评价80% 相互评价20%	根据整体设计方案以及采用方法的合理性评分	20
3	实施(10分)	方法合理、计算快捷、准确率高	教师评价20% 自己评价30% 相互评价50%	根据计算的准确性,结合三方面评价评分	30
4	任务总结报告(60分)	记录实施过程、步骤	教师评价100%	根据基点和节点计算的任务分析、实施、总结过程记录情况,提出新建议等情况评分	15
5	职业素养、团队合作(10分)	工作积极主动性,组织协调与合作	教师评价30% 自己评价20% 相互评价50%	根据工作积极主动性,文明生产情况以及相互协作情况评分	20

评分标准见表8-4。

成绩分现场得分与试件得分两部分，实操成绩为现场得分和试件得分之和，满分100分，其中现场得分最高50分，试件得分最高50分。现场得分成绩由现场老师按评分标准评定，试件得分成绩由老师根据试件检测结果，按评分标准评定。

表8-4　评分标准

工件编号			总得分			
项目与配分	序号	技术要求	配分	评分标准	检测记录	得分
件1(56%)	1	$\phi58_{-0.021}^{0}$mm	3×2	超差0.01扣1分		
	2	$\phi56_{-0.021}^{0}$mm	3	超差0.01扣1分		
	3	$\phi45_{+0.10}^{+0.13}$mm	3	超差0.01扣1分		
	4	$\phi42_{-0.03}^{0}$mm	3	超差0.01扣1分		
	5	*SR*8mm等圆弧	1×5	超差扣1分/处		
	6	20°梯形槽	3×2	超差全扣		
	7	M30×1.5-6H	3×2	超差全扣		
	8	$\phi24_{0}^{+0.039}$mm	3	超差0.01扣1分		
	9	(115±0.05)mm	3	超差0.02扣1分		
	10	(25±0.04)mm	3	超差0.02扣1分		
	11	$50_{0}^{+0.04}$mm	3×2	超差0.01扣1分		
	12	一般尺寸及倒角	2	每错一处扣0.5分		
	13	*Ra*1.6μm	5	每错一处扣0.5分		
	14	*Ra*3.2μm	2	每错一处扣0.5分		

（续）

工件编号			总得分			
项目与配分	序号	技术要求	配分	评分标准	检测记录	得分
件2(24%)	15	ϕ58mm ±0.02mm	3	超差0.01扣1分		
	16	M30×1.5-6g	3	超差全扣		
	17	(56±0.05)mm	3	超差0.02扣1分		
	18	$25.5^{+0.52}_{+0.48}$mm	3	超差0.01扣1分		
	19	椭圆轮廓	6	超差全扣		
	20	R10mm、R12mm	1×2	超差全扣		
	21	一般尺寸及倒角	2	每错一处扣0.5分		
组合(20%)	22	组合(146.3±0.06)mm	4	超差0.02扣1分		
	23	组合(0.8±0.04)mm	4	超差0.02扣1分		
	24	EF错位量	4	超差0.01扣1分		
	25	螺纹配合适中	4	超差全扣		
	26	圆锥配合良好	4	超差全扣		
其他	27	工件按时完成	倒扣	每超时20分钟扣3分		
	28	工件无缺陷		缺陷倒扣3分/处		
安全文明生产	29	安全操作		停止或酌情扣5~30分		

8.4.2　任务总结

通过本任务的学习，巩固程序的编制方法，变量编程的方法；掌握配合零件的工艺分析，加工方案的确定，尺寸精度的控制方法，位置精度要求的保证方法。本任务的关键点是编程与加工前的任务分析，通过任务分析确定零件的加工方案和加工步骤。

对于配合零件，通常情况下先加工较小的零件，再加工较大的零件，以便在加工过程中及时进行试配。在配合时，一定要在零件不拆除的情况下进行试配或配作，否则即使试配不合格也无法进行修整。

8.4.3　练习与提高

一、简答题

1. 简述椭圆曲线的编程思路。
2. 分析编程出错的原因。

二、零件的编程与加工题

1. 如图8-9所示的配合零件，材料为45钢，毛坯尺寸为ϕ55mm×90mm。编制数控加工程序并对零件进行加工，完成配合。

2. 如图8-10所示的配合零件，材料为45钢，毛坯尺寸为：件1为ϕ50mm×85mm，件2为ϕ40mm×45mm。编制数控加工程序并对零件进行加工，完成配合。

3. 如图8-11所示的配合零件，材料为45钢，毛坯尺寸为ϕ50mm×120mm。编制数控加工程序并对零件进行加工，完成配合。

4. 如图8-12所示的配合零件，材料为45钢，毛坯尺寸为ϕ50mm×85mm和ϕ50mm×60mm。编制数控加工程序并对零件进行加工，达到配合要求。

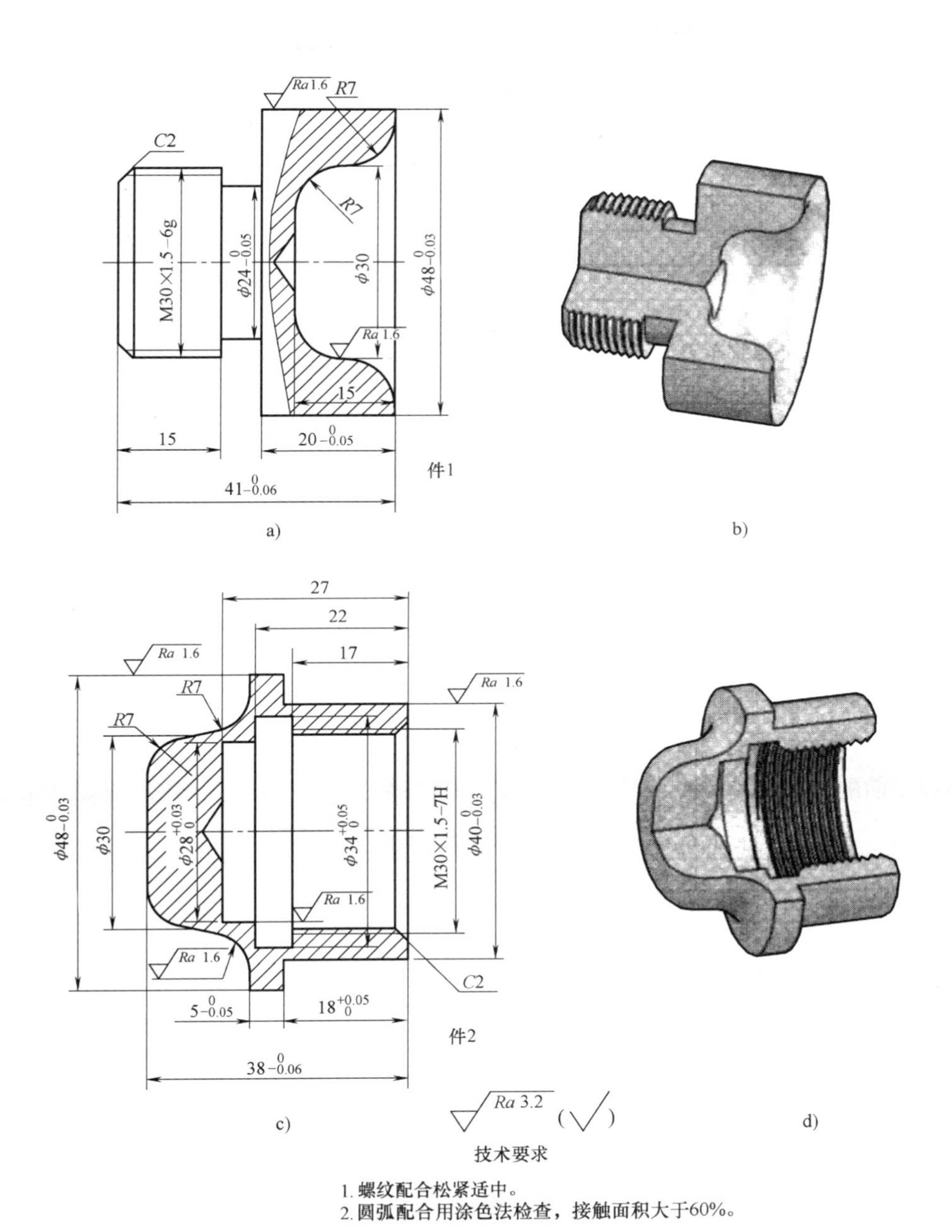

图 8-9　零件图

a）件 1 零件图　b）件 1 实体图　c）件 2 零件图　d）件 2 实体图

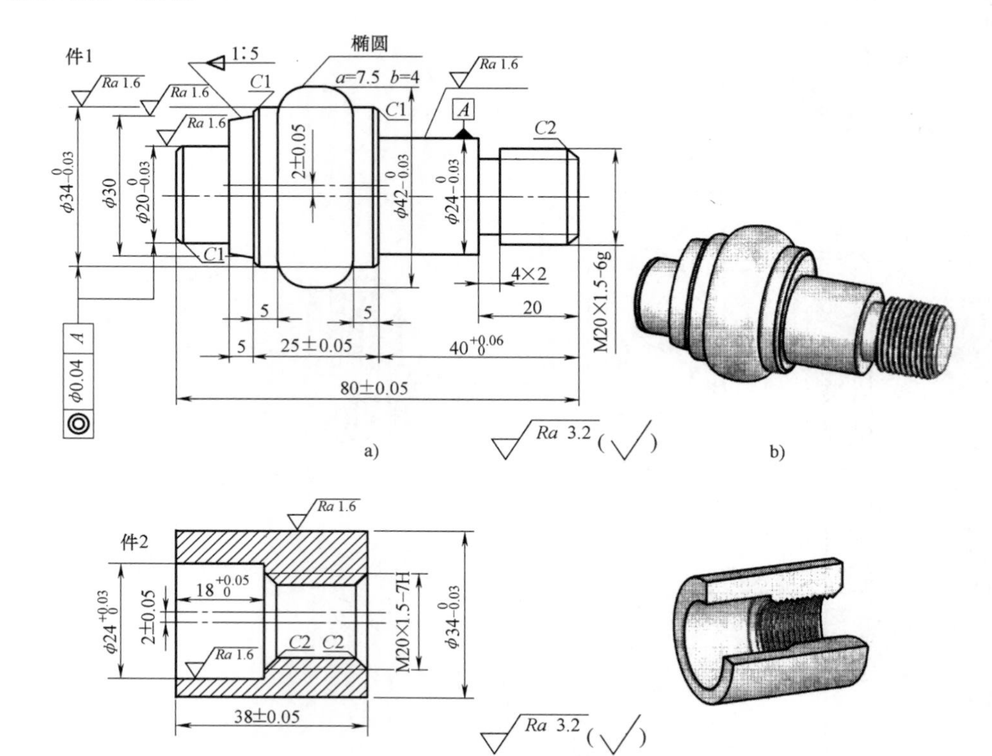

图 8-10　零件图

a）件 1 零件图　b）件 1 实体图　c）件 2 零件图　d）件 2 实体图

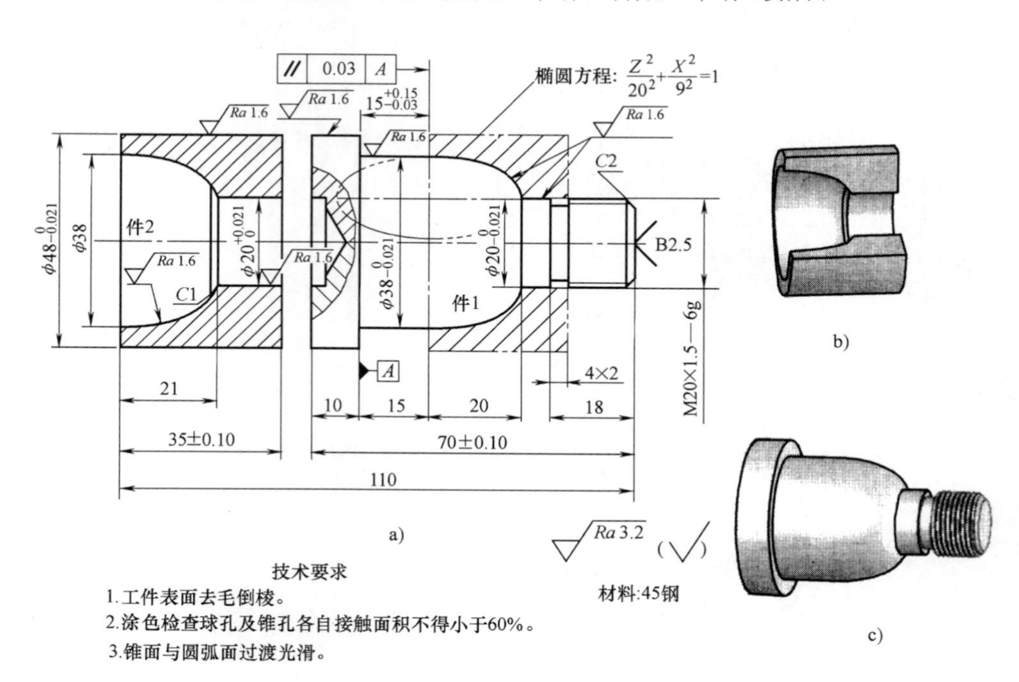

图 8-11　零件图

a）组合零件图　b）件 2 实体图　c）件 1 实体图

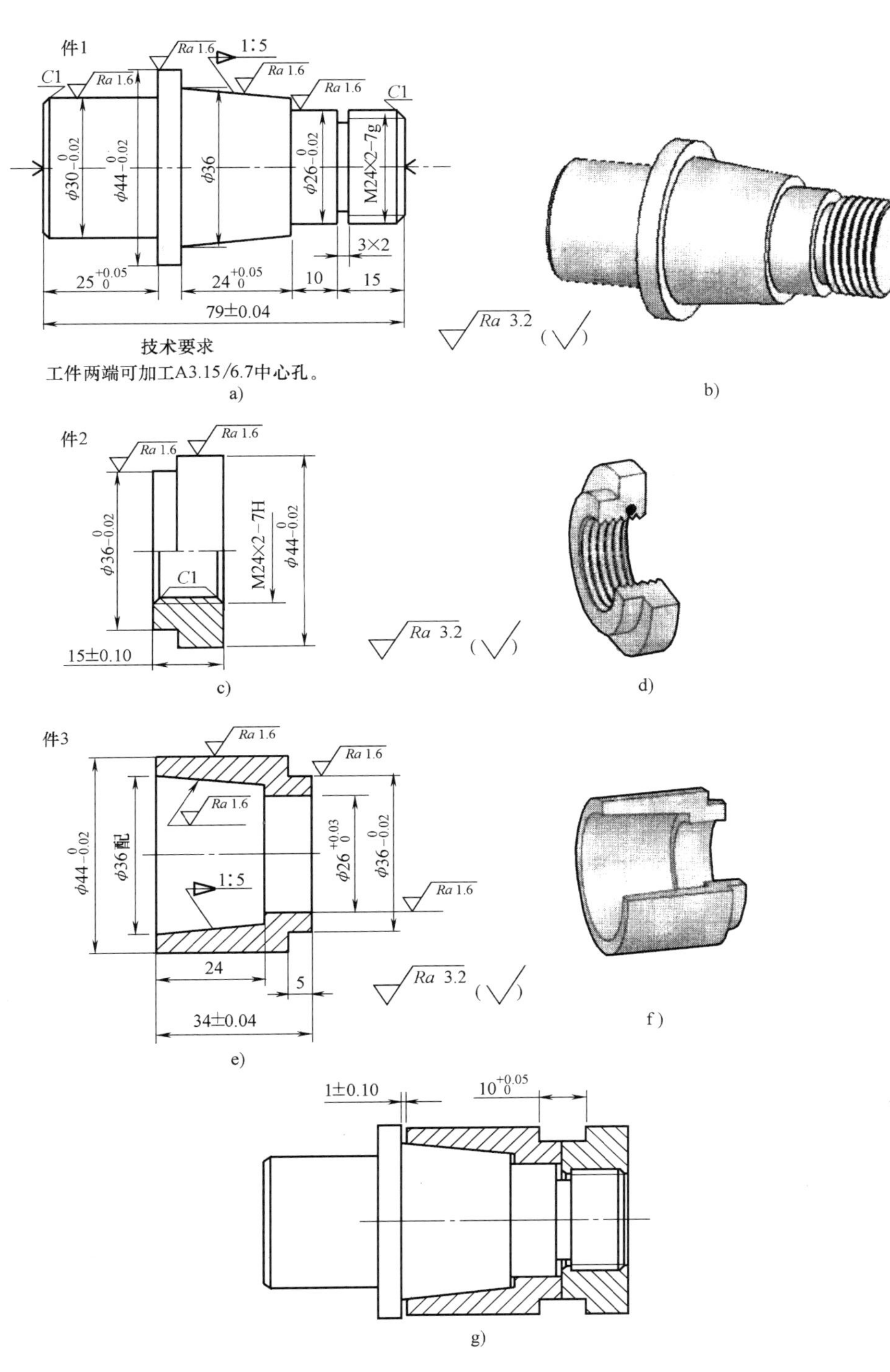

图 8-12　零件图

a）件 1 零件图　b）件 1 实体图　c）件 2 零件图

d）件 2 实体图　e）件 3 零件图　f）件 3 零件图　g）组合零件图

5. 如图 8-13 所示配合零件，材料为 45 钢，毛坯尺寸为 ϕ50mm × 85mm 和 ϕ50mm × 60mm。编制数控加工程序并对零件进行加工，达到配合要求。

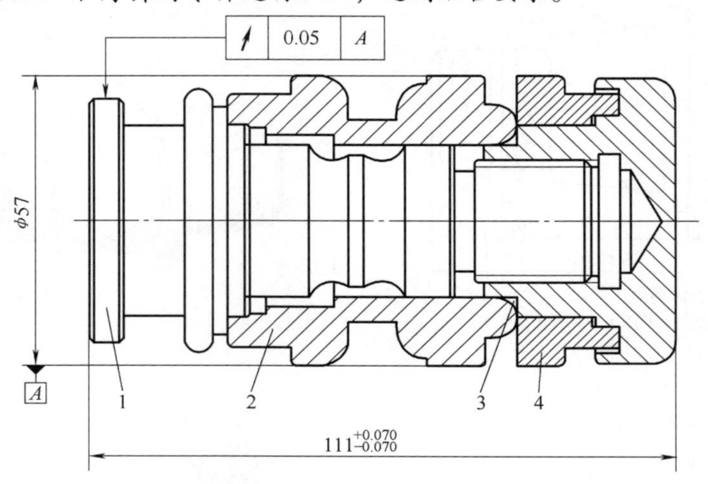

技术要求

1.件1、2、3、4装配后，保证图样尺寸及几何公差。

2.件1与件3螺纹配合，旋入要灵活。

a)

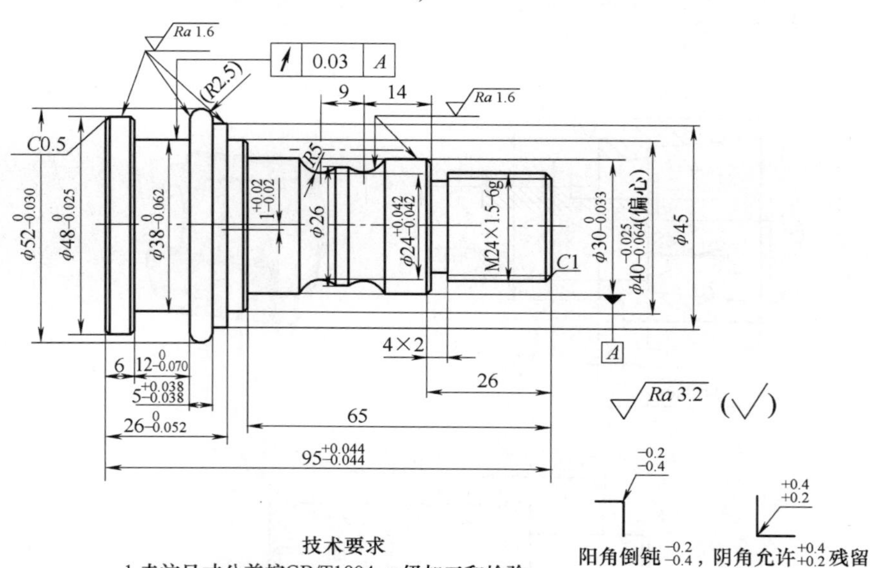

技术要求

1.未注尺寸公差按GB/T1804−m级加工和检验。

2.不允许使用砂布、磨石或锉刀等辅助工具抛光加工表面。

3.去毛刺，倒棱角。

4.表面不得磕碰划伤、夹伤。

b)

图 8-13　配合件及零件

a）配合件图　b）件 1 零件图

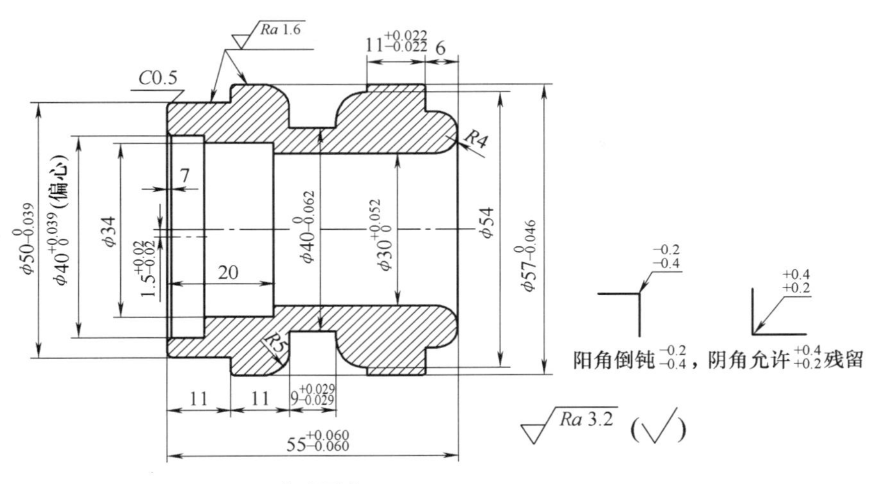

技术要求

1.未注尺寸公差按GB/T1804-m级加工和检验。
2.不允许使用砂布、磨石或锉刀等辅助工具抛光加工表面。
3.去毛刺，倒棱角。
4.表面不得磕碰划伤、夹伤。

c)

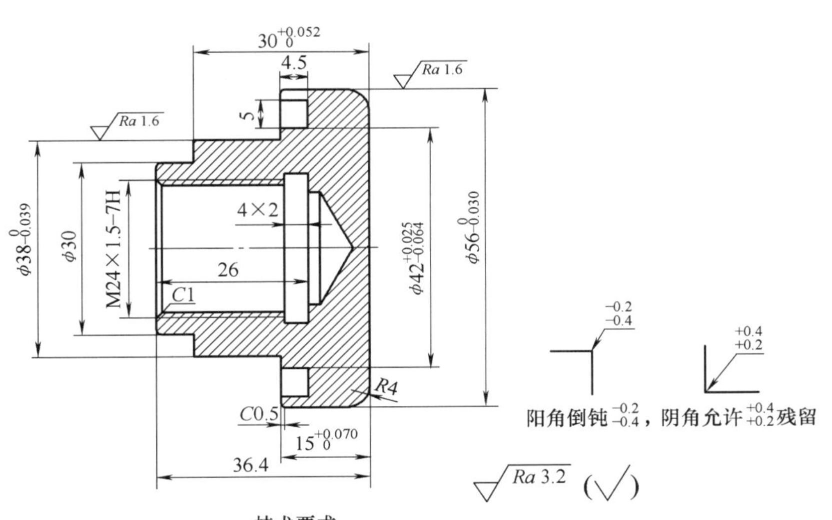

技术要求

1.未注尺寸公差按GB/T1804-m级加工和检验。
2.不允许使用砂布、磨石或锉刀等辅助工具抛光加工表面。
3.去毛刺，倒棱角。
4.表面不得磕碰划伤、夹伤。

d)

图 8-13　配合件及零件（续一）

c）件 2 零件图　d）件 3 零件图

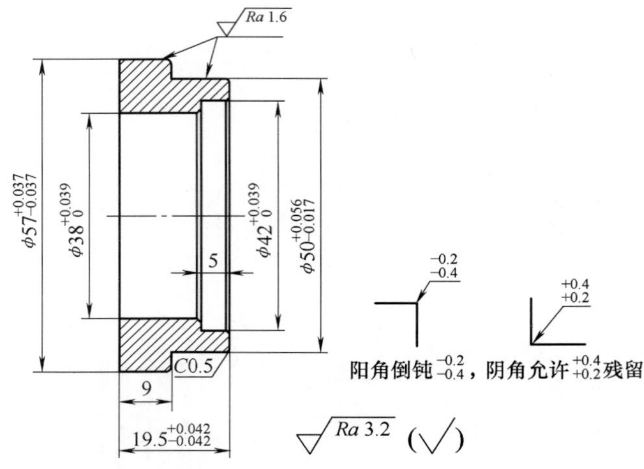

技术要求

1.未注尺寸公差按GB/T1804−m级加工和检验。
2.不允许使用砂布、磨石或锉刀等辅助工具抛光加工表面。
3.去毛刺，倒棱角。
4.表面不得磕碰划伤、夹伤。

e)

图 8-13　配合件及零件（续二）

e）件 4 零件图

参考文献

[1] 赵长明，刘万菊，等. 数控加工工艺及设备［M］. 北京：高等教育出版社，2008.

[2] 顾京，等. 数控加工编程及操作［M］. 北京：高等教育出版社，2008.

[3] 赵军华，等. 车工速查手册［M］. 郑州：河南科学技术出版社，2007.

[4] 韩鸿鸾，张秀玲，等. 数控加工技师手册［M］. 北京：机械工业出版社，2005.

[5] 苗志毅，刘宏伟，等. 数控加工编程技术［M］. 郑州：河南科学技术出版社，2006.

[6] 肖龙，赵军华，等. 数控车削加工操作实训［M］. 北京：机械工业出版社，2008.

[7] 沈建峰，朱勤惠，等. 数控车床技能鉴定考点分析和试题集萃［M］. 北京：化学工业出版社，2007.

[8] 曹奇星，赵军华，等. 普通车削加工操作实训［M］. 北京：机械工业出版社，2008.

[9] 林琦，等. 数控设备与编程［M］. 北京：中国轻工业出版社，2009.

[10] 张君，等. 数控机床编程与操作［M］. 北京：高等教育出版社，2009.

[11] HNC-21T 编程说明书.

[12] HNC-21T 操作说明书.

[13] FANUC 0i-TD 编程说明书.

[14] FANUC 0i-TD 操作说明书.